Riemannsche Zahlensphäre und Möbius-Transformationen

A.1 Bernhard Riemann (1826–1866) (Stich: August Weger, Leipzig 1863)

Maximilian Wiecha

Riemannsche Zahlensphäre und Möbius-Transformationen

 Springer Spektrum

Maximilian Wiecha
Braunschweig, Niedersachsen, Deutschland

ISBN 978-3-662-69420-6   ISBN 978-3-662-69421-3   (eBook)
https://doi.org/10.1007/978-3-662-69421-3

Die Deutsche Nationalbibliothek verzeichnet diese Publikation in der Deutschen Nationalbibliografie; detaillierte bibliografische Daten sind im Internet über https://portal.dnb.de abrufbar.

Planung/Lektorat: Andreas Rüdinger
Springer Spektrum ist ein Imprint der eingetragenen Gesellschaft Springer-Verlag GmbH, DE und ist ein Teil von Springer Nature.
Die Anschrift der Gesellschaft ist: Heidelberger Platz 3, 14197 Berlin, Germany

Wenn Sie dieses Produkt entsorgen, geben Sie das Papier bitte zum Recycling.

Meiner Großmutter
Helga Dohle
in Liebe gewidmet

"So eine Arbeit wird eigentlich nie fertig, man muß sie für fertig erklären, wenn man nach Zeit und Umständen das möglichste getan hat."

(Goethe 2017, S. 208)

Historisches und Vorwort

Die vorliegenden Untersuchungen entspringen einer Idee Bernhard Riemanns (1826–1866). Riemann gehört zu den bedeutendsten Mathematikern des 19. Jahrhunderts. Neben außergewöhnlichen Leistungen in verschiedenen Gebieten der Mathematik, darunter die völlige Neubegründung eines Bereiches, das unter dem Namen „komplexe Analysis" oder „Funktionentheorie" seinen Weg in die heutige Hochschulmathematik gefunden hat, geht auf ihn ein Modell der erweiterten komplexen Ebene $\widehat{\mathbb{C}} := \mathbb{C} \cup \{\infty\}$ zurück.

$\widehat{\mathbb{C}}$ bildet die natürliche Struktur, um das Verhalten holomorpher Funktionen zu verstehen. Bereits in den Grundlagenvorlesungen zur Funktionentheorie lernen Studierende, dass es möglich ist, für viele Funktionsklassen aus dem Verhalten der Funktion in einer Umgebung des unendlich fernen Punktes auf ihr Verhalten in den übrigen Punkten zu schließen. Insbesondere können ganze, d. h. auf ganz $\mathbb{C}$ komplex differenzierbare, Funktionen nach der Art ihrer isolierten Singularität in ∞ klassifiziert werden. Hierauf basiert ein weitverbreiteter Beweis des Fundamentalsatzes der Algebra (Fischer/Lieb 2010, S. 96). Zudem lassen sich meromorphe Funktionen, also solche, die bis auf isolierte Polstellen holomorph sind, stetig in diese fortsetzen, indem man ihnen dort den Wert ∞ zuschreibt. Dadurch können wir den für die Funktionentheorie elementaren Begriff der holomorphen Funktionen auf $\widehat{\mathbb{C}}$ entscheidend erweitern. Überlegungen, komplexe Differenzierbarkeit auch in ∞ zu definieren, führen uns in die Theorie der Riemannschen Flächen (Forster 1977).

Aber wie kann man sich den Punkt ∞ vorstellen? Hierzu gibt Riemann mit seinem Modell, der nach ihm benannten Zahlenkugel, eine anschauliche Antwort. Projizieren wir die komplexe Ebene stereographisch auf die Oberfläche einer Kugel, so wird jeder komplexen Zahl umkehrbar eindeutig ein vom Projektionszentrum verschiedener Punkt der Sphäre zugeordnet. Lassen wir die Urbildpunkte innerhalb der Zahlenebene dem Betrage nach gegen unendlich streben (und das unabhängig davon in welche Richtung), so nähert sich das Bild dem Projektionszentrum der Kugel immer weiter an. Wir schreiben dem unendlich fernen Punkt also dem Projektionszentrum zu. Der Hauptgewinn der Riemannschen Zahlenkugel besteht darin, dass der Punkt ∞ auf dieser Sphäre damit völlig gleichberechtigt zu allen anderen Punkten steht, die durch endliche Zahlenwerte in $\mathbb{C}$ beschrieben werden. Der Punkt ∞ wird zum Greifen nahe!

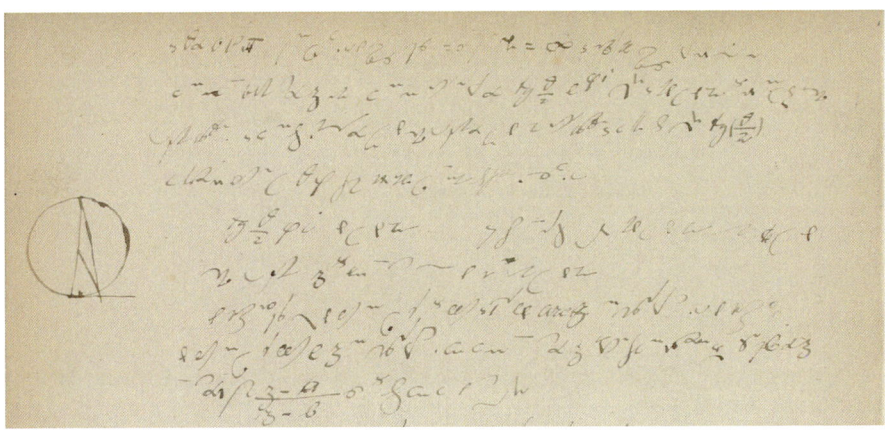

Abb. 1 Auszug aus Riemanns Vorlesungen über die hypergeometrische Reihe, Göttingen 1859, niedergeschrieben von Wilhelm von Bezold (Niedersächsische Staats- und Universitätsbibliothek Göttingen, Cod. Ms. Riemann 29, Blattnummer 128)

Riemann führte die Zahlenkugel im Wintersemester 1858/59 in seinen Göttinger „Vorlesungen über die hypergeometrische Reihe" ein (Lamotke 2009, S. 5). In den Vorlesungsmitschriften des Physikers und Meteorologen Wilhelm von Bezold (1837–1907) findet sich eine Randnotiz, die eine Skizze der Riemannschen Zahlensphäre zeigt (Abb. 1).

Die erste literarische Erwähnung (Osgood 1901, S. 27) findet sich, noch zu Lebzeiten Riemanns, in Carl Neumanns (1832–1925) Abhandlung „Vorlesungen über Riemann's Theorie der Abelschen Integrale" aus dem Jahre 1865.

Im Vorwort schreibt Neumann (Neumann 1865):

> „Erwähnen muss ich dabei jedoch eines Gedankens, der mir aus Riemann's Vorlesungen durch mündliche Ueberlieferungen zu Ohren kam, und der auf meine Darstellung von nicht geringem Einfluss wurde. Dieser Gedanke besteht in der Projection der auf der Horizontalebene ausgebreiteten Functionswerthe nach einer Kugelfläche hin."

Eine zweite literarische Erwähnung, die für unsere Untersuchungen wegweisend sein wird, da sie die von Riemann erkannten Zusammenhänge offenlegt, erfolgt zwei Jahre später. Posthum werden von Karl Hattendorff (1834–1882), einem Schüler Riemanns, Abhandlungen unter dem Titel „Ueber die Fläche vom kleinsten Inhalt bei gegebener Begrenzung" (1867) herausgegeben, die dieser ihm im April 1866, und somit nur wenige Monate vor seinem Tod, zur Bearbeitung anvertraut hat (Riemann 1953, S. 301). Das zugrunde liegende Manuskript entstand nach Äußerungen Riemanns in den Jahren 1860 und 1861. In ihm findet sich das Thema dieser Arbeit "untergeordnet", mehr in der Bedeutung eines Hilfsmittels, wieder. Einerseits wird die Zahlenkugel explizit eingeführt.

Hattendorff schreibt (Riemann 1953, S. 306):

> „Die Coordinaten r und φ auf der Kugel lassen sich ersetzen durch eine complexe Grösse $\eta = tg\frac{r}{2}e^{\varphi i}$, deren geometrische Bedeutung leicht zu erkennen ist. Legt man nemlich an die Kugel im Pol eine Tangentialebene, deren positive Seite von der Kugel abgekehrt ist, und zieht vom Gegenpol eine Gerade durch den Punkt (r, φ), so trifft diese die Tangentialebene in einem Punkte, der die complexe Grösse 2η repräsentirt[1]. Dem Pol entspricht $\eta = 0$, dem Gegenpol $\eta = \infty$."

Diese Beschreibung entspricht dem Inhalt und der Randnotiz aus Abb. 1. Die Darstellung der Tangentialebene am Südpol kommt dabei der Bedeutung der komplexen Ebene zu. Selbst die Umrechnungsformeln sind in Bezolds Mitschriften noch deutlich zu erkennen.

Andererseits stellt seine Abhandlung den Bezug zu einem äußerst wichtigen Abbildungstypen der Funktionentheorie her: den Möbius-Transformationen. Möbius-Transformationen bilden die Automorphismen der erweiterten Ebene, d. h. die bijektiven, winkel- und orientierungstreuen Abbildungen von $\widehat{\mathbb{C}}$ in sich, und kommen beispielsweise in der speziellen Relativitätstheorie und der Elektrotechnik (Smith-Diagramm) zur Anwendung. Aufgrund ihrer besonderen geometrischen Eigenschaften sind sie immer wieder in den Fokus wissenschaftlicher Arbeiten geraten, siehe z. B. Arashi et al. 2021, Zhang et al. 2018, Siliciano 2012. Mit dem YouTube-Video „Möbius Transformations Revealed" von Douglas Arnold (1954*) und Jonathan Rogness (1976*) aus dem Jahr 2007 erlangten sie für die Öffentlichkeit an zusätzliche Berühmtheit. Das Video basiert auf den Ideen Riemanns und visualisiert den Zusammenhang zwischen Möbius-Transformationen und Riemannscher Zahlensphäre.

Möbius-Transformationen entstehen durch eigentliche euklidische Bewegungen der Zahlenkugel im Raum: Projizieren wir die komplexe Größe sowie den Punkt ∞ auf eine „zulässige" Sphäre[2], bewegen diese im Raum und projizieren sie zurück in die Ebene, so beschreibt die Abbildung zwischen den Argumenten eine Möbius-Transformation. Dies ist die zentrale Aussage des achten Abschnittes in Hattendorffs Herausgabe (Riemann 1953, S. 309–310).

Ziel unserer Untersuchungen ist es, genau diese Verbindung zwischen Möbius-Transformationen und Zahlensphäre zu erarbeiten. Die Lektüre entstand aus einer Studienarbeit heraus, wobei sie so verfasst wurde, dass sie weitestgehend ohne funktionentheoretische Hilfsmittel auskommt. Dies ist einerseits eine erhebliche Einschränkung, offenbart sich der Charakter der Automorphismen von $\widehat{\mathbb{C}}$ erst durch Erweiterung des Holomorphiebegriffes auf Umgebungen des unendlich fernen Punktes. Andererseits erfordert dies neben einer Wiederholung wichtiger Grundlagen, eine saubere Einführung in die Theorie der Riemannschen Flächen wie sie für gewöhnlich erst in höheren Semestern zu finden ist (Forster 1977).

---

[1] Wir werden den Faktor 2 in der späteren Umrechnung dadurch entfernen, indem wir das Zentrum der Sphäre in den Ursprung des Koordinatensystems verlegen. Außerdem werden wir die Kugelkoordinaten durch cartesische ersetzen.

[2] Die Zulässigkeit einer Sphäre werden wir in Kap. 4 definieren.

Aufbau und Darstellung des Buches wurden so gewählt, dass sie einem Lehr-skript ähneln und einen möglichst breiten Leserkreis ansprechen. Das Buch rich-tet sich an Interessierte der Mathematik sowie Studierende ab dem dritten Semes-ter, die bereits mit dem Fundament der reellen Analysis, linearen Algebra und Differentialgeometrie vertraut sind. Gleichzeitig kann die Arbeit auch als Aus-gangspunkt für weitere Expeditionen in die Welt der Möbius-Transformationen (Kleinsche Gruppen, hyperbolische Geometrie, …) verstanden werden.

Wir skizzieren den Aufbau wie folgt:
Im ersten Kapitel werden wir uns mit den Grundlagen beschäftigen. Hierzu ge-hören allen voran die komplexen Zahlen in ihrer geometrischen wie auch arith-metischen Darstellung sowie die Wiederholung topologischer Begriffe, die für das Verständnis dieser Arbeit erforderlich sind. Eine Sonderstellung nehmen hierbei Kreislinien und Geraden ein, die sich in der analytischen Geometrie einheitlich beschreiben lassen. Wir werden sie in diesem Kapitel daher sauber einführen und ihre gemeinsame Darstellung zeigen.

Ausgehend von der Gaußschen Zahlenebene entwickeln wir in Kapitel zwei dann mithilfe der stereographischen Projektion die Riemannschen Zahlenkugel als Modell der erweiterten Ebene, die eine anschauliche Darstellung des unendlich fernen Punktes zulässt. Diesem schließen sich topologische Untersuchungen von $\hat{\mathbb{C}}$ und eine Auseinandersetzung mit den geometrischen Eigenschaften der stereo-graphischen Projektion an.

Kap. 3 beinhaltet das zweite Kernstück der Arbeit, die Möbius-Trans-formationen. Als zentral für die weiteren Untersuchungen wird sich die Zer-legung von Möbius-Abbildungen in Elementartypen erweisen, die sich unmittel-bar geometrisch interpretieren lassen. Wir werden zeigen, dass jede dieser linearen Transformation dargestellt werden kann als Komposition aus Translation, Dreh-streckung und Inversion. Studien zum Fixpunktverhalten führen uns dann zu einer Methode, die es uns ermöglicht, zu je drei paarweise verschiedenen Urbild- und den zugehörigen Bildpunkten, die entsprechende Möbius-Transformation zu be-stimmen. Dies wird uns über das sogenannte Doppelverhältnis gelingen. Ein Ex-kurs über die Klassifizierung in elliptisch, hyperbolisch, loxodromisch und para-bolisch rundet das Kapitel zu Möbius-Transformationen ab.

Die beiden Kapitel zwei und drei bilden die roten Fäden dieser Arbeit, die es nun miteinander zu verweben gilt. Nachdem wir uns mit den Grundlagen und Eigenschaften vertraut gemacht haben, erfolgt im vierten Kapitel die Modellierung einer beliebigen Möbius-Transformation durch Bewegungen der Zahlensphäre. Hierbei wird auf das Bildmaterial aus dem Video „Möbius Transformations Re-vealed" und dem gleichnamigen Paper von Arnold und Rogness zurückgegriffen. Neu ist, und hier grenzt sich die Lektüre zu bereits bestehender Literatur ab, dass der darin argumentativ geführte Beweis technisch und im Detail ausgearbeitet wird. Es werden Ausblicke gegeben und ungeklärte Fragen aufgezeigt, die dazu Anlass geben, sich weiter mit der Materie zu beschäftigen. Wir runden die Arbeit mit der Herausarbeitung eines Schulbezuges ab und wie sich einzelne Aspekte dieser Arbeit in den Mathematikunterricht integrieren lassen. Abschließend fassen wir unsere Resultate in einem Fazit zusammen.

Besonderer Wert wurde bei der Erstellung dieser Arbeit auf eine verständliche Sprache und Beweisführung gelegt. Sofern nichts anderes angegeben ist, wurden Beweise selbstständig erstellt. Unter anderem trifft dies für die technische Ausarbeitung in Kapitel vier, aber auch zu großen Teilen der in Kapitel zwei und drei gezeigten Aussagen zu.

Ich bedanke mich herzlich für die große Unterstützung und Geduld, die ich sowohl durch Herrn Prof. Sonar, Herrn Prof. Löwe sowie Frau Dr. Cordula Reisch erfahren habe. Herr Prof. Sonar vermittelte mir einen Kontakt zum Springer-Verlag. Frau Reisch danke ich sehr für die zahlreichen Vorschläge, die sie mir beim Durchlesen des Manuskriptes gab und die ich mal mehr, mal weniger konsequent umsetzte. Diese Arbeit widme ich meiner Großmutter, Helga Dohle (1927*), die mir stets davon abgeraten hat, „irgendetwas mit Mathematik zu machen".

Maximilian Wiecha

Inhaltsverzeichnis

Symbolverzeichnis

$\mathbb{C}$	Menge der komplexen Zahlen
$\widehat{\mathbb{C}}$	$:= \mathbb{C} \cup \{\infty\}$ erweiterte komplexe Ebene
$\mathbb{C}^*$	$:= \mathbb{C} \setminus \{0\}$ im Ursprung gelochte komplexe Ebene
i	imaginäre Einheit, nach Hamilton der zweite Einheitsbasisvektor $(0, 1)^T$
$i\mathbb{R}$	Menge der (rein) imaginären Zahlen
$\mathbb{R}$	Menge der reellen Zahlen
$\text{Im}(z)$	Imaginärteil der komplexen Zahl z
$\text{Re}(z)$	Realteil der komplexen Zahl z
$\text{Arg}(z)$	Hauptargument der komplexen Zahl z in Polarkoordinaten
$\text{arg}(z)$	Argument der komplexen Zahl z in Polarkoordinaten
$\mathbb{R}^+$	Menge der positiven reellen Zahlen
$\mathbb{R}^n$	Menge der geordneten n-Tupel reeller Zahlen
$\mathbb{R}^{n \times m}$	Menge der $n \times m$-Matrizen reeller Zahlen
$\mathbb{K}$	angeordneter Körper, meist $\mathbb{R}$ oder $\mathbb{C}$.
$0_\mathbb{K}$	neutrales Element des Körpers $\mathbb{K}$ bzgl. der Addition
$1_\mathbb{K}$	neutrales Element des Körpers $\mathbb{K}$ bzgl. der Multiplikation
$\mathbb{S}$	Sphäre mit Mittelpunkt 0 und Radius 1 („Riemannsche Zahlensphäre")
$\mathbb{S}_r(m)$	Sphäre mit Mittelpunkt $m = (m_1, m_2, m_3)^T \in \mathbb{R}^3$ und Radius $r \in \mathbb{R}^+$, sie heißt zulässig, wenn $m_3 + r > 0$ gilt
$\widehat{\varphi}$	stereographische Projektion von $\mathbb{S}$
$\widehat{\varphi}^{-1}$	inverse stereographische Projektion von $\mathbb{S}$
$\widehat{\varphi}_{\mathbb{S}_r(m)}$	stereographische Projektion der zulässigen Sphäre $\mathbb{S}_r(m)$
$\widehat{\varphi}_{\mathbb{S}_r(m)}^{-1}$	inverse Projektion der zulässigen Sphäre $\mathbb{S}_r(m)$
$\chi(z, w)$	chordale Metrik zwischen $z, w \in \widehat{\mathbb{C}}$
a^T	transponierter Vektor $a \in \mathbb{R}^n$
A^T	transponierte Matrix von $A \in \mathbb{R}^{n \times n}$
A^{-1}	inverse Matrix von $A \in \mathbb{R}^{n \times n}$
I_n	$n \times n$-Einheitsmatrix

$\det(A)$	Determinante von $A \in \mathbb{R}^{n \times n}$
$\mathcal{T}_{\text{eukl}}$	euklidische Topologie des $\mathbb{R}^n$
$\mathcal{T}_{\mathbb{S}}$	$:= \{\mathbb{S} \cap U | U \subset \mathbb{R}^3 \text{offen in } \mathbb{R}^3\}$, Relativ- bzw. Teilraumtopologie von $\mathbb{S}$
$B_r(z_0)$	offene Kreisscheibe um $z_0 \in \mathbb{C}$ mit Radius $r \in \mathbb{R}^+$
$\overline{B_r(z_0)}$	abgeschlossene Kreisscheibe um $z_0 \in \mathbb{C}$ mit Radius $r \in \mathbb{R}^+$
$\partial B_r(z_0)$	Rand der Kreisscheibe um $z_0 \in \mathbb{C}$ mit Radius $r \in \mathbb{R}^+$
$|z|$	Absolutbetrag der komplexen Zahl z
$\|z\|$	euklidische Norm (Länge) des Vektors z
$\langle z, w \rangle$	euklidisches inneres Produkt (Standardskalarprodukt) zweier Vektoren z, w
$\sphericalangle(z, w)$	eingeschlossener Winkel zwischen zwei Vektoren z, w
Möb^+	Gruppe der Möbius-Transformationen
$\text{Rot}\left(\widehat{\mathbb{C}}\right)$	Gruppe der unitären Möbius-Transformationen
DV	Doppelverhältnis („cross ratio") vier paarweise verschiedener Punkte aus $\mathbb{C}$
$\text{id}_{\widehat{\mathbb{C}}}$	identische Abbildung von $\widehat{\mathbb{C}}$ nach $\widehat{\mathbb{C}}$, neutrales Element der Möb^+
$\text{id}_{\mathbb{S}}$	identische Abbildung von $\mathbb{S}$ nach $\mathbb{S}$, neutrales Element der $\text{E}^+(n)$
$\text{SO}(n)$	spezielle orthogonale Gruppe („Drehgruppe") im $\mathbb{R}^n$
$\text{E}(n)$	Gruppe der euklidischen Bewegungen im $\mathbb{R}^n$
$\text{E}^+(n)$	Gruppe der eigentlichen euklidischen Bewegungen im $\mathbb{R}^n$
$\text{O}(n)$	orthogonale Gruppe im $\mathbb{R}^n$
$\mathbb{D}$	$:= \{z \in \mathbb{C} | |z| < 1\}$, Einheitskreisscheibe um 0
$\mathbb{H}$	$:= \{z \in \mathbb{C} | \text{Im}(z) > 0\}$, obere Halbebene
$\text{Aut}(\mathbb{D})$	Automorphismen der Einheitskreisscheibe $\mathbb{D}$
$\text{Aut}(\mathbb{H})$	Automorphismen der oberen Halbebene $\mathbb{H}$
$\text{Aut}(\widehat{\mathbb{C}})$	Automorphismen der erweiterten komplexen Ebene $\widehat{\mathbb{C}}$

Abbildungsverzeichnis[3]

[3] Besonderen Dank gilt Jonathan Rogness und Douglas N. Arnold, die mir zur Veröffentlichung dieses Buches, die Verwendung ihres Bildmaterials aus dem berühmten YouTube-Video „Möbius Transformations Revealed" und den daraus resultierenden Papers erlaubten. Ebenso bedanken möchte ich mich bei David Mumford, Caroline Series und David Wright, aus dessen eindrucksvollem Buch „Indra's Pearls. The Vision of Felix Klein", das im deutschsprachigen Raum leider bei weitem nicht die Popularität genießt, die ihm aufgrund der hohen fachlichen und hochwertigen Illustrationen zusteht, drei Graphiken entnehmen durfte. Die verwendeten Abbildungen von Andreas Filler wurden von Schülerinnen und Schülern im Rahmen eines Sommerschulkurses mit dem Thema „Möbiustransformationen und Indras Perlen" an der Humboldt-Universität zu Berlin erstellt. Als Grundlage dienten von Jürgen Richter-Gebert erstellte CindyJS-Dateien mit eigens hierfür entwickelten Makros, die sich für das spielerische Erkunden und als Einstieg in die Welt der Möbius-Transformationen eignen. Sowohl der Sommerschulkurs als auch die zugrundeliegenden Simulationen sind dicht an das Buch „Indra's Pearls. The Vision of Felix Klein" angelehnt und stellen eine wunderbare Ergänzung zu diesem dar.

Hans Walser gestattete mir die Verwendung einer seiner liebevollgestalteten Illustrationen zur nördlichen Polregion. Der Ernst Klett Verlag erlaubte mir, einen Auszug aus dem unten genannten Schulbuch mit in meine Veröffentlichung einfließen zu lassen. Weiterhin danken möchte ich der Staats- und Universitätsbibliothek Göttingen sowie dem Archiv des Mathematischen Forschungsinstituts Oberwolfach, die mir das Abbilden historischen Bildmateriales ermöglichten, das nicht „gemeinfrei" verfügbar gewesen ist. Ohne Euch alle wäre dieses Buch weitaus weniger lebendig geworden. Weitere Abbildungen wurden vom Autor selbst erstellt. Die Abkürzung PD in der Quellenangabe bedeutet, dass das verwendete Bildmaterial zum Zeitpunkt der Veröffentlichung im Internet als „gemeinfrei" („public domain") oder lizenzfrei gekennzeichnet war.

Komplexe Zahlen

1

Eine Arbeit zur Riemannschen Zahlenkugel und Möbius-Transformationen muss notwendig mit einer Beschreibung der komplexen Zahlen beginnen. In diesem Kapitel werden wir die wichtigsten Begriffe und Rechenoperationen behandeln, die für das Verständnis der folgenden Kapitel erforderlich sind. Es handelt sich dabei im Wesentlichen um Wiederholungen aus der Analysis I und II sowie der linearen Algebra. Es gibt verschiedene Möglichkeiten, komplexe Zahlen einzuführen. Für unsere Betrachtungen hat sich das Modell von Hamilton (1805–1865) und die geometrische Interpretation von Punkten (und Vektoren) in der Gaußschen Zahlenebene am fruchtbarsten erwiesen, weshalb wir diesen eine Vorzugsstellung einräumen werden (Abschn. 1.1). Der Fokus des zweiten Abschnittes liegt dabei auf der geometrischen Veranschaulichung von Rechenoperationen, vor allem der Addition, Multiplikation und komplexen Konjugation. Ferner werden wir in Abschn. 1.3 Begriffe aus der Topologie wiederholen, die vor allem im zweiten Kapitel zur Riemannschen Zahlenkugel zur Anwendung kommen werden. Auf Beweise wird in diesen drei Abschnitten, da diese bereits in den Grundlagenvorlesungen behandelt werden, größtenteils verzichtet. Zum ausführlichen Nachlesen eignen sich Forster 2012, 2017 sowie v. Querenburg 2001. Vereinzelt wird auf entsprechende Literatur verwiesen.

Im letzten Abschnitt befassen wir uns mit Kreislinien und Geraden sowie deren Beschreibung in der komplexen Ebene. Diese „verallgemeinerten Kreise" spielen in unseren Untersuchungen zur Zahlenkugel als auch zu den Möbius-Transformationen eine besondere Rolle, wie u. a. der Titel der Abhandlung „Die Theorie der Kreisverwandtschaft in rein geometrischer Darstellung" (1855) von A. F. Möbius (1790–1868) vermuten lässt, in der dieser wichtige Abbildungstyp erstmals systematisch untersucht worden ist.

1.1   Definitionen und Modelle komplexer Zahlen

Die arithmetische Einführung der komplexen Zahlen als geordnete Paare reeller Zahlen geht auf den irischen Mathematiker Sir William Rowan Hamilton (1805–1865) im Jahr 1837 zurück, der auf dem reellen Vektorraum $\mathbb{R}^2$ zusätzlich zur Vektoraddition, die komponentenweise definiert ist, eine Multiplikation einführte, die diesen zu einem Körper macht. Diesen bezeichnen wir mit $\mathbb{C}$ als Körper der komplexen Zahlen (Knopp 1978, S. 21).

Daneben gibt es noch weitere Modelle komplexer Zahlen, die wir im Rahmen dieser Arbeit nur skizzieren werden. Eine ausführliche historische Betrachtung über die Entwicklung der komplexen Zahlen, beginnend mit dem Lösen von Polynomgleichungen im 16. Jahrhundert, findet sich beispielsweise in Ebbinghaus et al. 1988, S. 46–53.

Definition 1.1 (Komplexe Zahlen)
Wir betrachten den zwei-dimensionalen $\mathbb{R}$-Vektorraum $\mathbb{R}^2$ und definieren

$$\mathbb{C} := \mathbb{R}^2 = \left\{ (x, y)^T \,\middle|\, x, y \in \mathbb{R} \right\}. \tag{1.1}$$

Ob wir die Elemente des $\mathbb{R}^n$ als Zeilen- oder Spaltenvektoren auffassen, spielt erst eine Rolle bei der Multiplikation mit Matrizen. In diesem Zusammenhang sind es in aller Regel Spaltenvektoren, weshalb wir sie in dieser Arbeit auch stets als Spaltenvektoren bezeichnen werden.

Für die kanonischen Basisvektoren im $\mathbb{R}^2$ schreiben wir

$$1 := (1, 0)^T, \quad i := (0, 1)^T.$$

Zusätzlich zur gewohnten Vektoraddition, $+ : \mathbb{C} \times \mathbb{C} \to \mathbb{C}$;

$$(x_1, y_1)^T + (x_2, y_2)^T := (x_1 + x_2, y_1 + y_2)^T, \tag{1.2}$$

führen wir auf $\mathbb{C}$ eine Multiplikation $\cdot : \mathbb{C} \times \mathbb{C} \to \mathbb{C}$ ein mit

$$(x_1, y_1)^T \cdot (x_2, y_2)^T := (x_1 x_2 - y_1 y_2, x_1 y_2 + x_2 y_1)^T. \tag{1.3}$$

Mit den beiden Verknüpfungen (Gl. 1.2) und (Gl. 1.3) bildet $\mathbb{C}$ einen (kommutativen) Körper, den wir als Körper der komplexen Zahlen bezeichnen. Die Verifikation der Körperaxiome wird für gewöhnlich in den Grundlagenvorlesungen behandelt. Ein Beweis hierzu findet sich beispielsweise in Beutelspacher 2010, S. 27–29. Das neutrale Element bzgl. der Addition ist gegeben durch $(0, 0)^T$, das bzgl. der Multiplikation durch $(1, 0)^T$.

Zu jedem Element $z = (x, y)^T$ ist das additiv Inverse $-z = -(x, y)^T = (-x, -y)^T$. Das multiplikativ Inverse zu $z = (x, y)^T \neq (0, 0)^T$ berechnet sich durch

$$z^{-1} = \left(\frac{x}{x^2 + y^2}, \frac{-y}{x^2 + y^2} \right)^T, \tag{1.4}$$

wie man anhand der Multiplikation (Gl. 1.3) nachprüfen kann (siehe hierzu auch Rechenregel Gl. 1.5 (vii)).

Aus der Multiplikation (Gl. 1.3) folgt die sehr wichtige Beziehung

$$i^2 = (0, 1)^T \cdot (0, 1)^T = (-1, 0)^T = -1, \tag{1.5}$$

die Euler 1777 dazu verleitete, das Symbol i als Ausdruck für $\sqrt{-1}$ einzuführen. Dieses heißt imaginäre Einheit von $\mathbb{C}$ und ist wie schon oben erwähnt die Schreibweise für den zweiten Einheitsbasisvektor (Remmert/Schumacher 2007, S. 8).

Wir schreiben $\mathbb{C}$ anstatt $(\mathbb{C}, +, \cdot)$ für den Körper der komplexen Zahlen. Alle Sätze, die man in der Analysis und linearen Algebra für die reellen Zahlen allein mithilfe der Körperaxiome herleitet, gelten damit auch für $\mathbb{C}$.

Üblicherweise identifiziert man die reellen Zahlen $x \in \mathbb{R}$ mit $(x, 0)^T \in \mathbb{C}$ und bezeichnet $\mathbb{C}$ als Oberkörper von $\mathbb{R}$. Genauer bildet die Abbildung $\varphi : \mathbb{R} \to \mathbb{C}$; $x \mapsto (x, 0)^T$ einen injektiven Körperhomomorphismus von $\mathbb{R}$ in $\mathbb{C}$. Also gilt $\varphi(x + y) = \varphi(x) + \varphi(y)$ und $\varphi(x \cdot y) = \varphi(x) \cdot \varphi(y)$ für alle $x, y \in \mathbb{R}$, weshalb $\mathbb{C}$ genau genommen nicht $\mathbb{R}$, aber einen zu $\mathbb{R}$ isomorphen Unterkörper enthält, den wir mit $\varphi(\mathbb{R}) = \left\{ (x, 0)^T \big| x \in \mathbb{R} \right\}$ bezeichnen. Dieser stimmt allerdings von den Rechengesetzen mit denen der reellen Zahlen überein. Man sagt auch „$\mathbb{R}$ wird durch φ isomorph in $\mathbb{C}$ eingebettet" und schreibt meist $\mathbb{R}$ anstatt $\varphi(\mathbb{R})$ und x anstelle von $(x, 0)^T$, weshalb $\mathbb{R}$ als Teilkörper von $\mathbb{C}$ angesehen wird (Freitag/Busam 2006, S. 3-4).

Man kann zeigen, dass es bis auf Isomorphie nur einen endlich-dimensionalen echten kommutativen Erweiterungskörper von $\mathbb{R}$ gibt, nämlich $\mathbb{C}$. Dies ist die Aussage des Satzes von Frobenius (Ebbinghaus et al. 1988, S. 187–190). Beispielsweise stellen die ebenfalls durch Hamilton eingeführten Quaternionen einen nichtkommutativen Erweiterungskörper („Schiefkörper") der Dimension 4 über $\mathbb{R}$ dar (Beutelspacher 2010, S. 30–33).

Dagegen bildet der folgende Unterring an reellen 2×2-Matrizen

$$\mathbb{A} := \left\{ \begin{pmatrix} a & -b \\ b & a \end{pmatrix} \bigg| a, b \in \mathbb{R} \right\} \tag{1.6}$$

zusammen mit der üblichen Addition und Multiplikation von Matrizen einen zu $\mathbb{C}$ isomorphen Körper und damit ein alternatives Modell der komplexen Zahlen. Ein Beweis hierzu findet sich. in Timmann 2007, S. 139–140.

Augustin-Louis Cauchy (1789–1857) gab 1847 eine weitere (rein algebraische) Einführung der komplexen Zahlen, indem er das Rechnen mit komplexen Zahlen als Rechnen mit reellen Polynomen „modulo $\alpha^2 + 1$" verstand. Wir wissen, dass $\mathbb{R}$ nicht algebraisch abgeschlossen ist und das Polynom $\alpha^2 + 1$ keine Nullstellen in $\mathbb{R}$ besitzt, d. h. irreduzibel ist. „Faktorisieren" wir den Polynomring $\mathbb{R}[\alpha]$ nach dem von $\alpha^2 + 1$ erzeugten Ideal $(\alpha^2 + 1)$ erhalten wir mit dem Satz von Kronecker (Ebbinghaus et al. 1988, S. 51) einen Körper

$$\mathbb{C} := \mathbb{R}[\alpha]/(\alpha^2 + 1). \tag{1.7}$$

Dieser endliche Zerfällungskörper ist ebenfalls isomorph zum Körper der komplexen Zahlen, den Hamilton 1837 eingeführt hat, wobei i als die zu α gehörige Rest-

klasse angesehen wird (Forst/ Hoffmann 2002, S. 6). Als vertiefende Literatur sei
an dieser Stelle auf Soergel 2018 verwiesen.

Wir werden noch einmal auf Unterschiede zwischen dem reellen und dem komplexen Zahlkörper zu sprechen kommen. Aus der linearen Algebra wissen wir
ferner, dass jeder Körper einen Vektorraum über sich selbst bildet (Beutelspacher
2010, S. 53–54). Je nach zugrunde liegendem Körper können wir $\mathbb{C}$ also sowohl
als einen ein-dimensionalen $\mathbb{C}$-Vektorraum als auch einen zwei-dimensionalen $\mathbb{R}$-
Vektorraum auffassen. Im Rahmen dieser Arbeit werden wir uns auf den letz-
ten Fall beschränken. Die Skalarenmultiplikation wird hierbei durch die Multiplikation (Gl. 1.3) induziert via

$$(\lambda, 0)^T \cdot (x, y)^T = (\lambda x, \lambda y)^T \qquad (1.8)$$

mit Skalar $(\lambda, 0)^T \in \varphi(\mathbb{R})$ und Vektor $(x, y)^T \in \mathbb{C}$ bzw. mit $\lambda \in \mathbb{R} \cong \varphi(\mathbb{R})$ durch

$$\lambda \cdot (x, y)^T = (\lambda x, \lambda y)^T. \qquad (1.9)$$

Jede komplexe Zahl $z = (x, y)^T$ lässt sich damit schreiben als

$$z = (x, y)^T = (x, 0)^T + (0, y)^T = (1, 0)^T x + (0, 1)^T y = x + \mathrm{i}y \qquad (1.10)$$

bzgl. der Standardbasis $\{1, \mathrm{i}\}$. (Gl. 1.10) ist die gängigste Darstellung für komplexe
Zahlen. Sie ist eindeutig (Remmert/Schumacher 2007, S. 8). Man setzt $\mathrm{Re}(z) := x$
und $\mathrm{Im}(z) := y$ und nennt x bzw. y den Real- bzw. Imaginärteil von z.

Die geometrische Betrachtung erlaubt uns eine weitere Einführung.

1.2   Geometrische Interpretation

Auf Carl Friedrich Gauß (1777–1855) geht die Idee zurück, komplexe Zahlen geometrisch als Punkte (oder Vektoren) in einem cartesischen Koordinatensystem,
der sogenannten Gaußschen oder komplexen Zahlenebene, darzustellen. Tatsächlich gab es vor ihm schon ähnliche Überlegungen, die jedoch zunächst wenig Be-
achtung fanden. Genannt seien hier die Abhandlungen des Landvermessers Caspar
Wessel (1745–1818) aus dem Jahr 1797 und Jean-Robert Argand (1768–1822) aus
dem Jahr 1806 (Knopp 1978, S. 21).

Die erste Koordinatenachse repräsentiert den Unterkörper $\mathbb{R}$ von $\mathbb{C}$ und heißt
reelle Achse. Die zweite (vertikale) Koordinatenachse beschreibt hingegen die
komplexen Zahlen der Form $\mathrm{i}y$ mit $y \in \mathbb{R}$. Letztere bezeichnen wir als imaginäre
Achse. Ihre Punkte entsprechen rein imaginären Zahlen (Fischer/Lieb 2005, S. 4).
Jeder komplexen Zahl $z = x + \mathrm{i}y$ kann somit eindeutig ein Punkt $P(x, y)$ des Koordinatensystems zugeordnet werden. Komplexe Zahlen aufgefasst als Vektoren
entsprechen in dieser Darstellung den Ortsvektoren $\overrightarrow{OP(x, y)}$, die wir ebenfalls mit
z bezeichnen wollen. Die Addition komplexer Zahlen ist in diesem Bild dann die
Addition der Vektoren nach der Parallelogrammregel (Abb. 1.2). Die geometrische
Interpretation der Multiplikation zweier komplexer Zahlen werden wir in Abb. 1.5
behandeln (Abb. 1.1).

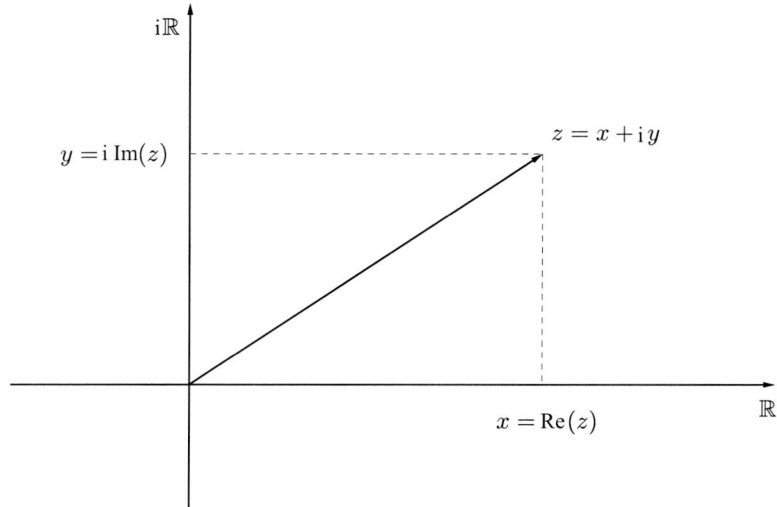

Abb. 1.1 Real- und Imaginärteil einer komplexen Zahl in der Gaußschen Ebene

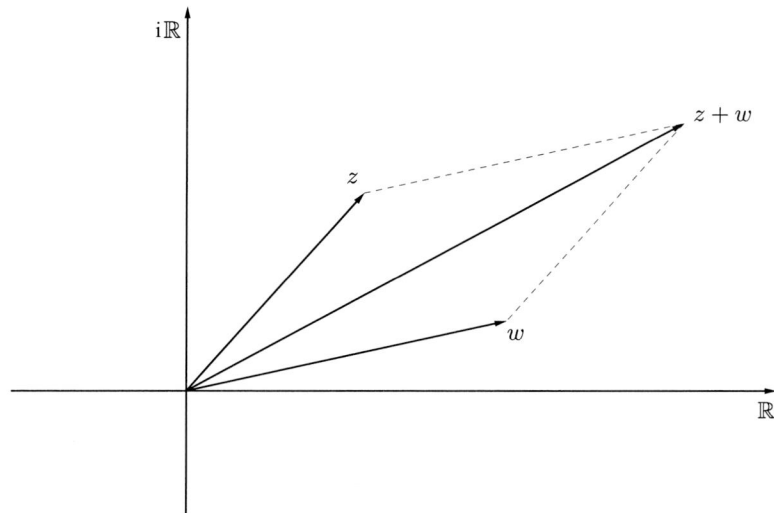

Abb. 1.2 Addition zweier komplexer Zahlen z, w

Eine Abbildung, die sich ebenfalls wunderbar geometrisch in der komplexen Ebene visualisieren lässt, ist die komplexe Konjugation, die wir als nächstes definieren werden.

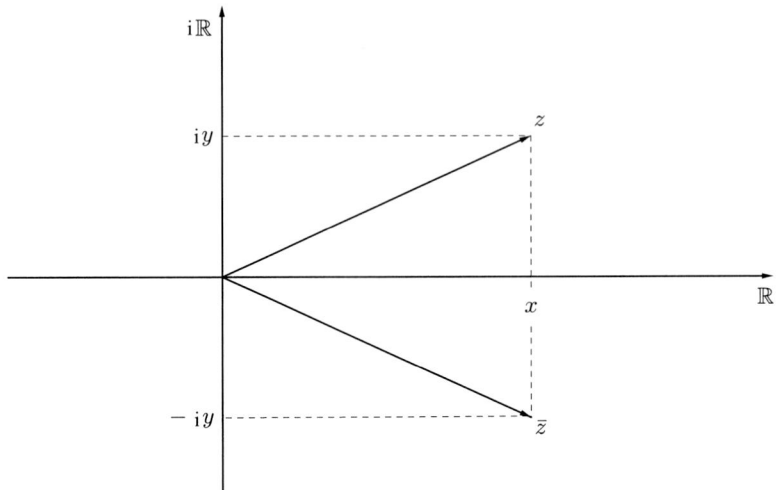

Abb. 1.3 Konjugation einer komplexen Zahl

Definition 1.2 (Komplexe Konjugation)
Sei $z = (x, y)^T = x + iy$ mit $x, y \in \mathbb{R}$, dann heißt $\bar{z} := (x, -y)^T = x - iy$ die zu z konjugiert komplexe Zahl. Geometrisch entspricht die Konjugation der Spiegelung an der reellen Achse. Offenbar ist damit $\bar{z} = z$ genau dann, wenn z reell ist (Abb. 1.3).

Für die komplexe Konjugation gelten folgende Rechenregeln, auf die wir im Laufe dieser Arbeit zurückgreifen werden. Man erhält sie durch direktes Nachrechnen und Zerlegung der komplexen Zahlen in Real- und Imaginärteil (Timmann 2007, S. 13).

Rechenregeln 1.3 (Komplexe Konjugation)
Für $z, w \in \mathbb{C}$ gilt

(i) $\bar{\bar{z}} = z$,
(ii) $\overline{z + w} = \bar{z} + \bar{w}$,
(iii) $\overline{zw} = \bar{z} \cdot \bar{w}$,
(iv) $\mathrm{Re}(z) = \frac{1}{2}(z + \bar{z})$,
(v) $\mathrm{Im}(z) = \frac{1}{2i}(z - \bar{z})$,
(vi) $z = \bar{z} \Leftrightarrow z \in \mathbb{R}$,
(vii) $\bar{z} = -z \Leftrightarrow z \in i\mathbb{R}$,
(viii) $\overline{\left(\frac{z}{w}\right)} = \frac{\bar{z}}{\bar{w}}$ (für $w \neq 0$).

Eigenschaft (i) besagt, dass die Abbildung $\mathbb{C} \to \mathbb{C}$; $z \mapsto \bar{z}$ involutorisch, d. h. zu sich selbst invers, ist. Damit ist sie auch bijektiv (Forst/Hoffmann 2002, S. 7). Die Regeln (ii) und (iii) machen die Konjugation somit zu einem Körperautomorphismus von $\mathbb{C}$.

Aus der linearen Algebra wissen wir, dass $\mathbb{R}$ als einzigen Körperautomorphismus die Identität besitzt (Beutelspacher 2010, S. 42). Dagegen kann man zeigen, dass $\mathbb{C}$ über unendlich viele, sogar überabzählbar viele, Körperautomorphismen verfügt. Dies beweist man in der Algebra mit sogenannten Transzendenzbasen von $\mathbb{C}$ über $\mathbb{Q}$ (Hungerford 1974, S. 317). Jedoch ist die Konjugation neben der Identität $z \mapsto z$ der einzige, der die reellen Zahlen punktweise festhält. Ein Beweis hierzu findet sich beispielsweise in Timmann 2007, S. 139–141. In der Galois-Theorie beschäftigt man sich mit speziellen Körperautomorphismen, die einen gegebenen Unterkörper, in unserem Fall $\mathbb{R}$, invariant lassen.

Es zeigt sich ein weiterer interessanter Unterschied zu den reellen Zahlen. Anders als der Körper $\mathbb{R}$ kann $\mathbb{C}$ nicht angeordnet werden (Forster 2012, S. 28), d. h. es gibt keine lineare Ordnung „$<$" auf $\mathbb{C}$ derart, dass die Monotonieaxiome

$$a < b \Rightarrow a + c < b + c \quad \text{und} \quad a < b, c > 0 \Rightarrow ac < bc$$

für Addition und Multiplikation erfüllt sind. In angeordneten Körpern gilt nämlich $1_{\mathbb{K}} > 0_{\mathbb{K}}$, $-1_{\mathbb{K}} < 0_{\mathbb{K}}$ und $a^2 = a \cdot a > 0$ für alle $a \in \mathbb{K} \setminus \{0_{\mathbb{K}}\}$, wobei $0_{\mathbb{K}}$ und $1_{\mathbb{K}}$ die neutralen Elemente bzgl. der Addition und Multiplikation bezeichnen. In einem angeordneten Körper sind von Null verschiedene Quadratzahlen damit stets positiv.

Das widerspricht aber der Bedingung $i^2 = i \cdot i = -1 < 0$, womit auf $\mathbb{C}$ keine Anordnung definiert werden kann. Jedoch lässt sich auf $\mathbb{C}$ der für Konvergenzfragen so wichtige Absolutbetrag fortführen, was $\mathbb{C}$ zu einem „bewerteten Körper" macht (Remmert/Schumacher 2007, S. 10).

Definition 1.4 (Absolutbetrag)
Der Betrag $|z|$ einer komplexen Zahl $z = x + iy$ mit $x, y \in \mathbb{R}$ ist definiert als der gewöhnliche euklidische Betrag des Vektors $(x, y)^T \in \mathbb{R}^2$, also die euklidische Norm („Länge") des Vektors, bzw. der Abstand des Punktes z zum Ursprung.

$$|z| := \sqrt{x^2 + y^2}; \quad |z|^2 = x^2 + y^2 = z \cdot \overline{z}. \tag{1.11}$$

Wir erinnern noch an die aus der Analysis bekannten Rechenregeln.

Rechenregeln 1.5 (Absolutbetrag)
Für $z, w \in \mathbb{C}$ gilt

(i) $|z| \geq 0$ und $|z| = 0 \Leftrightarrow z = 0$,
(ii) $|z \cdot w| = |z| \cdot |w|$,
(iii) $|z + w| \leq |z| + |w|$,
(iv) $\left|\frac{z}{w}\right| = \frac{|z|}{|w|}$ (für $w \neq 0$),
(v) $|\mathrm{Re}(z)| \leq |z|$, $|\mathrm{Im}(z)| \leq |z|$,
(vi) $z^{-1} = \frac{1}{z} = \frac{\overline{z}}{|z|^2}$ (für $z \neq 0$),
(vii) $\left|\frac{z}{\overline{z}}\right| = \left|\frac{\overline{z}}{z}\right| = 1$ (für $z \neq 0$),
(viii) $|z| = |\overline{z}|$.

Die Regeln (i) bis (iii) heißen Bewertungsregeln. Eine Abbildung $|\cdot| : \mathbb{K} \to \mathbb{R}$ eines kommutativen Körpers $\mathbb{K}$, die diesen Regeln genügt, heißt eine Bewertung von $\mathbb{K}$. Ein Körper mit einer Bewertung heißt bewerteter Körper. Beispielsweise sind $\mathbb{R}$ und $\mathbb{C}$ bewertete Körper (Remmert/Schumacher 2007, S. 10). Aus Regel (vi) stammt auch die Merkhilfe, dass man durch eine komplexe Zahl $z \neq 0$ dividiert, indem man mit ihrem komplexen Konjugierten erweitert. In diesem Fall wird der Nenner (bzw. Divisor) reell. Eine Darstellung mit Real- und Imaginärteil von z liefert dann in (vi) das multiplikativ Inverse aus Gleichung (1.4). Wir widmen uns noch einer weiteren Beschreibung der komplexen Zahlen.

Neben der Darstellung komplexer Zahlen im cartesischen Koordinatensystem durch Real- und Imaginärteil hat sich bereits in der Analysis I die Beschreibung durch Polarkoordinaten als häufig nützlich erwiesen. Jeder Vektor $(x, y)^T \in \mathbb{R}^2$ der Länge 1 hat eine Darstellung

$$(x, y)^T = (\cos(\varphi), \sin(\varphi))^T, \tag{1.12}$$

wobei $\varphi \in \mathbb{R}$ sei (Forster 2012, S. 158).

Definition 1.6 (Polarkoordinaten)
Mithilfe des Betrages $r := |z|$ lässt sich jede komplexe Zahl[1] z in der Form

$$z = r(\cos(\varphi) + \mathrm{i} \sin(\varphi)) = \mathrm{e}^{\mathrm{i}\varphi} \tag{1.13}$$

schreiben, wobei wir $\mathrm{i} = (0, 1)^T$ als zweiten kanonischen Basisvektor und die Eulersche Formel verwendet haben. Zur komplexen Exponentialfunktion siehe z. B. Forster 2012, S. 137–145. Die reelle Zahl φ ist der Winkel im Bogenmaß zwischen der positiven reellen Achse und dem Ortsvektor von z (Abb. 1.4). Man nennt φ auch Argument von z und schreibt $\arg(z) := \varphi$. Den Betrag und das Argument zusammen bezeichnen wir als Polarkoordinaten.

Im Gegensatz zum Betrag ist das Argument einer komplexen Zahl keinesfalls eindeutig bestimmt. Für $z \neq 0$ ist es aufgrund der Periodizität der komplexen Exponentialfunktion[2] nur bis auf ein ganzzahliges Vielfache von 2π festgelegt. D. h. für $r, s \in \mathbb{R}^+$ und $\varphi, \psi \in \mathbb{R}$ gilt

$$r\mathrm{e}^{\mathrm{i}\varphi} = s\mathrm{e}^{\mathrm{i}\psi} \Leftrightarrow r = s \text{ und } \varphi = \psi + 2k\pi \text{ für } k \in \mathbb{Z}.$$

Manchmal schränkt man das Argument von z auch auf das Intervall $(-\pi, \pi]$ oder $(0, 2\pi]$ ein. In diesem Fall ist das Argument für $z \neq 0$ eindeutig bestimmt, man spricht dann vom Hauptwert des Argumentes von z und schreibt $\mathrm{Arg}(z) := \varphi$ (Timmann 2007, S. 13–14).

Die Darstellung komplexer Zahlen durch Polarkoordinaten lässt eine geometrische Interpretation der Multiplikation zu. Dazu seien $z, w \in \mathbb{C}^* := \mathbb{C} \setminus \{0\}$

---

[1] In einigen Lehrbüchern wird für die komplexe Zahl $z = 0$ auch keine Polardarstellung angegeben.

[2] Alternativ folgt dies auch aus der Periodizität der reellen Sinus- bzw. Cosinus-Funktion und der Eulerschen Formel für komplexe Argumente.

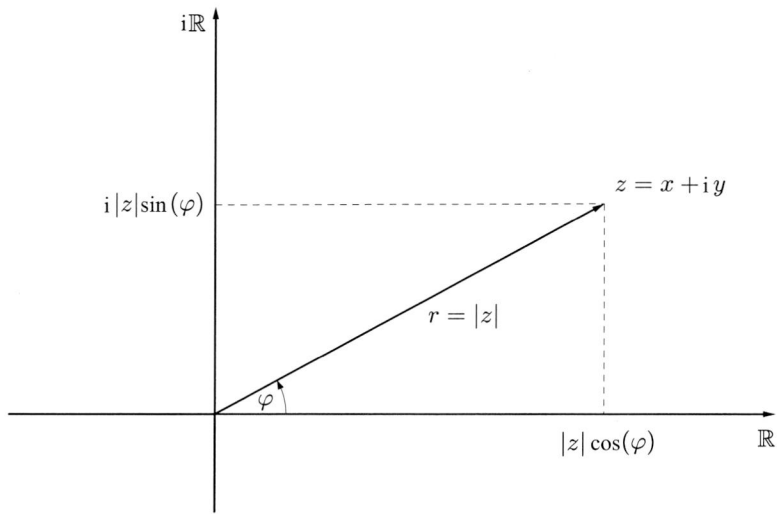

Abb. 1.4 Darstellung komplexer Zahlen durch Polarkoordinaten

mit $z = re^{i\varphi}$ und $w = se^{i\psi}$, wobei $r = |z|$, $s = |w|$, $\varphi = \arg(z)$ und $\psi = \arg(w)$ be-
zeichnen. Aus den Additionstheoremen von Sinus und Cosinus folgt

$$wz = se^{i\psi} \cdot re^{i\varphi} = [s(\cos(\psi) + i\sin(\psi))] \cdot [r(\cos(\varphi) + i\sin(\varphi))]$$

$$= sr[\cos(\psi + \varphi) + i\sin(\psi + \varphi)]$$

$$= sre^{i(\psi + \varphi)}$$

(Fischer/Lieb 2010, S. 10–11). Geometrisch bewirkt die Multiplikation mit einer
komplexen Zahl $w = se^{i\psi}$ also eine Streckung um den Faktor $s = |w|$ sowie eine
Drehung um den Winkel $\psi = \arg(w)$ gegen den Uhrzeigersinn, kurz eine Drehstreckung (Abb. 1.5). Damit haben wir auch für die Multiplikation eine anschauliche Beschreibung gefunden.

Für Quotienten und konjugiert komplexe Zahlen gelten

$$\frac{re^{i\varphi}}{se^{i\psi}} = \frac{r}{s}e^{i(\varphi - \psi)}, \quad \overline{re^{i\varphi}} = re^{-i\varphi} \tag{1.14}$$

mit $r, s \in \mathbb{R}^+$ und $\varphi, \psi \in \mathbb{R}$. Ein Beweis hierzu findet sich in Ebbinghaus et al.
1988, S. 74–75.

In Kap. 3 werden wir sehen, dass Drehstreckungen eine von insgesamt drei
Elementartransformationen sind, in die sich Möbius-Transformationen zerlegen lassen. Darüber hinaus haben Drehstreckungen für die komplexe Analysis eine ganz
besondere Bedeutung. Wie erwähnt bildet $\mathbb{C}$ sowohl einen zwei-dimensionalen $\mathbb{R}$-
Vektorraum als auch einen ein-dimensionalen $\mathbb{C}$-Vektorraum. Es ist daher wichtig,

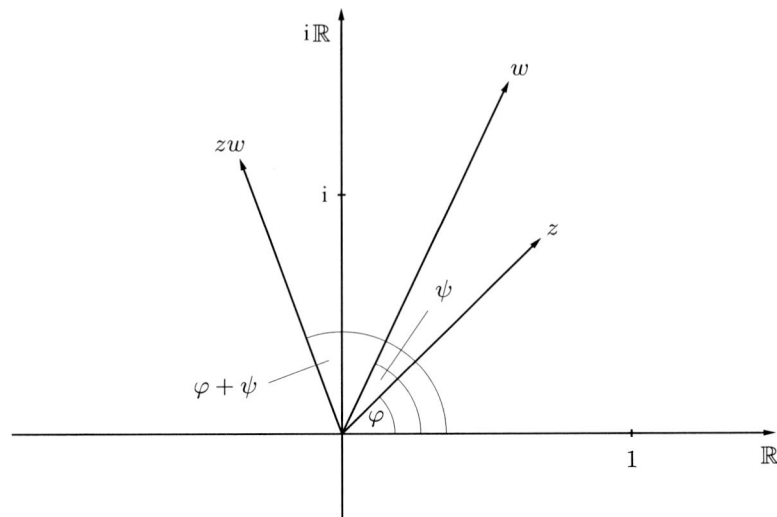

Abb. 1.5 Komplexe Zahlen werden multipliziert, indem man ihre Beträge multipliziert und ihre Argumente addiert.

zwischen $\mathbb{R}$-linearen und $\mathbb{C}$-linearen Abbildungen (Vektorraumhomomorphismen) $\varphi : \mathbb{C} \to \mathbb{C}$ zu unterscheiden. Für gewöhnlich zeigt man mit Einführung der komplexen Differenzierbarkeit, dass $\mathbb{C}$-lineare Abbildungen gerade die Drehstreckungen, also Abbildungen der Form $f(z) = az$ mit einem festen $a \in \mathbb{C}$, sind.

Wir nennen noch die Umrechnungsformeln zwischen cartesischen und Polarkoordinaten. Diese ergeben sich elementargeometrisch. Für $z = x + iy = re^{i\varphi}$ mit $x, y, \varphi \in \mathbb{R}$ und $r \in \mathbb{R}^+$ gelten (Knopp 1978, S. 18, 24)

$$x = r\cos(\varphi), \quad r = \sqrt{x^2 + y^2},$$

$$y = r\sin(\varphi), \quad \tan(\varphi) = \frac{y}{x}(*).$$

Siehe hierzu auch Abb. 1.6.

Achtung: Hierbei ist zu beachten, dass Gleichung $(*)$ für $x = 0$ nicht definiert ist. Außerdem ergibt sich der richtige Winkel erst durch Überprüfung des Quadranten, in welchem der betrachtete Punkt bzw. Vektor liegt, da die Winkel φ und $\varphi + \pi$ denselben Tangens besitzen. Das Vorzeichen von x oder y liefert den richtigen von beiden (Timmann 2007, S. 14).

n-te Einheitswurzeln und Potenzen einer komplexen Zahl (für $n \in \mathbb{N}$) werden häufig ebenfalls schon in den Grundvorlesungen behandelt (Forster 2012, S. 158–160). Potenzfunktionen mit beliebigen Exponenten aus $\mathbb{C}$ werden für das Verständnis der vorliegenden Arbeit nicht benötigt, können aber in Fischer/Lieb 2010, S. 108–111, nachgelesen werden.

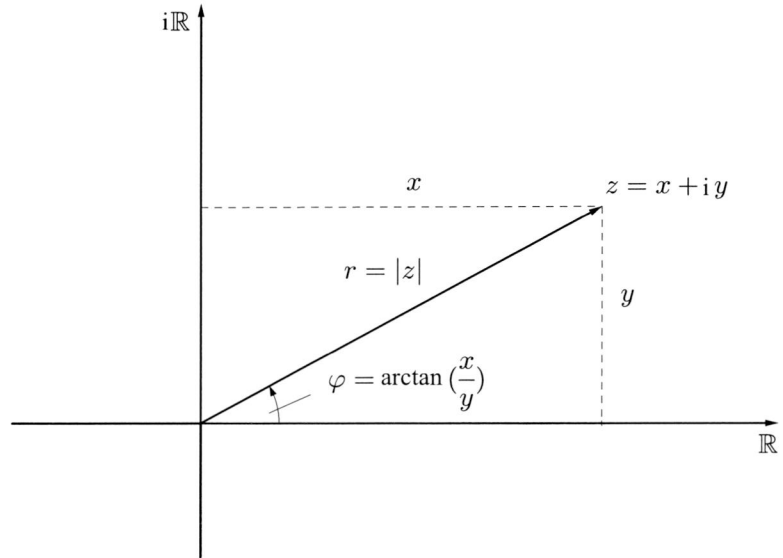

Abb. 1.6 Beziehungen zwischen Polar- und cartesischen Koordinaten

Definition und Satz 1.7 (*n*-te Potenzen und Wurzeln; Formel von Moivre)
Für alle $z \in \mathbb{C}$ und $n \in \mathbb{N}$ ist die *n*-te Potenz von z definiert durch

$$z^n := \underbrace{z \cdot z \dots z}_{n-\text{mal}}. \tag{1.15}$$

Die Ausdrücke z^0 und z^{-n} werden wie im Reellen festgelegt:

$$z^0 = 1 \qquad \text{und} \qquad z^{-n} = \frac{1}{z^n} \text{ (für } z \neq 0).$$

Jede Zahl $z \in \mathbb{C}$, die die Gleichung (1.16) erfüllt, heißt *n*-te Wurzel aus w:

$$z^n = w. \tag{1.16}$$

Für *n*-te Wurzeln und Potenzen sind die in Definition 1.6 eingeführten Polarkoordinaten $z = re^{i\varphi} = r(\cos(\varphi) + i\sin(\varphi))$ mit Argument $\varphi \in \mathbb{R}$ und $r \in \mathbb{R}^+$ äußerst zweckmäßig. Es gilt die sogenannte Formel von Moivre

$$z^n = \left(re^{i\varphi}\right)^n = r^n e^{in\varphi} = r^n(\cos(n\varphi) + i\sin(n\varphi)). \tag{1.17}$$

Auch dies werden wir nicht beweisen. Wir erhalten die Formel (1.17) mit Induktion nach n sowie den Additionstheoremen von Sinus und Cosinus. Ein Beweis findet sich z. B. in Burg et al. 2003, S. 3–4. Wichtig ist jedoch die Aussage, dass zu jeder komplexen Zahl $w = re^{i\varphi} \neq 0$ mit $\varphi \in \mathbb{R}$ und $r \in \mathbb{R}^+$ genau n verschiedene komplexe Zahlen $z \in \{z_0, z_1, \dots, z_{n-1}\}$ existieren mit $z^n = w$. Diese bezeichnen wir als *n*-te Wurzeln aus w. Sie ergeben sich durch

$$z_k = \sqrt[n]{r}e^{i(\varphi+2k\pi)/n} = r^{1/n}\left(\cos\left(\frac{\varphi}{n} + k\frac{2\pi}{n}\right) + i\sin\left(\frac{\varphi}{n} + k\frac{2\pi}{n}\right)\right) \tag{1.18}$$

für $k = 0, 1, \dots, n-1$. Auch dies wird in Burg et al. 2003, S. 4, gezeigt.

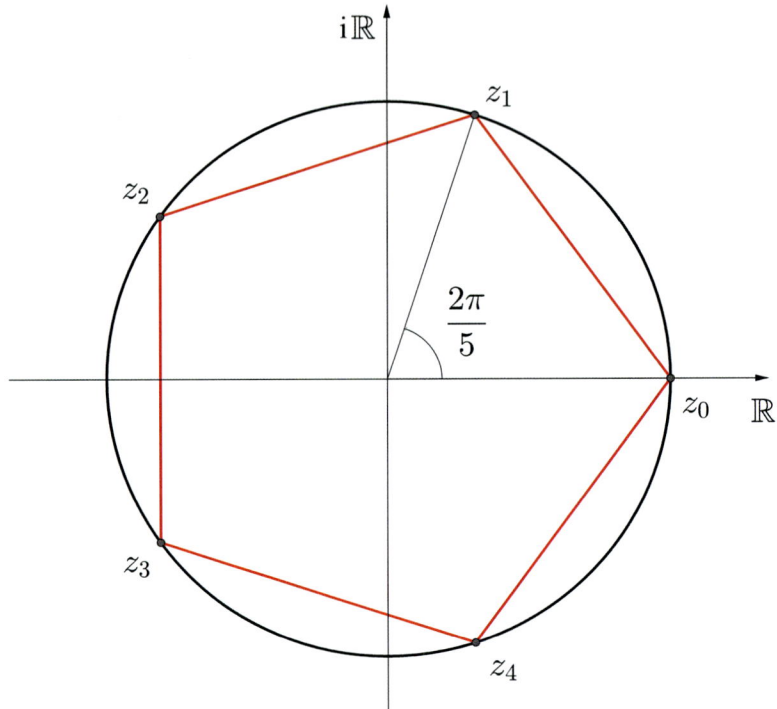

Abb. 1.7 n-te Wurzeln einer komplexen Zahl als Ecken eines regelmäßigen n-Ecks ($n = 5$)

Die n-ten Wurzeln von w lassen sich als Ecken eines regelmäßigen n-Ecks mit Mittelpunkt Null interpretieren. Sie liegen alle auf einem Kreis mit Radius $r^{1/n}$ und gehen durch Drehung um den Winkel $\alpha = \frac{2\pi}{n}$ ineinander über. Für $w = 1$, d. h. $r = 1$ und $\arg(w) = 2\pi k$ mit $k \in \mathbb{Z}$ erhalten wir die in Analysis I behandelten n-ten Einheitswurzeln (Forster 2012, S. 159–160), siehe Abb. 1.7.

Anders als im Reellen ist $\sqrt{w}$ für $w \neq 0$ nicht eindeutig bestimmt.

1.3   Topologische Grundbegriffe

Wir tragen noch einige topologische Grundbegriffe zusammen. Für gewöhnlich handelt es sich hierbei um Inhalte der Analysis II. Es wird im zweiten Kapitel zur Topologie von $\widehat{\mathbb{C}}$ jedoch sinnvoll sein, sie an dieser Stelle noch einmal zu wiederholen.

$\mathbb{C}$ bildet mit der euklidischen Norm $\left\| (x, y)^T \right\| := \sqrt{x^2 + y^2} = |z|$ für $z = (x, y)^T \in \mathbb{C}$ einen zwei-dimensionalen normierten Vektorraum über $\mathbb{R}$. Insbesondere ist er ein metrischer Raum mit der sogenannten euklidischen Metrik d$(z,w) := |z - w|$ und damit ein topologischer Raum. Die Topologie von $\mathbb{C}$ ist also die euklidische Topologie des $\mathbb{R}^2$.

Hieraus ergibt sich, dass die Definitionen von offenen und abgeschlossenen Mengen, Häufungspunkte, Konvergenzbegriffe, Stetigkeit, etc. mit denen aus dem $\mathbb{R}^2$ übereinstimmen. Insbesondere ist eine Funktion $f : \mathbb{C} \to \mathbb{C}$, also $f : \mathbb{R}^2 \to \mathbb{R}^2$, genau dann stetig, wenn dies auch für ihre Koordinatenfunktionen $f_{1,2} : \mathbb{C} \to \mathbb{R}$ zutrifft mit $f_1(z) := \mathrm{Re}(f(z))$ und $f_2(z) := \mathrm{Im}(f(z))$. Dabei ist zu beachten, dass der Graph unserer Funktion eine Teilmenge des $\mathbb{C}^2 = \mathbb{R}^4$ ist. Eine gute Möglichkeit, die Darstellung einer solchen Funktion zu illustrieren, besteht darin, zwei Ebenen, eine Urbild- und eine Bildebene, zu verwenden. In Kap. 3 zu den Möbius-Transformationen können Figuren (wie beispielsweise Quadrate) vor und nach ihrer Transformation in beiden Ebenen veranschaulicht werden.

Im Folgenden sei $(X, \mathcal{T})$ die Notation eines topologischen Raumes auf einer nicht-leeren Menge X mit Topologie $\mathcal{T}$, also die Menge seiner offenen Teilmengen in X. Die Definitionen und Sätze inklusive Beweise lassen sich in den ersten Kapiteln von Otto Forster 2017 oder Boto von Querenburg 2001 nachlesen.

Satz 1.8 (Teilraumtopologie)
Sei M eine Teilmenge des topologischen Raumes $(X, \mathcal{T})$, so wird durch $\mathcal{T}_M := \{M \cap U | U \in \mathcal{T}\}$ eine Topologie auf M erklärt. Sie heißt Teilraumtopologie oder Relativtopologie auf M und wird mit $(M, \mathcal{T}_M)$ bezeichnet. $(M, \mathcal{T}_M)$ wird auch Unterraum von $(X, \mathcal{T})$ genannt.

Die offenen Mengen von M sind also die Schnitte der offenen Mengen von X mit M. Analog sind abgeschlossene Mengen von M die Schnitte abgeschlossener Mengen von X mit M. Ist eine Teilmenge des Unterraumes M offen in M, so ist sie im Allgemeinen nicht offen in X. Jedoch sind alle in M offenen Teilmengen von M genau dann offen in X, wenn M offen in X ist. Entsprechendes gilt für „abgeschlossen" anstatt „offen" (Querenburg 2001, S. 37).

Definition 1.9 (Stetigkeit)
Seien $(X, \mathcal{T}_X)$ und $(Y, \mathcal{T}_Y)$ zwei topologische Räume. Eine Abbildung $f : X \to Y$ heißt stetig an der Stelle $x \in X$, wenn zu jeder offenen Umgebung U von $f(x)$ eine offene Umgebung V von x existiert, so dass $f(V) \subset U$ ist. f heißt stetig, wenn sie an jeder Stelle $x \in X$ stetig ist.

Damit ist f genau dann stetig, wenn die Urbilder $f^{-1}(U)$ offener Mengen U von Y stets offen in X sind. Für metrische Räume ist diese Definition nur eine Umformulierung des ε-δ-Kriterium der Stetigkeit. Sie wird häufig bereits in der Analysis II als alternative Formulierung der Stetigkeit eingeführt. Ein Beweis über die Äquivalenz beider Definitionen findet sich in Forster 2017, S. 22.

Wir werden diese Definition der Stetigkeit an einer Stelle in Kap. 2 verwenden, wo noch nicht ersichtlich sein wird, dass auch die erweiterte komplexe Ebene[3] $\widehat{\mathbb{C}}$

---

[3] Diese werden wir im nächsten Kapitel zusammen mit einer Topologie einführen.

mit einer Metrik ausgestattet werden kann. Eng mit der Stetigkeit zwischen topologischen Räumen verknüpft ist der Begriff des Homöomorphismus, den wir ebenfalls in Kap. 2 behandeln werden.Wir erinnern noch an den überaus wichtigen Begriff der Kompaktheit (Forster 2017, S. 28–39).

Definition 1.10 (Offene Überdeckung)

Sei $(X, \mathcal{T})$ ein topologischer Raum und M eine Teilmenge von X. Ein System
$\mathcal{U} = \big\{ U_j | j \in J \big\}$ von offenen Teilmengen $U_j \subset X$ in X, heißt offene Überdeckung
von M, wenn

$$M \subset \bigcup_{j \in J} U_j$$

gilt. Dabei bezeichne J eine beliebige (endliche oder unendliche) Indexmenge.

Definition 1.11 (Kompaktheit)

Eine Teilmenge M eines topologischen Raumes $(X, \mathcal{T})$ heißt kompakt
(oder überdeckungskompakt), wenn jede offene Überdeckung von M eine endliche Teilüberdeckung enthält. D. h., wenn zu einer beliebig vorgegebenen
offenen Überdeckung $\mathcal{U} = \big\{ U_j | j \in J \big\}$ von M ein endliches Teilsystem
$\mathcal{U}^* := \big\{ U_{j_k} | j_1, j_2, \ldots, j_n \in J \big\} \subset \mathcal{U}$ existiert, so dass gilt

$$M \subset \bigcup_{k=1}^{n} U_{j_k}.$$

Bemerkung 1.12

Einige Autoren setzen bei der Definition der Kompaktheit auch das Hausdorffsche
Trennungsaxiom voraus, siehe z. B. Franz 1973, S. 75. Dies ist vor allem im fran-
zösischen Sprachraum nicht zuletzt wegen des Autorenkollektivs „Bourbaki" weit
verbreitet (Ossa 1992, S. 56). Ein topologischer Raum, der die Überdeckungs-
eigenschaft aus Definition 1.11 erfüllt, wird dann häufig als „quasikompakt" bezeichnet.

In metrischen Räumen ist die Definition der Kompaktheit äquivalent zur Folgenkompaktheit. Das bedeutet: Eine Teilmenge M eines metrischen Raumes ist genau
dann kompakt (überdeckungskompakt), wenn jede Folge aus M einen in M be-
findlichen Häufungswert bzw. eine in M konvergente Teilfolge besitzt (Timmann
2007, S. 26). Wir werden in Kap. 2 aber ausschließlich mit dem Begriff der Über-
deckungskompaktheit arbeiten. Weiterhin wissen wir aus der Analysis II, dass jede
kompakte Teilmenge eines metrischen Raumes beschränkt, abgeschlossen und
vollständig sein muss (vgl. Forster 2017, S. 31–32, 39).[4]

---

[4]Vorsicht: In allgemeinen topologischen Räumen sind Beschränktheit und Vollständigkeit gar
nicht definiert.

Der Satz von Heine-Borel, der für gewöhnlich Inhalt der Analysis II ist, liefert ein besonders handliches Kriterium zur Charakterisierung kompakter Mengen in endlich-dimensionalen normierten Räumen und somit auch in $\mathbb{C}$.

Satz 1.13 (Satz von Heine-Borel)
Eine Teilmenge eines endlich-dimensionalen normierten Raumes ist genau dann kompakt, wenn sie beschränkt und abgeschlossen ist.

Diese Aussage wird für unendlich-dimensionale normierte Vektorräume falsch. Ein Beweis des Satzes von Heine-Borel findet sich in Forster 2017, S. 31–32, sowie v. Querenburg 2001, S. 109. Aus dem Satz von Heine-Borel, oder gut erkennbar an der Folgenkompaktheit, können wir bereits folgern, dass $\mathbb{C}$ nicht kompakt sein kann. Andernfalls hätte die Folge $(z_n)_{n \in \mathbb{N}}$ mit $z_n = n$ eine in $\mathbb{C}$ konvergente Teilfolge, was offensichtlich nicht der Fall ist. Wir werden uns mit der Frage, ob wir $\mathbb{C}$ durch Hinzufügen von Elementen (oder nur eines Elements) „kompaktifizieren" können in Kap. 22 beschäftigen. Für die Teilraumtopologie halten wir noch fest: Eine Teilmenge eines topologischen Raumes ist genau dann kompakt, wenn sie als topologischer Raum bzgl. der Teilraumtopologie kompakt ist. Das ist die Aussage des folgenden Hilfssatzes.

Lemma 1.14
Eine Teilmenge M eines topologischen Raumes $(X, \mathcal{T})$ ist bzgl. der Teilraumtopologie $\mathcal{T}_M$ genau dann kompakt, wenn jede beliebige offene Überdeckung $\mathcal{U} \in \mathcal{T}$ unserer Menge M eine endliche Teilüberdeckung enthält.

Beweis

Wir zeigen die Aussage in zwei Richtungen:

$\Rightarrow$: Sei $\mathcal{U} \in \mathcal{T}$ eine beliebige offene Überdeckung von M, dann ist $\mathcal{U}_M := \{M \cap U \,|\, U \in \mathcal{U}\}$ eine offene Überdeckung von M bzgl. der Teilraumtopologie $\mathcal{T}_M = \{M \cap U \,|\, U \in \mathcal{T}\}$. Da $\mathcal{U}$ nach Voraussetzung eine endliche Teilüberdeckung von M enthält, trifft dies auch für $\mathcal{U}_M$ zu und M ist bzgl. der Teilraumtopologie $\mathcal{T}_M$ kompakt.

$\Leftarrow$: Sei M bzgl. der Teilraumtopologie $\mathcal{T}_M = \{M \cap U \,|\, U \in \mathcal{T}\}$ kompakt. Dann besitzt jede offene Überdeckung $\mathcal{U}_M \in \mathcal{T}_M$ von M bzgl. $\mathcal{T}_M$ eine endliche Teilüberdeckung. Sei nun $\mathcal{U} \in \mathcal{T}$ eine offene Überdeckung von M bzgl. $\mathcal{T}$. Dann ist damit $\mathcal{U}$ auch eine offene Überdeckung von $\mathcal{U}_M$. Da $\mathcal{U}$ nach Voraussetzung offen bzgl. $\mathcal{T}$ ist, ist das Mengensystem $\mathcal{U}_M \in \mathcal{T}_M$ auch offen bzgl. $\mathcal{T}$. Also enthält $\mathcal{U}$ mit $\mathcal{U}_M$ bereits eine endliche Teilüberdeckung von M. ◄

Ein topologischer Teilraum kann sich daher durchaus von der Topologie, d. h. dem Wesen der offenen Mengen, von seinem übergeordneten Raum unterscheiden. Für die Kompaktheit bzgl. der einzelnen Topologien gilt dies jedoch nicht.

Da auf $\mathbb{C}$ sogar durch $\mathrm{d}(z,w) = |z - w|$ eine Metrik definiert ist, ergänzen wir unsere Sammlung noch um den folgenden wichtigen Satz, der eigentlich gar nicht mehr zu den topologischen Eigenschaften gehört:

Satz 1.15
Der metrische Raum $\mathbb{C}$ ist vollständig. Damit sind Cauchyfolgen in $\mathbb{C}$ auch konvergente Folgen. Dass konvergente Folgen auch Cauchyfolgen sind, gilt für sämtliche metrische Räume.

Beweis

Das Produkt endlich vieler vollständiger metrischer Räume ist vollständig. Damit ist der $\mathbb{R}^2$ und somit auch $\mathbb{C}$ vollständig (Wittstock 2001, S. 294). ◄

1.4 Kreislinien und Geraden in $\mathbb{C}$

Die komplexe Zahlenebene ist ein Modell für die ebene euklidische Geometrie. Wir beschäftigen uns noch mit der Beschreibung von Kreislinien und Geraden in $\mathbb{C}$. Für die folgenden Kapitel wird es sich als sinnvoll erweisen, diese unter dem gemeinsamen Begriff „verallgemeinerte Kreise" zusammenzufassen.

Definition 1.16 (Verallgemeinerte Kreise)
Ein verallgemeinerter Kreis in $\mathbb{C}$ ist eine Teilmenge von $\mathbb{C}$, die entweder eine Kreislinie oder eine Gerade ist. Manchmal werden sie auch als „Möbius-Kreise" bezeichnet.

Satz 1.17 (Kreislinien und Geraden)
Kreislinien und Geraden in $\mathbb{C}$ lassen sich beschreiben durch Punktmengen der Form

$$\mathcal{L} := \left\{ z \in \mathbb{C} \,|\, \alpha z\bar{z} + bz + \bar{b}\bar{z} + \delta = 0 \right\}, \qquad (1.19)$$

wobei $b \in \mathbb{C}$ und $\alpha, \delta \in \mathbb{R}$ sind mit $b\bar{b} - \alpha\delta > 0$. Dabei ist $\mathcal{L}$ genau dann eine Gerade in $\mathbb{C}$, wenn $\alpha = 0$ ist, andernfalls eine Kreislinie.

Beweis

Wir machen folgende Fallunterscheidung.
1. Fall: Sei $\alpha = 0$, dann ist $b \neq 0$, denn es gilt $b\bar{b} - \alpha\delta > 0$.
   Setze $b := \frac{1}{2}(\beta - \mathrm{i}\gamma)$, $z = x + \mathrm{i}y$ mit $\beta, \gamma, x, y \in \mathbb{R}$, dann gilt

$$bz + \bar{b}\bar{z} + \delta = 0$$

$$\Leftrightarrow 2\mathrm{Re}(bz) + \delta = 0$$

$$\Leftrightarrow \beta x + \gamma y + \delta = 0.$$

Da $b \neq 0$ ist, gilt $\beta^2 + \gamma^2 \neq 0$. D. h. diese Gleichung beschreibt eine Gerade im $\mathbb{R}^2$ bzw. in $\mathbb{C}$.

2. Fall: Sei $\alpha \neq 0$. Wir setzen $b := \frac{1}{2}(\beta - \mathrm{i}\gamma)$, $z = x + \mathrm{i}y$ mit $\beta, \gamma, x, y \in \mathbb{R}$, dann gilt

$$\alpha z\bar{z} + bz + \overline{b}\overline{z} + \delta = 0$$

$$\Leftrightarrow \alpha\left(x^2 + y^2\right) + bz + \overline{b}\overline{z} + \delta = 0$$

$$\Leftrightarrow x^2 + \frac{\beta}{\alpha}x + y^2 + \frac{\gamma}{\alpha}y + \frac{\delta}{\alpha} = 0$$

$$\Leftrightarrow \left(x + \frac{\beta}{2\alpha}\right)^2 - \frac{\beta^2}{4\alpha^2} + \left(y + \frac{\gamma}{2\alpha}\right)^2 - \frac{\gamma^2}{4\alpha^2} + \frac{4\alpha\delta}{4\alpha^2} = 0$$

$$\Leftrightarrow \left(x + \frac{\beta}{2\alpha}\right)^2 + \left(y + \frac{\gamma}{2\alpha}\right)^2 = \frac{\beta^2 + \gamma^2 - 4\alpha\delta}{4\alpha^2}.$$

Diese Gleichung beschreibt eine Kreislinie im $\mathbb{R}^2$ mit Mittelpunkt $\left(-\frac{\beta}{2\alpha}, -\frac{\gamma}{2\alpha}\right)^T$ und Radius $r = \frac{\sqrt{\beta^2 + \gamma^2 - 4\alpha\delta}}{2|\alpha|} > 0$. Umgekehrt können Geraden oder Kreislinien in $\mathbb{C}$ durch entsprechende Koordinatendarstellungen angegeben werden. ◄

Behalten wir die Substitution $b := \frac{1}{2}(\beta - \mathrm{i}\gamma)$ im Beweis von Satz 1.17 bei, können wir (1.19) auch durch ausschließlich reelle Parameter angeben. In diesem Fall lautet Satz 1.17:

Korollar 1.18

Kreislinien und Geraden in $\mathbb{C}$ sind Punktmengen der Form

$$\mathcal{L} = \left\{(x, y)^T \in \mathbb{C} \,\middle|\, \alpha\left(x^2 + y^2\right) + \beta x + \gamma x + \delta = 0\right\}, \qquad (1.20)$$

wobei $\alpha, \beta, \gamma, \delta \in \mathbb{R}$ sind mit $\beta^2 + \gamma^2 - \alpha\delta > 0$. Dabei beschreibt $\mathcal{L}$ genau dann eine Gerade in $\mathbb{C}$, wenn $\alpha = 0$ ist, andernfalls eine Kreislinie.

Die Riemannsche Zahlenkugel

Bisher haben wir zur Veranschaulichung der komplexen Zahlen die Gaußsche Zahlenebene verwendet. Für viele Zwecke ist es jedoch sinnvoll, die Menge der komplexen Zahlen um einen zusätzlichen „unendlich fernen" Punkt $\infty \notin \mathbb{C}$ zu erweitern. Wir schreiben $\widehat{\mathbb{C}} := \mathbb{C} \cup \{\infty\}$ und bezeichnen $\widehat{\mathbb{C}}$ als erweiterte komplexe Ebene.

Ein besonders anschauliches Modell der erweiterten Ebene ist die Riemannsche Zahlenkugel, die man erhält, wenn man die Punkte von $\widehat{\mathbb{C}}$ stereographisch auf die Oberfläche der Einheitskugel projiziert. Wählen wir den Nordpol der Kugel als Projektionszentrum, so kann jeder komplexen Zahl umkehrbar eindeutig ein vom Nordpol verschiedener Punkt der Sphäre zugeordnet werden. Der Nordpol entspricht in dieser Darstellung dem Bild des unendlich fernen Punktes. Im ersten Abschnitt dieses Kapitels werden wir uns detailliert mit der Herleitung einer solchen Abbildung und der Konstruktion der Zahlenkugel beschäftigen. Um auch Stetigkeitseigenschaften einer Funktion von $\widehat{\mathbb{C}}$ nach $\widehat{\mathbb{C}}$ zu studieren, ist es notwendig, eine Topologie auf $\widehat{\mathbb{C}}$ zu definieren. Dies machen wir, indem wir die Topologie von $\mathbb{C}$ nach $\widehat{\mathbb{C}}$ fortsetzen. Dabei werden wir feststellen, dass sich die erweiterte Ebene aus topologischer Sicht mit der Riemannschen Zahlensphäre identifizieren lässt. Beide Räume sind zueinander homöomorph. Insbesondere ergibt sich daraus die Kompaktheit von $\widehat{\mathbb{C}}$ (Alexandroffsche Ein-Punkt-Kompaktifizierung) und die Existenz einer Metrik nach dem Satz von Bing-Nagata-Smirnow. Dies ist Inhalt des zweiten Abschnittes. Abschließend widmen wir uns der Frage, welche geometrischen Eigenschaften (Winkel, Flächen, Längen, …) unter der stereographischen Projektion erhalten bleiben. Diese Art der Abbildung wurde bereits sehr früh entwickelt und schon in der Antike zum Anfertigen von Sternenkarten verwendet. Bis heute wird sie noch in der Kartographie und Kristallographie zur Beschreibung von Symmetrieelementen (Wulffsches Netz) eingesetzt. Vor diesem Hintergrund kann der letzte Abschnitt auch als mathematische

M. Wiecha, *Riemannsche Zahlensphäre und Möbius-Transformationen*, https://doi.org/10.1007/978-3-662-69421-3_2

Fortführung der Lehrbücher verstanden werden, die aufgrund ihres fachlichen Fokus nicht oder nur in gebotener Knappheit auf die Beweise eingehen.

2.1 Stereographische Projektion

Wir betrachten den $\mathbb{R}^3$ und identifizieren die (x_1, x_2)-Ebene mit der Gaußschen Zahlenebene, wobei die x_1-Achse der reellen und die x_2-Achse der imaginären Achse unseres Koordinatensystems entsprechen. In diesen drei-dimensionalen Raum definieren wir die zwei-dimensionale Einheitssphäre durch

$$\mathbb{S} := \{(x_1, x_2, x_3)^T \in \mathbb{R}^3 \big| x_1^2 + x_2^2 + x_3^2 = 1\}.$$

Den Punkt $N := (0, 0, 1)^T \in \mathbb{S}$ bezeichnen wir dabei als „Nordpol" der Sphäre.

Die im Nordpol gelochte Sphäre $\mathbb{S} \setminus \{N\}$ projizieren wir, wie in Abb. 2.1 dargestellt, vom Nordpol aus stereographisch auf die komplexe Ebene $\mathbb{C}$: Ist $x \in \mathbb{S} \setminus \{N\}$, so trifft die Halbgerade, die von N ausgeht und die Sphäre bei x durchstößt, die (x_1, x_2)-Ebene in einem Punkt $(a, b, 0)^T$ und ordnet ihr somit die komplexe Zahl $z = a + \mathrm{i}b$ eindeutig zu. Beschrieben wird dies durch die Abbildung $\varphi : \mathbb{S} \setminus \{N\} \to \mathbb{C}$ mit

$$\varphi\big((x_1, x_2, x_3)^T\big) = \frac{1}{1 - x_3}(x_1 + \mathrm{i}x_2). \qquad (2.1)$$

Offensichtlich haben unterschiedliche Punkte der Sphäre unter φ verschiedene Bilder. Umgekehrt lässt sich jeder Punkt der Gaußschen Ebene auf gleiche Weise einem vom Nordpol verschiedenen Punkt der Sphäre zuordnen, der als alternative Dar-

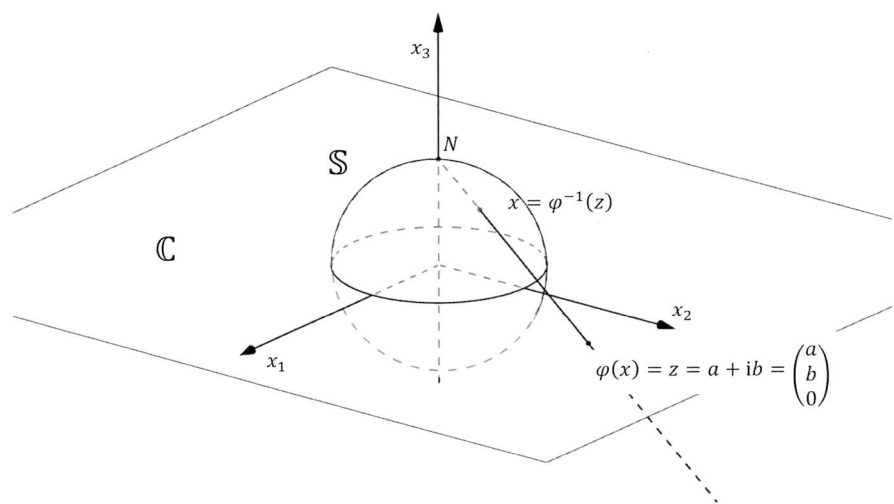

Abb. 2.1 Prinzip der stereographischen Projektion

stellung der komplexen Zahl dienen kann. Wir erhalten eine Bijektion zwischen der im Nordpol gelochten Einheitssphäre $\mathbb{S} \setminus \{N\}$ und der (x_1, x_2)-Ebene. Die zugehörige Umkehrabbildung $\varphi^{-1} : \mathbb{C} \to \mathbb{S} \setminus \{N\}$ ist gegeben durch

$$\varphi^{-1}(z) = \varphi^{-1}(a + ib) = \frac{1}{a^2 + b^2 + 1} \begin{pmatrix} 2a \\ 2b \\ a^2 + b^2 - 1 \end{pmatrix} \tag{2.2}$$

$$= \frac{1}{z\overline{z} + 1} \begin{pmatrix} z + \overline{z} \\ z - \overline{z} \\ z\overline{z} - 1 \end{pmatrix}$$

$$= \frac{1}{|z|^2 + 1} \begin{pmatrix} z + \overline{z} \\ z - \overline{z} \\ |z|^2 - 1 \end{pmatrix}. \tag{2.3}$$

Beide Funktionen φ und φ^{-1} sind als Abbildungen stetiger Koordinatenfunktionen wieder stetig. Die Herleitung von (Gl. 2.1) und (Gl. 2.2) erfolgt geometrisch. Hierzu stellen wir eine Geradengleichung im $\mathbb{R}^3$ mithilfe der Zwei-Punkte-Form auf und berechnen, wo unsere Gerade bei zwei gegebenen Punkten die komplexe Ebene oder die Sphäre schneidet. Dies führen wir im Folgenden aus:

Abb. 2.2 zeigt den Querschnitt der Kugel, der entsteht, wenn man $\mathbb{S}$ mit der Ebene durch den Ursprung $0 = (0, 0, 0)^T$, den Nordpol $N = (0, 0, 1)^T$ und den zu projizierenden Punkt $x \neq N$ auf der Kugeloberfläche schneidet. Dabei bezeichnen $\vec{n} = \overrightarrow{ON}$, $\vec{x} = \overrightarrow{Ox}$ und $\vec{z} = \overrightarrow{Oz}$ die zugehörigen Ortsvektoren mit Bildpunkt $z = \varphi(x)$ in der Gaußschen Ebene.

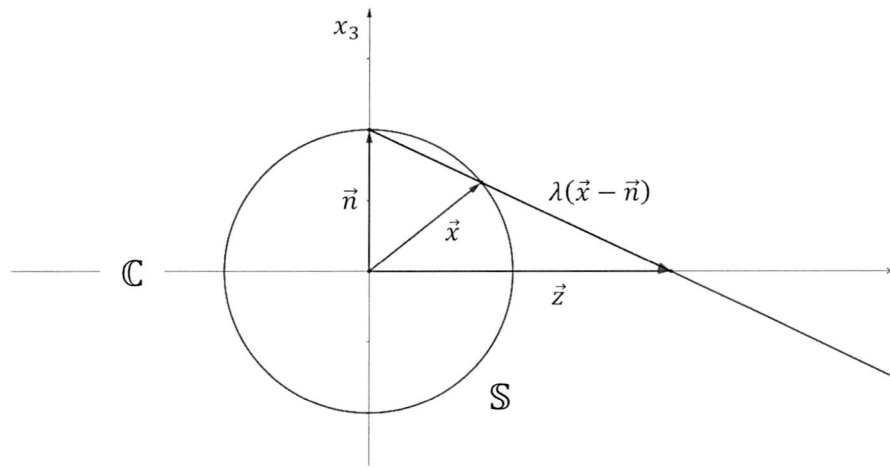

Abb. 2.2 Querschnitt der Zahlensphäre durch 0, N und $x \neq N$

(a) Für die Herleitung von (Gl. 2.1) wählen wir $\vec{n}$ als Stützvektor, während $\vec{x} - \vec{n}$ als Richtungsvektor unserer Geraden dient. Das Aufstellen der Parametergleichung mithilfe der Zwei-Punkte-Form liefert

$$\vec{z} = \vec{n} + \lambda(\vec{x} - \vec{n}); \lambda \in \mathbb{R}$$

$$\begin{pmatrix} a \\ b \\ c \end{pmatrix} = \begin{pmatrix} 0 \\ 0 \\ 1 \end{pmatrix} + \lambda\left(\begin{pmatrix} x_1 \\ x_2 \\ x_3 \end{pmatrix} - \begin{pmatrix} 0 \\ 0 \\ 1 \end{pmatrix}\right) = \begin{pmatrix} \lambda x_1 \\ \lambda x_2 \\ 1 + \lambda(x_3 - 1) \end{pmatrix}.$$

Die Gerade durch N und $x = (x_1, x_2, x_3)^T$ besteht aus allen Punkten $(a, b, c)^T \in \mathbb{R}^3$, die diese Gleichung erfüllen. Unter der Voraussetzung, dass die Gerade die (x_1, x_2)-Ebene schneidet, d. h. $c = 0$ ist, erhalten wir

(i) $a = \lambda x_1$,
(ii) $b = \lambda x_2$,
(iii) $0 = 1 + \lambda(x_3 - 1) \iff \lambda = -\frac{1}{x_3 - 1} = \frac{1}{1 - x_3}$.

Einsetzen von λ in (i) bzw. (ii) liefert

$$a = \frac{1}{1 - x_3}x_1 \quad \text{bzw.} \quad b = \frac{1}{1 - x_3}x_2$$

und damit die Transformationsformel (Gl. 2.1).

(b) Analog lässt sich die Parametergleichung der Geraden durch N und $z \in \mathbb{C}$ aufstellen, wobei $\vec{n}$ als Stützvektor und $\vec{z} - \vec{n}$ als Richtungsvektor unserer Geraden dient. Alle Punkte der Geraden werden dann beschrieben durch

$$\vec{x} = \vec{n} + \lambda(\vec{z} - \vec{n}); \lambda \in \mathbb{R}$$

$$\begin{pmatrix} x_1 \\ x_2 \\ x_3 \end{pmatrix} = \begin{pmatrix} 0 \\ 0 \\ 1 \end{pmatrix} + \lambda\left(\begin{pmatrix} a \\ b \\ 0 \end{pmatrix} - \begin{pmatrix} 0 \\ 0 \\ 1 \end{pmatrix}\right) = \begin{pmatrix} \lambda a \\ \lambda b \\ 1 - \lambda \end{pmatrix}. \qquad (2.4)$$

Setzen wir (Gl. 2.4) in die Gleichung $x_1^2 + x_2^2 + x_3^2 = 1$ der Einheitssphäre ein, um die Schnittpunkte der Geraden mit der Sphäre $\mathbb{S}$ zu bestimmen, ergibt sich

$$(\lambda a)^2 + (\lambda b)^2 + (1 - \lambda)^2 = 1$$

$$\iff \lambda^2 a^2 + \lambda^2 b^2 + 1 - 2\lambda + \lambda^2 = 1$$

$$\iff \lambda[\lambda(a^2 + b^2 + 1) - 2] = 0.$$

Ein (endliches) Produkt wird null, wenn einer der Faktoren null wird. Das ist für die Wahl folgender Koeffizienten der Fall: $\lambda_1 = 0$ und $\lambda_2 = \frac{2}{a^2+b^2+1}$. Während für λ_1 der Koeffizient den Durchstoßungspunkt der Geraden durch den Nordpol kennzeichnet, erhalten wir durch Einsetzen von λ_2 in (Gl. 2.4)

$$x_1 = \frac{2a}{a^2 + b^2 + 1}, \quad x_2 = \frac{2b}{a^2 + b^2 + 1}, \quad x_3 = \frac{a^2 + b^2 - 1}{a^2 + b^2 + 1} \tag{2.5}$$

bzw. mit $z = a + ib$

$$x_1 = \frac{z + \bar{z}}{|z|^2 + 1}, \quad x_2 = \frac{z - \bar{z}}{|z|^2 + 1}, \quad x_3 = \frac{|z|^2 - 1}{|z|^2 + 1} \tag{2.6}$$

und somit Gleichung (Gl. 2.2) bzw. (Gl. 2.3), siehe auch Forst/Hoffmann 2002, S. 12–13.

Nach Konstruktion der Projektionsgeraden ist deutlich, dass φ die Nordhalbkugel *ohne* Nordpol auf das Äußere und die Südhalbkugel auf das Innere der Einheitskreislinie abbildet. Dabei wird der Südpol $S := (0, 0, -1)^T$ auf den Ursprung projiziert. Die Punkte auf dem Kugeläquator hingegen werden auf sich selbst und damit den Rand des Einheitskreises abgebildet (Fixpunktkreis). Umgekehrtes gilt für die Umkehrabbildung φ^{-1}.

Um die gesamte Kugeloberfläche *inklusive* Projektionszentrum N bijektiv abbilden zu können, erweitert man die Menge der komplexen Zahlen $\mathbb{C}$ um einen zusätzlichen „unendlich fernen" Punkt $\infty \notin \mathbb{C}$ und bildet den Nordpol auf diesen ab. Dass diese Fortsetzung sinnvoll ist, sieht man, wenn wir eine Folge von Punkten auf der im Nordpol gelochten Einheitssphäre betrachten, die gegen den Nordpol strebt. Die zugehörige Folge an Bildpunkten (z_n) in der Gaußschen Zahlenebene ist in diesem Fall unbeschränkt, d. h. für eine beliebige reelle Zahl r finden sich unendliche viele Folgenglieder z_m, so dass $|z_m| > r$ gilt. Betrachten wir umgekehrt eine Folge komplexer Zahlen, die sich innerhalb der Äquatorebene beliebig weit vom Ursprung entfernt, so wird sich, unabhängig davon, in welche Richtung sie strebt, die Folge der Urbildpunkte auf der Sphäre dem Nordpol immer weiter annähern, ohne diesen zu erreichen.

Anstatt wie in der reellen Analysis bei Grenzprozessen $\mathbb{R}$ um zwei uneigentliche Punkte $-\infty$ und $+\infty$ zu erweitern, fügen wir also nur einen *einzigen* „unendlich fernen" Punkt $\infty \notin \mathbb{C}$ hinzu und betrachten den Nordpol fortan als seinen natürlichen Repräsentanten auf der Kugel. Die disjunkte Vereinigung $\widehat{\mathbb{C}} := \mathbb{C} \cup \{\infty\}$ bezeichnen wir als erweiterte komplexe Ebene. Dies führt uns zu der folgenden Definition.

Definition 2.1 (Stereographische Projektion)
Sei $\mathbb{S} = \{(x_1, x_2, x_3)^T \in \mathbb{R}^3 \,|\, x_1^2 + x_2^2 + x_3^2 = 1\}$ die Oberfläche der Einheitskugel im $\mathbb{R}^3$ und bezeichne $\widehat{\mathbb{C}} = \mathbb{C} \cup \{\infty\}$ mit $\infty \notin \mathbb{C}$ die erweiterte komplexe Ebene. Die bijektive Abbildung $\widehat{\varphi} : \mathbb{S} \to \widehat{\mathbb{C}}$ erklärt durch

$$\widehat{\varphi}(x) := \begin{cases} \frac{1}{1 - x_3}(x_1 + \mathrm{i}x_2) & \text{für } x \neq (0, 0, 1)^T, \\ \infty & \text{für } x = (0, 0, 1)^T \end{cases} \tag{2.7}$$

und Umkehrabbildung $\widehat{\varphi}^{-1} : \widehat{\mathbb{C}} \to \mathbb{S}$;

$$\widehat{\varphi}^{-1}(z) := \begin{cases} \left(\frac{z+\bar{z}}{|z|^2+1}, \frac{z-\bar{z}}{|z|^2+1}, \frac{|z|^2-1}{|z|^2+1} \right)^T & \text{für } z \neq \infty, \\ (0,0,1)^T & \text{für } z = \infty \end{cases} \tag{2.8}$$

heißt stereographische Projektion der Einheitssphäre $\mathbb{S}$ auf $\widehat{\mathbb{C}}$ bzgl. Nordpol $N = (0,0,1)^T$. Sofern nichts anderes angegeben wird, ist bei der stereographischen Projektion im Folgenden immer diese spezielle Abbildung gemeint. $\mathbb{S}$ heißt in diesem Zusammenhang auch Riemannsche Zahlenkugel oder Riemannsche Zahlensphäre. Der Nachweis, dass $\widehat{\varphi} \circ \widehat{\varphi}^{-1} = \mathrm{id}_{\widehat{\mathbb{C}}}$ und $\widehat{\varphi}^{-1} \circ \widehat{\varphi} = \mathrm{id}_{\mathbb{S}}$ gelten, kann durch Einsetzen der Definitionen in einer etwas längeren Rechnung gezeigt werden. Wir fügen diese dem Anhang bei.

Bemerkung 2.2
In einigen Lehrbüchern , siehe z. B. Engel/Fest 2015, S. 108, findet man als alternatives Modell der Zahlenkugel auch die Kugeloberfläche $\left\{ (x_1, x_2, x_3)^T \in \mathbb{R}^3 \,\middle|\, x_1^2 + x_2^2 + \left(x_3 - \frac{1}{2} \right)^2 = \frac{1}{4} \right\} \subset \mathbb{R}^3$ angegeben und projiziert diese vom Nordpol $(0,0,1)^T$ aus auf die komplexe Ebene. Die Transformationsformeln (Gl. 2.7) und (Gl. 2.8) sind dann anzugleichen und lauten

$$\widetilde{\varphi}(x) = \frac{1}{1-x_3}(x_1 + \mathrm{i}x_2) \quad \text{für } x \neq (0,0,1)^T,$$

$$\widetilde{\varphi}^{-1}(z) = \frac{1}{|z|^2+1} \left(\mathrm{Re}(z), \mathrm{Im}(z), |z|^2 \right)^T \quad \text{für } z \neq \infty$$

(Timmann 2007, S. 19). Riemann selbst verwendet in seinem Nachlass „Ueber die Fläche vom kleinsten Inhalt bei gegebener Begrenzung" (1867) die Kugeloberfläche vom Radius 1 aufliegend mit dem Südpol auf dem Koordinatenursprung (Riemann 1953, S. 306). Tatsächlich sind Position und Radius der Kugel beliebig wählbar, sofern sich das Projektionszentrum oberhalb der Gaußschen Zahlenebene befindet (vgl. Kap. 4). In diesem Fall werden wir zu einem späteren Zeitpunkt von einer „zulässigen Sphäre" sprechen.

Es ist naheliegend, dass wir unsere stereographische Projektion nicht nur bijektiv, sondern auch stetig auf $\mathbb{S}$ fortsetzen möchten. Um dies jedoch zu bewerkstelligen, benötigen wir eine Topologie auf $\widehat{\mathbb{C}}$ mit der wir uns im nächsten Abschnitt befassen wollen.

2.2 Topologische Eigenschaften

Homöomorphismen sind diejenigen Abbildungen zwischen topologischen Räumen, die die topologischen Eigenschaften erhalten. Existiert eine solche Abbildung lassen sich beide Räume aus topologischer Sicht miteinander identifizieren. Sie heißen homöomorph. Auch auf $\widehat{\mathbb{C}}$ können wir eine Topologie definieren, indem wir die Topologie von $\mathbb{C}$ fortsetzen. In diesem Abschnitt zeigen wir, dass die stereographische Projektion $\widehat{\varphi}$ ein Homöomorphismus ist und wir $\widehat{\mathbb{C}}$ daher als topologisch äquivalent zur Zahlensphäre $\mathbb{S}$ betrachten können. Wir beginnen damit, die Topologie von $\mathbb{C}$ auf $\widehat{\mathbb{C}}$ fortzusetzen:

Definition 2.3 (Offene Mengen in $\widehat{\mathbb{C}}$)
Eine Teilmenge U von $\widehat{\mathbb{C}}$ heißt offen in $\widehat{\mathbb{C}}$, wenn entweder $U \subset \mathbb{C}$ und U offen in $\mathbb{C}$ ist oder wenn $\infty \in U$ und ein $K \subset \mathbb{C}$ kompakt existiert, so dass $U = \widehat{\mathbb{C}} \setminus K$ ist. Insbesondere beinhaltet jede Umgebung von ∞ das Äußere einer hinreichend großen Kreisscheibe.

Beispiele für offene Mengen, die den Punkt ∞ enthalten, sind daher die Komplemente $\widehat{\mathbb{C}} \setminus \overline{B_r(z_0)}$ von abgeschlossenen Kreisscheiben $\overline{B_r(z_0)} \subset \mathbb{C}$. Die Menge aller offenen Teilmengen von $\widehat{\mathbb{C}}$ bildet eine Topologie auf $\widehat{\mathbb{C}}$, wie wir im folgenden Satz zeigen werden.

Satz 2.4
Sei $\widehat{\mathbb{C}} = \mathbb{C} \cup \{\infty\}$ die erweiterte komplexe Ebene. Wir definieren $\widehat{\mathcal{T}} := \mathcal{T}_1 \cup \mathcal{T}_2$ mit
$$\mathcal{T}_1 := \{U \subset \mathbb{C} | U \text{ offen in } \mathbb{C}\} \quad \text{und} \quad \mathcal{T}_2 := \left\{U \subset \widehat{\mathbb{C}} \big| U = \widehat{\mathbb{C}} \setminus K \text{ mit } K \subset \mathbb{C} \text{ kompakt}\right\}.$$
Dann ist das Mengensystem $\widehat{\mathcal{T}}$ eine Topologie auf $\widehat{\mathbb{C}}$.

Beweis

Wir beweisen die drei Eigenschaften einer Topologie: (i) Sowohl die leere Menge als auch der ganze Raum $\widehat{\mathbb{C}}$ sind Elemente von $\widehat{\mathcal{T}}$, (ii) endliche Durchschnitte von Mengen aus $\widehat{\mathcal{T}}$ gehören zu $\widehat{\mathcal{T}}$, (iii) beliebige Vereinigungen von Mengen aus $\widehat{\mathcal{T}}$ gehören auch zu $\widehat{\mathcal{T}}$.

(i) Die leere Menge ist in $\mathcal{T}_1$ enthalten und damit auch in $\widehat{\mathcal{T}}$: $\emptyset \in \mathcal{T}_1 \in \widehat{\mathcal{T}}$.
$\widehat{\mathbb{C}} \in \widehat{\mathcal{T}}$, denn $\emptyset \in \mathbb{C}$ ist kompakt und somit $\widehat{\mathbb{C}} = \widehat{\mathbb{C}} \setminus \{\emptyset\} \in \mathcal{T}_2 \in \widehat{\mathcal{T}}$.

(ii) Seien $U, V \in \widehat{\mathcal{T}}$. Zu zeigen ist $U \cap V \in \widehat{\mathcal{T}}$.
1. Fall: Seien $U, V \in \mathcal{T}_1$, dann gilt $U \cap V \in \mathcal{T}_1 \in \widehat{\mathcal{T}}$, da $\mathcal{T}_1$ eine Topologie auf $\mathbb{C}$ ist.
2. Fall: Seien $U \in \mathcal{T}_1$ und $V \in \mathcal{T}_2$, dann existiert eine kompakte Teilmenge $K \subset \mathbb{C}$, so dass $V = \widehat{\mathbb{C}} \setminus K$ gilt. Es ist $U \cap V = U \cap \widehat{\mathbb{C}} \setminus K = U \cap \mathbb{C} \setminus K \in \mathcal{T}_1 \in \widehat{\mathcal{T}}$, da $\mathbb{C} \setminus K$ offen in $\mathbb{C}$ ist und endliche Durchschnitte offener Mengen in $\mathbb{C}$ offen in $\mathbb{C}$ sind.
3. Fall: Seien $U, V \in \mathcal{T}_2$, dann existieren $K_1, K_2 \subset \mathbb{C}$ kompakt, so dass $U = \widehat{\mathbb{C}} \setminus K_1$ und $V = \widehat{\mathbb{C}} \setminus K_2$ gelten. Damit ergibt sich $U \cap V = \widehat{\mathbb{C}} \setminus K_1 \cap \widehat{\mathbb{C}} \setminus K_2 = \widehat{\mathbb{C}} \setminus (K_1 \cup K_2)$ nach dem ersten de-Morgan'schen Gesetz (vgl. Wille 2006, S. 10). Da $K_1 \cup K_2 \subset \mathbb{C}$ kompakt ist, gilt $U \cap V \in \mathcal{T}_2 \in \widehat{\mathcal{T}}$. Induktiv ergibt sich daraus, dass endliche Durchschnitte offener Mengen in $\widehat{\mathbb{C}}$ wieder offen in $\widehat{\mathbb{C}}$ sind.

(iii) Sei $(U_i)_{i \in I}$ ein beliebiges System offener Mengen in $\widehat{\mathbb{C}}$, wobei I eine beliebige Indexmange bezeichne. Wir zeigen $\bigcup_{i \in I} U_i \in \widehat{\mathcal{T}}$.

Dazu setzen wir:

$$I_0 := \{i \in I | U_i \in \mathcal{T}_1\} \text{ und } U := \bigcup_{i \in I_0} U_i \text{ sowie}$$

$$I_1 := \left\{i \in I | U_i \in \widehat{\mathcal{T}} \setminus \mathcal{T}_1\right\} \text{ und } V := \bigcup_{i \in I_1} U_i.$$

Offensichtlich gilt $U \in \widehat{\mathcal{T}}$, da $\mathcal{T}_1 \in \widehat{\mathcal{T}}$ eine Topologie auf $\mathbb{C}$ ist.

1. Fall: Sei $I_1 = \emptyset$, dann gilt $V = \{\emptyset\}$.
   Damit ist $U \cup V \in \mathcal{T}_1 \in \widehat{\mathcal{T}}$, da $\emptyset, U \in \mathcal{T}_1$ und $\mathcal{T}_1$ eine Topologie auf $\mathbb{C}$ ist.
2. Fall: Sei $I_1 \neq \emptyset$, d. h. es existiert ein $i \in I_1$, so dass $U_i = \widehat{\mathbb{C}} \setminus K_i$ mit
   $K_i \subset \mathbb{C}$ kompakt ist. Weiterhin gilt $V = \bigcup_{i \in I_1} U_i = \bigcup_{i \in I_1} \widehat{\mathbb{C}} \setminus K_i = \widehat{\mathbb{C}} \setminus \bigcap_{i \in I_1} K_i$ nach
   dem zweiten de-Morgan'schen Gesetz (vgl. Wille 2006, S. 10) .

   $K := \bigcap_{i \in I_1} K_i \subset \mathbb{C}$ ist als beliebiger Durchschnitt abgeschlossener Mengen in $\mathbb{C}$ wieder abgeschlossen und natürlich beschränkt, da alle K_i kompakt sind. Nach dem Satz von Heine-Borel ist K somit wieder kompakt. Also ist $U \cup V = U \cup \widehat{\mathbb{C}} \setminus K = \widehat{\mathbb{C}} \setminus (K \setminus U)$ und da auch $K \setminus U$ kompakt ist, ist $U \cup V \in \mathcal{T}_2 \in \widehat{\mathcal{T}}$.

   Hiermit haben wir alle Eigenschaften einer Topologie für $\widehat{\mathcal{T}}$ nachgewiesen. ◄

Ausgehend von den offenen Mengen haben wir somit den gesamten topologischen Begriffsapparat für $\widehat{\mathbb{C}}$ zur Verfügung. Da nach Definition die abgeschlossenen Teilmengen eines topologischen Raumes gerade die Komplemente der offenen Mengen sind, ergibt sich für $\widehat{\mathbb{C}}$ folgende Charakterisierung von abgeschlossenen Mengen:

Lemma 2.5

Eine Teilmenge A von $\widehat{\mathbb{C}}$ ist genau dann abgeschlossen in $\widehat{\mathbb{C}}$, wenn entweder $\infty \in A$ ist und der Schnitt $A \cap \mathbb{C}$ eine abgeschlossene Teilmenge in $\mathbb{C}$ darstellt oder wenn $\infty \notin A$ und A eine kompakte Teilmenge von $\mathbb{C}$ ist.

Beweis

Wir zeigen die Äquivalenz durch zwei Richtungen.
   „⇒": Sei $A \subset \widehat{\mathbb{C}}$ abgeschlossen in $\widehat{\mathbb{C}}$, dann existiert $U \subset \widehat{\mathbb{C}}$ offen in $\widehat{\mathbb{C}}$, so dass $A = \widehat{\mathbb{C}} \setminus U$ gilt.

1. Fall: Sei $U \subset \mathbb{C}$ und offen in $\mathbb{C}$, dann ist $\infty \in A$ und es gilt:
   $A \cap \mathbb{C} = \widehat{\mathbb{C}} \setminus U \cap \mathbb{C} = \mathbb{C} \setminus U \cap \mathbb{C}$, wobei die letzte Gleichheit daraus folgt, dass $\infty \notin \mathbb{C}$ ist.

Da $\mathbb{C} \setminus U$ sowie $\mathbb{C}$ abgeschlossen in $\mathbb{C}$ sind und endliche Durchschnitte abgeschlossener Mengen in $\mathbb{C}$ abgeschlossen sind, ist $A \cap \mathbb{C}$ abgeschlossen in $\mathbb{C}$.

2. Fall: Sei $\infty \in U$, dann existiert eine kompakte Teilmenge $K \subset \mathbb{C}$, so dass $U = \widehat{\mathbb{C}} \setminus K$ gilt.

Damit ist $A = \widehat{\mathbb{C}} \setminus U = \widehat{\mathbb{C}} \setminus \left(\widehat{\mathbb{C}} \setminus K \right) = K$ und $A \subset \mathbb{C}$ kompakt.

„$\Leftarrow$": Wir teilen die Umkehrung in zwei Teilaussagen auf.

(a) Seien $\infty \in A$ und $A \cap \mathbb{C}$ abgeschlossen in $\mathbb{C}$.

Wegen $\infty \notin \mathbb{C}$ ist $A \cap \mathbb{C} = \tilde{A} \cap \mathbb{C}$ mit $\tilde{A} := A \setminus \{\infty\}$ und nach dem zweiten de-Morgan'schen Gesetz (Wille 2006, S. 10) gilt: $U := \mathbb{C} \setminus (A \cap \mathbb{C}) = \mathbb{C} \setminus \left(\tilde{A} \cap \mathbb{C} \right) = \mathbb{C} \setminus \tilde{A} \cup \mathbb{C} \setminus \mathbb{C} = \mathbb{C} \setminus \tilde{A}$.

Da nach Definition die offenen Mengen in $\mathbb{C}$ gerade die Komplemente von abgeschlossenen Mengen sind, ist $U \subset \mathbb{C}$ offen in $\mathbb{C}$ und somit offen in $\widehat{\mathbb{C}}$ nach Definition 2.3. Damit ist aber $\widehat{\mathbb{C}} \setminus U = \widehat{\mathbb{C}} \setminus \left(\mathbb{C} \setminus \tilde{A} \right) = \tilde{A} \cup \{\infty\} = A$ abgeschlossen in $\widehat{\mathbb{C}}$.

(b) Seien $\infty \notin A$ und $A \subset \mathbb{C}$ kompakt.

Dann ist $U := \widehat{\mathbb{C}} \setminus A$ und $\infty \in U$. Nach Definition 2.3 ist U damit offen in $\widehat{\mathbb{C}}$ und $\widehat{\mathbb{C}} \setminus U = \widehat{\mathbb{C}} \setminus \left(\widehat{\mathbb{C}} \setminus A \right) = A$ abgeschlossen als Komplement einer offenen Menge in $\widehat{\mathbb{C}}$. ◄

Wir erinnern uns noch daran, dass die Sphäre $\mathbb{S}$ als Teilmenge des euklidischen Raumes $\mathbb{R}^3$ ebenfalls mit einer Topologie $\mathcal{T}_\mathbb{S}$ ausgestattet ist, der sogenannten induzierten Topologie oder Relativtopologie (Forster 2017, S. 12)

$$\mathcal{T}_\mathbb{S} := \left\{ \mathbb{S} \cap U | U \subset \mathbb{R}^3 \text{ offen in } \mathbb{R}^3 \right\}.$$

Man beachte jedoch, dass Mengen, die Elemente dieser Relativtopologie $\mathcal{T}_\mathbb{S}$ sind, nicht offen im $\mathbb{R}^3$ im Sinne der euklidischen Topologie $\mathcal{T}_{\text{eukl}}$ sind. Der Einfachheit halber werden wir im Folgenden mit $\widehat{\mathbb{C}}$ und $\mathbb{S}$ stets sowohl die topologischen Räume $\left(\widehat{\mathbb{C}}, \widehat{\mathcal{T}} \right)$ und $(\mathbb{S}, \mathcal{T}_\mathbb{S})$ als auch die ihnen zugrundeliegenden Mengen $\widehat{\mathbb{C}}$ und $\mathbb{S}$ bezeichnen.

Wir führen nun den in der Topologie wichtigen Begriff des Homöomorphismus ein und werden uns im Anschluss erneut der stereographischen Projektion widmen.

Definition 2.6 (Homöomorphismus)

Eine bijektive Abbildung $\psi : X \to Y$ zwischen zwei topologischen Räumen $(X, \mathcal{T}_X)$ und $(Y, \mathcal{T}_Y)$ heißt Homöomorphismus, wenn ψ und die Umkehrfunktion $\psi^{-1} : Y \to X$ stetig sind, d. h., wenn für beliebige Teilmengen $U \subset X$ gilt: $U \in \mathcal{T}_X \Leftrightarrow \psi(U) \in \mathcal{T}_Y$. In diesem Fall bezeichnet man $(X, \mathcal{T}_X)$ und $(Y, \mathcal{T}_Y)$ als homöomorph oder auch topologisch äquivalent.

Sind $(X, \mathcal{T}_X)$ und $(Y, \mathcal{T}_Y)$ zueinander homöomorph, dann haben sie dieselbe topologische Struktur. Alle topologischen Eigenschaften von $(X, \mathcal{T}_X)$ und seinen Teil-

mengen, d. h. solche, die sich durch offene (oder abgeschlossene) Mengen definieren lassen, gelten dann ebenso für $(Y, \mathcal{T}_Y)$ sowie den unter ψ entsprechenden
Teilmengen und umgekehrt (Jänich 1994, S. 17). So ist die Menge $A \subset X$ genau
dann abgeschlossen in X, wenn $\psi(A)$ abgeschlossen in Y ist, oder $U \subset X$ eine Umgebung von $x \in X$, wenn $\psi(U)$ eine Umgebung von $\psi(x)$ darstellt.

Homöomorphismen spielen in der Topologie die gleiche Rolle wie Isomorphis-
men in der linearen Algebra, biholomorphe Abbildungen in der Funktionentheorie
oder Isometrien in der Riemannschen Geometrie (Franz 1973, S. 35; Jänich 1994,
S. 18). Ein Grundproblem der Topologie besteht häufig darin, zu unterscheiden, ob
zwei gegebene topologische Räume zueinander homöomorph sind oder nicht, also
der Frage, ob es einen Homöomorphismus zwischen ihnen gibt (Laures/Szymik
2015, S. 16). Die Frage nach der Existenz eines solchen Homöomorphismus führt
uns zum zentralen Satz dieses Abschnittes:

Satz 2.7
Die stereographische Projektion $\widehat{\varphi} : \mathbb{S} \to \widehat{\mathbb{C}}$ ist ein Homöomorphismus. Topologisch
stimmt damit die erweiterte komplexe Ebene $\widehat{\mathbb{C}}$ mit der Sphäre $\mathbb{S} \subset \mathbb{R}^3$ überein. Insbesondere ist $\mathbb{C}$ zu der im Nordpol gelochten Sphäre $\mathbb{S} \setminus \{N\}$ homöomorph.

Beweis

Offensichtlich ist die stereographische Projektion bijektiv.

Weiterhin sind $\widehat{\varphi}$ mit (Gl. 2.7) und $\widehat{\varphi}^{-1}$ mit (Gl. 2.8) außerhalb von
$N = (0, 0, 1)^T$ und ∞ als Funktionen stetiger Koordinatenabbildungen wieder
stetig. Es verbleibt also die Stetigkeit in N bzw. ∞ mithilfe der eingeführten
Topologie zu prüfen.

(a) Aussage: $\widehat{\varphi} : \mathbb{S} \to \widehat{\mathbb{C}}$ ist stetig in N.

Dafür zeigen wir, dass das Urbild jeder offenen Umgebung von $\infty = \widehat{\varphi}(N)$
in $\widehat{\mathbb{C}}$ eine offene Umgebung von N enthält. Dazu sei $U \subset \widehat{\mathbb{C}}$ eine beliebige
offene Umgebung von ∞, d. h. es existiert eine kompakte Menge $K \subset \mathbb{C}$,
so dass $U = \widehat{\mathbb{C}} \setminus K$ ist. Da K kompakt ist, existiert ein $r := \min_{z \in \mathbb{C}}\{|z|\}$ mit
$K \subset \overline{B_r(0)} = \{z \in \mathbb{C} | |z| \leqslant r\}$. Anschaulich bedeutet das, dass wir mit
$\overline{B_r(0)}$ die kleinstmögliche Kreisscheibe um 0 vorliegen haben, in der K
noch ganz enthalten ist. Nach Gleichung (2.6) gilt

$$|z| = \sqrt{\frac{1 + x_3}{1 - x_3}} \leqslant r \Leftrightarrow x_3 \leqslant \frac{r^2 - 1}{r^2 + 1}.$$

Da die Kreisscheibe $\overline{B_r(0)} \subset \mathbb{C}$ kompakt ist, ist $U_r := \widehat{\mathbb{C}} \setminus \overline{B_r(0)}$
eine offene Umgebung von ∞. Aufgrund der Bijektivität von $\widehat{\varphi}^{-1}$ ist
$\widehat{\varphi}^{-1}(U_r) = \mathbb{S} \setminus \left\{ x \in \mathbb{S} | x_3 \leqslant \frac{r^2-1}{r^2+1} \right\} = \left\{ x \in \mathbb{S} | x_3 > \frac{r^2-1}{r^2+1} \right\}$ und offen in
$\mathbb{S}$ (bzgl. der Relativtopologie $\mathcal{T}_\mathbb{S}$). D. h. $V := \widehat{\varphi}^{-1}(U_r) \subset \mathbb{S}$ ist eine offene

Umgebung von N und es gilt $\widehat{\varphi}(V) = \widehat{\varphi}\big(\widehat{\varphi}^{-1}(U_r)\big) = U_r \subset U$. Damit ist $V \subset \widehat{\varphi}^{-1}(U)$ und $\widehat{\varphi}$ stetig in N.

(b) Aussage: $\widehat{\varphi}^{-1} : \widehat{\mathbb{C}} \to \mathbb{S}$ ist stetig in ∞.

Wir zeigen, dass das Urbild jeder offenen Umgebung von $N = \widehat{\varphi}^{-1}(\infty)$ in $\mathbb{S}$ eine offene Umgebung von ∞ enthält. Dazu sei $U \subset \mathbb{S}$ eine beliebige offene Umgebung von N, dann $\exists \varepsilon > 0$, so dass $U_\varepsilon := \{x \in \mathbb{S} \mid x_3 > 1 - \varepsilon\} \subset U$ ist. Nach Gleichung (2.6) gilt

$$x_3 = \frac{|z|^2 - 1}{|z|^2 + 1} > 1 - \varepsilon \Leftrightarrow |z| > \sqrt{\frac{2 - \varepsilon}{\varepsilon}}.$$

Damit ist $\widehat{\varphi}(U_\varepsilon) = \left\{z \in \mathbb{C} \mid |z| > \sqrt{\frac{2-\varepsilon}{\varepsilon}}\right\} \cup \{\infty\} = \widehat{\mathbb{C}} \setminus \left\{z \in \mathbb{C} \mid |z| \leqslant \sqrt{\frac{2-\varepsilon}{\varepsilon}}\right\}$.

Als abgeschlossene Kreisscheibe ist $K := \left\{z \in \mathbb{C} \mid |z| \leqslant \sqrt{\frac{2-\varepsilon}{\varepsilon}}\right\}$ eine kompakte Teilmenge von $\mathbb{C}$. D. h. $V := \widehat{\varphi}(U_\varepsilon)$ ist eine offene Umgebung von ∞ und es gilt $\widehat{\varphi}^{-1}(V) = \widehat{\varphi}^{-1}\big(\widehat{\varphi}(U_\varepsilon)\big) = U_\varepsilon \subset U$. Somit ist $V \subset \widehat{\varphi}(U)$ und $\widehat{\varphi}^{-1}$ stetig in ∞.

Weiterhin ist $\varphi : \mathbb{S} \setminus \{N\} \to \mathbb{C}$ mit (Gl. 2.1) bijektiv und *umkehrbar* stetig. Damit ist die gelochte Sphäre $\mathbb{S} \setminus \{N\}$ tatsächlich homöomorph zu $\mathbb{C}$. ◄

Die Homöomorphie von $\mathbb{S}$ und $\widehat{\mathbb{C}}$ erlaubt es uns, die Riemannsche Zahlenkugel und die erweiterte komplexe Ebene aus topologischer Sicht miteinander zu identifizieren. In vielen Lehrbüchern werden daher beide Begriffe auch synonym verwendet. Mit der Sphäre lassen sich Aussagen über das Verhalten komplexer Funktionen in der Umgebung von ∞ besser verstehen, da auf ihr der Punkt ∞ (repräsentiert durch den Nordpol) keine Sonderstellung mehr zu den anderen Punkten der Sphäre einnimmt, die komplexen Zahlen entsprechen.

Veranschaulicht werden kann die Beziehung zwischen Umgebungen des unendlich fernen Punktes und des Nordpols noch einmal durch Breitenkreise auf der Riemannschen Zahlenkugel (siehe auch Tutschke 1967, S. 113). So entsprechen die Breitenkreise auf der Kugel, also die Kreislinien, die in einer zur (x_1, x_2)-Ebene parallelen Ebene verlaufen, den konzentrischen Kreislinien um Null innerhalb der komplexen Ebene. Insbesondere wird der Kugeläquator durch die stereographische Projektion $\widehat{\varphi}$ auf die Einheitskreislinie abgebildet. Wandern wir mit den Breitenkreisen immer weiter zum Nordpol, so wird der Radius der Bildkreise in $\mathbb{C}$ beliebig groß. Der nördlich gelegene Teil der Kugeloberfläche wird hierbei auf das Äußere des Bildkreises projiziert. Eine kleine Kugelkappe um N, die bzgl. unserer Relativtopologie $\mathcal{T}_\mathbb{S}$ als Umgebung von N angesehen werden kann, wird somit auf eine Teilmenge von $\widehat{\mathbb{C}}$ abgebildet, die neben dem Punkt ∞ das Komplement einer hinreichend großen Kreisscheibe um Null enthält (Abb. 2.3).

Ein zentraler Begriff, dem wir uns nun zuwenden wollen, und der sich durch offene Mengen definieren lässt, ist die Kompaktheit. Bereits in der Analysis II haben wir Vorzüge kompakter Räume kennengelernt (z. B. Forster 2017, S. 37–49). So sind stetige Bilder kompakter Mengen wieder kompakt. Für reellwertige

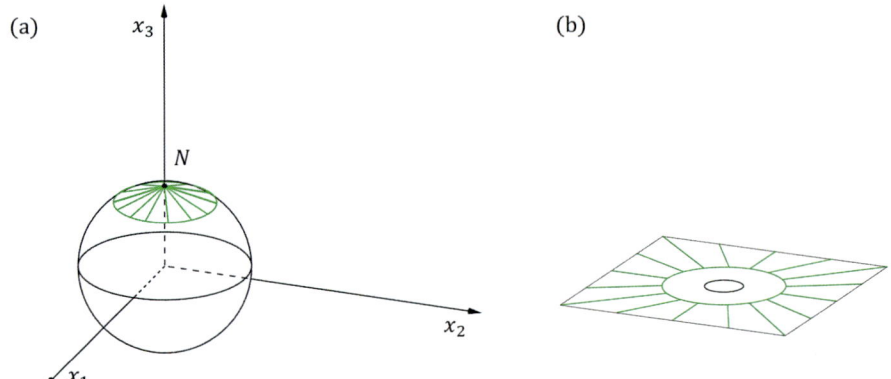

Abb. 2.3 Die Kugelkappe (a) wird unter der stereographischen Projektion auf das Äußere einer Kreislinie abgebildet (b). Der Kugeläquator wird dabei in den Einheitskreis (schwarzer Kreis) in (b) überführt.

Funktionen folgt daraus der Satz vom Maximum und Minimum (Forster 2012, S. 117). In metrischen Räumen sind stetige Funktionen auf kompakten Mengen sogar gleichmäßig stetig (Timmann 2008, S. 62). Kompakte Räume sind daher mit äußerst nützlichen Eigenschaften ausgestattet. Leider haben wir in Kap. 1 gesehen, dass $\mathbb{C}$ als topologischer Raum nicht kompakt sein kann. Durch Hinzufügen des unendlich fernen Punktes $\infty \notin \mathbb{C}$ und Fortführen der Topologie haben wir $\mathbb{C}$ durch $\widehat{\mathbb{C}}$ jedoch „kompaktifiziert".

Satz 2.8
$\widehat{\mathbb{C}}$ ist ein kompakter topologischer Raum, der $\mathbb{C}$ als dichten Teilraum enthält.

Beweis

$\widehat{\mathbb{C}} = \widehat{\varphi}(\mathbb{S})$ ist als stetiges Bild einer kompakten Menge $\mathbb{S} \subset \mathbb{R}^3$ wieder kompakt (Forster 2017, S. 33). Die Kompaktheit von $\mathbb{S} \subset \mathbb{R}^3$ als Teilmenge eines endlich-dimensionalen normierten Raumes folgt dabei aus der Beschränktheit und Abgeschlossenheit der Menge $\mathbb{S}$ nach dem Satz von Heine-Borel. Da die Hülle $\overline{\mathbb{S} \setminus \{N\}} = \mathbb{S}$ und $\mathbb{S} \setminus \{N\}$ homöomorph zu $\mathbb{C}$ ist, ist $\mathbb{C}$ als dichter Teilraum in $\widehat{\mathbb{C}}$ enthalten. ◄

Beweis

Wir geben noch einen zweiten Beweis für die Kompaktheit von $\widehat{\mathbb{C}}$ an.
    Sei $(U_i)_{i \in I} \subset \widehat{\mathbb{C}}$ eine offene Überdeckung von $\widehat{\mathbb{C}}$, dann gibt es nach Definition der offenen Mengen in $\widehat{\mathbb{C}}$ (Definition 2.3) ein $j \in I$ mit $\infty \in U_j$. Da U_j offen in $\widehat{\mathbb{C}}$ ist, existiert eine kompakte Teilmenge $K \subset \mathbb{C}$, so dass $U_j = \widehat{\mathbb{C}} \setminus K$

gilt. Da K kompakt ist, existieren endlich viele $i_1, i_2, \ldots, i_n \in I$, so dass $K \subset U_{i_1} \cup U_{i_2} \cup \cdots \cup U_{i_n}$. Mit $A := U_{i_1} \cup U_{i_2} \cup \cdots \cup U_{i_n} \cup U_j$ haben wir eine endliche Teilüberdeckung von $\widehat{\mathbb{C}}$ gefunden. ◄

Bemerkung 2.9

Die Erweiterung eines nicht-kompakten topologischen Raumes zu einem kompakten Raum durch Hinzufügen eines einzelnen Elements und Fortsetzen der Topologie in Analogie zu Satz 2.4 heißt Alexandroffsche Ein-Punkt-Kompaktifizierung. Genauer:

Alexandroffsche Ein-Punkt-Kompaktifizierung

Sei $(X, \mathcal{T})$ ein nicht-kompakter topologischer Raum, $\infty \notin X$ und $\widehat{X} := X \cup \{\infty\}$. Dann ist

$$\widehat{\mathcal{T}_X} := \mathcal{T} \cup \left\{ \widehat{X} \setminus A \,|\, A \subset X \text{ kompakt} \right\}$$

eine Topologie auf $\widehat{X}$ derart, dass $\left(\widehat{X}, \widehat{\mathcal{T}_X} \right)$ kompakt ist (vgl. Timmann 2008, S. 64). Der Raum $\left(\widehat{X}, \widehat{\mathcal{T}_X} \right)$ heißt die Alexandroffsche Ein-Punkt-Kompaktifizierung von $(X, \mathcal{T})$ und die Einbettung ist durch die kanonische Injektion $i : X \to \widehat{X}; i(x) := x$ gegeben (Abb. 2.4).

Benannt wurde sie nach dem sowjetischen Mathematiker Pawel Sergejewitsch Alexandroff (Па́вел Серге́евич Алекса́ндров; 1896–1982), der als Pionier der algebraischen Topologie gilt. Zusammen mit Heinz Hopf (1894–1971) verfasste er eines der ersten Lehrbücher auf diesem Gebiet : "Topologie Bd. 1", 1935. Der

Abb. 2.4 Pawel S. Alexandroff (Foto: Konrad Jacobs; Archiv des Mathematischen Forschungsinstituts Oberwolfach)

zweite Beweis von Satz 2.8 lässt sich durch leichte Abänderung der Notation auf
nicht-kompakte topologische Räume übertragen.

Die Bedeutung der Kompaktifizierung von $\mathbb{C}$ liegt nun darin, dass für $\widehat{\mathbb{C}}$ die
weitreichenden Sätze über kompakte Räume gelten, die hier zu Resultaten füh-
ren, die auch rückwirkend betrachtet Tatsachen in der komplexen Ebene erläutern
(siehe z. B. Franz 1973, S. 83). Versehen wir $\widehat{\mathbb{C}}$ zusätzlich mit der Struktur einer
Riemannschen Fläche, erhalten wir mit $\widehat{\mathbb{C}}$ ein einfaches und zugleich wichtiges
Beispiel einer kompakten ein-dimensionalen komplexen Mannigfaltigkeit (Freyn/
Große-Brauckmann 2012, S. 2).

Neben der Kompaktheit übertragen sich auch alle anderen topologischen
Eigenschaften von $\mathbb{S}$ auf den hierzu homöomorphen Raum $\widehat{\mathbb{C}}$. Insbesondere bildet $\widehat{\mathbb{C}}$ einen kompakten, zusammenhängenden Hausdorff-Raum (Timmann 2007,
S. 18). Der Nachweis, dass es sich um eine topologische Eigenschaft handelt,
kann dabei mitunter durchaus schwierig sein, vor allem dann, wenn die ursprüng-
liche Definition in ihrer Formulierung weitere Strukturen verwendet. Der Satz
von Bing-Nagata-Smirnow zeigt z. B., dass es sich bei der Metrisierbarkeit eines
topologischen Raumes tatsächlich um eine topologische Eigenschaft handelt
(Bartsch 2015, S. 223). Wir können daher eine Metrik auf $\widehat{\mathbb{C}}$ definieren, beispielsweise dadurch, dass wir je zwei Punkten $z, w \in \widehat{\mathbb{C}}$ den euklidischen Abstand ihrer
Urbildpunkte auf der Sphäre zuordnen. Wir nennen diesen Abstandsbegriff chor-
dale Metrik (Abb. 2.5).

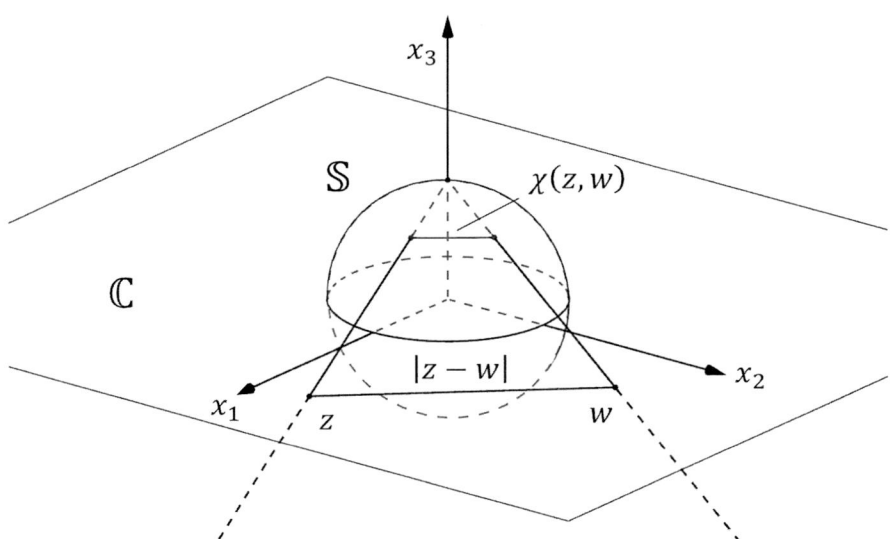

Abb. 2.5 Die chordale Metrik auf $\widehat{\mathbb{C}}$ wird definiert als euklidischer Abstand der Urbildpunkte
auf der Sphäre.

Die Eigenschaften einer Metrik (Definitheit, Symmetrie und Dreiecks-ungleichung) folgen direkt aus der euklidischen Metrik im $\mathbb{R}^3$. Es wird deutlich, dass der Punkt ∞ zwar „unendlich fern" heißt, aber in der chordalen Metrik *nicht* unendlich weit entfernt liegt. Zur Berechnung der Abstände kann die explizite Darstellung (Satz 2.10) verwendet werden.

Satz und Definition 2.10 (Chordale Metrik)
Die Abbildung $\chi : \widehat{\mathbb{C}} \times \widehat{\mathbb{C}} \to \mathbb{R}$ mit $\chi(z, w) := \|\widehat{\varphi}^{-1}(z) - \widehat{\varphi}^{-1}(w)\|_2$ definiert eine Metrik auf $\widehat{\mathbb{C}}$. Ihre explizite Darstellung erhalten wir durch

$$
\chi(z, w) = \begin{cases} \dfrac{2|z-w|}{\sqrt{(1+|z|^2)(1+|w|^2)}} & \text{für } z, w \in \mathbb{C}, \\[2ex] \dfrac{2}{\sqrt{(1+|z|^2)}} & \text{für } z \in \mathbb{C},\ w = \infty, \\[2ex] 0 & \text{für } z = w = \infty. \end{cases} \tag{2.9}
$$

χ heißt chordale Metrik und erzeugt auf $\mathbb{C}$ die gleiche Topologie wie die euklidische Metrik $\mathrm{d}(z, w) = |z - w|$. Achtung: Auch die explizite Darstellung ändert sich, wenn man ein anderes Modell der Zahlenkugel wählt (vgl. Timmann 2007, S. 20).

Beweis

Wir beginnen mit der Herleitung der Gleichung (2.9). Dazu seien $z, w \in \widehat{\mathbb{C}}$ und $x = (x_1, x_2, x_3)^T, y = (y_1, y_2, y_3)^T \in \mathbb{S}$ die zugehörigen Urbildpunkte unter der stereographischen Projektion, d. h. $\widehat{\varphi}^{-1}(z) = x$ und $\widehat{\varphi}^{-1}(w) = y$. Wir untersuchen drei Fälle.

1. Fall: Sind $z, w \in \mathbb{C}$, dann gilt nach Definition der chordalen Metrik

$$
\chi(z, w) = \|\widehat{\varphi}^{-1}(z) - \widehat{\varphi}^{-1}(w)\|_2
$$

$$
= \left((x_1 - y_1)^2 + (x_2 - y_2)^2 + (x_3 - y_3)^2\right)^{\frac{1}{2}}
$$

$$
\Rightarrow [\chi(z, w)]^2 = x_1^2 + x_2^2 + x_3^2 + y_1^2 + y_2^2 + y_3^2 - 2(x_1 y_1 + x_2 y_2 + x_3 y_3).
$$

Da $x, y \in \mathbb{S}$ sind, erhalten wir mit der Gleichung der Einheitssphäre

$$
[\chi(z, w)]^2 = 1 + 1 - 2(x_1 y_1 + x_2 y_2 + x_3 y_3).
$$

Verwenden wir nun die inverse Projektion (Gl. 2.8), so ergibt sich

$$
[\chi(z, w)]^2 = 2 - 2(x_1 y_1 + x_2 y_2 + x_3 y_3)
$$

$$
= \frac{2(|z|^2 + 1)(|w|^2 + 1)}{(|z|^2 + 1)(|w|^2 + 1)} - \frac{2((z + \bar{z})(w + \bar{w}) + (z - \bar{z})(w - \bar{w}) + (|z|^2 - 1)(|w|^2 - 1))}{(|z|^2 + 1)(|w|^2 + 1)}
$$

$$= \frac{2\big(|z|^2|w|^2 + |z|^2 + |w|^2 + 1\big)}{\big(|z|^2 + 1\big)\big(|w|^2 + 1\big)} - \frac{2\big(2zw + 2\overline{zw} + |z|^2|w|^2 - |z|^2 - |w|^2 + 1\big)}{\big(|z|^2 + 1\big)\big(|w|^2 + 1\big)}$$

$$= \frac{2\big(2(|z|^2 + |w|^2) - 2(zw + \overline{zw})\big)}{\big(|z|^2 + 1\big)\big(|w|^2 + 1\big)} = \frac{4\big((z - w)(\overline{z - w})\big)}{\big(|z|^2 + 1\big)\big(|w|^2 + 1\big)}$$

$$= \frac{4|z - w|^2}{\big(|z|^2 + 1\big)\big(|w|^2 + 1\big)}$$

und somit

$$\chi(z, w) = \frac{2|z - w|}{\sqrt{\big(|z|^2 + 1\big)\big(|w|^2 + 1\big)}}.$$

2. Fall: Sind $z \in \mathbb{C}$ und $w = \infty$, d. h. $\widehat{\varphi}^{-1}(w) = (0, 0, 1)^T$, dann vereinfacht sich die Darstellung auf

$$\chi(z, w) = \|\widehat{\varphi}^{-1}(z) - \widehat{\varphi}^{-1}(\infty)\|_2$$

$$= \big(x_1^2 + x_2^2 + (x_3 - 1)^2\big)^{\frac{1}{2}}$$

$\Rightarrow [\chi(z, w)]^2 = x_1^2 + x_2^2 + x_3^2 - 2x_3 + 1$. Analog zum 1. Fall erhalten wir mit der Gleichung der Einheitssphäre $x_1^2 + x_2^2 + x_3^2 = 1$ für $x \in \mathbb{S}$ die Gleichung.

$$[\chi(z, w)]^2 = 2(1 - x_3)$$

Die inverse stereographische Projektion (Gl. 2.8) liefert

$$[\chi(z, w)]^2 = 2\left(\frac{|z|^2 + 1}{|z|^2 + 1} - \frac{|z|^2 - 1}{|z|^2 + 1}\right) = \frac{4}{\big(|z|^2 + 1\big)}$$

und somit

$$\chi(z, w) = \frac{2}{\sqrt{\big(|z|^2 + 1\big)}}.$$

3. Fall: Für $z = w = \infty$ ist $\widehat{\varphi}^{-1}(z) = \widehat{\varphi}^{-1}(w) = (0, 0, 1)^T$ und die Aussage gezeigt.

Die Eigenschaften der Metrik lassen sich unmittelbar aus denen der euklidischen Metrik folgern. Wir können sie aber auch direkt anhand der expliziten Darstellung nachrechnen, wobei vor allem die Dreiecksungleichung aufwendig erscheint. Ein solcher Beweis stammt von Shizuo Kakutani (角谷 静夫; 1911–2004) und kann beispielsweise in Mitrinović 1970 , S. 317, nachgelesen werden. Dass die erzeugte Topologie von χ auf $\mathbb{C}$ mit der euklidischen übereinstimmt, ergibt sich aus der Darstellung (Gl. 2.9) für $z, w \in \mathbb{C}$. ◄

Beispiel 2.11

(i) Wir berechnen den chordalen Abstand zwischen 0 und ∞. Da das Urbild von 0 auf der Sphäre dem Südpol $(0, 0, -1)^T$ entspricht und ∞ dem Nordpol $(0, 0, 1)^T$, erwarten wir einen Abstand von 2. Einsetzen beider Punkte in Formel (2.9) liefert

$$\chi(0, \infty) = \frac{2}{\sqrt{1}} = 2.$$

(ii) Abstand der Reziproken. Für $z, w \in \mathbb{C} \setminus \{0\}$ zeigen wir $\chi\left(\frac{1}{z}, \frac{1}{w}\right) = \chi(z, w)$.

Der chordale Abstand der Reziproken ergibt sich durch (Gl. 2.9)

$$\left[\chi\left(\frac{1}{z}, \frac{1}{w}\right)\right]^2 = \frac{4\left|\frac{1}{z} - \frac{1}{w}\right|^2}{\left(1 + \frac{1}{|z|}\right)\left(1 + \frac{1}{|w|}\right)} = \frac{4\left(\frac{1}{z} - \frac{1}{w}\right)\overline{\left(\frac{1}{z} - \frac{1}{w}\right)}}{\left(1 + \frac{1}{z\bar{z}}\right)\left(1 + \frac{1}{w\bar{w}}\right)} = \frac{4\left(\frac{1}{z\bar{z}} - \frac{1}{z\bar{w}} - \frac{1}{\bar{z}w} + \frac{1}{w\bar{w}}\right)}{1 + \frac{1}{w\bar{w}} + \frac{1}{z\bar{z}} + \frac{1}{z\bar{z}w\bar{w}}}$$

$$= \frac{4(w\bar{w} - \bar{z}w - z\bar{w} + z\bar{z})}{z\bar{z}w\bar{w} + z\bar{z} + w\bar{w} + 1} = \frac{4(z - w)(\bar{z} - \bar{w})}{|z||w| + |z| + |w| + 1} = \frac{4|z - w|^2}{(1 + |z|)(1 + |w|)}$$

$$= [\chi(z, w)]^2.$$

Damit gilt $\chi\left(\frac{1}{z}, \frac{1}{w}\right) = \chi(z, w)$. Die Abstände für den Fall, dass z bzw. w ein Element der Menge $\{0, \infty\}$ ist, werden wir zu einem späteren Zeitpunkt behandeln.

Aus der Existenz einer Metrik folgen weitere wichtige Sätze für $\widehat{\mathbb{C}}$. So gilt beispielsweise die Äquivalenz zwischen Überdeckungs- und Folgenkompaktheit oder Stetigkeit und Folgenstetigkeit (vgl. Haller-Dintelmann 2018, S. 26–27, 32). Wir müssen uns also häufig nicht mehr die Frage stellen, welche Eigenschaften topologischer Natur sind und sich somit aus der topologischen Äquivalenz von $\mathbb{S}$ auf $\widehat{\mathbb{C}}$ übertragen lassen, sondern können bereits viele Aussagen aus den Analysis-Grundvorlesungen zu metrischen Räumen übernehmen.

Zu den Annehmlichkeiten gehört auch, dass wir nun Umgebungen einzelner Punkte von $\widehat{\mathbb{C}}$ der Größe nach miteinander vergleichen können und Begriffe wie Cauchyfolgen und Konvergenz an Bedeutung gewinnen. Als kompakter metrischer Raum ist $\widehat{\mathbb{C}}$ vollständig (Fritzsche 2000, S. 52) und garantiert uns so die Existenz der Grenzwerte von Cauchyfolgen. Dabei ist wichtig zu betonen, dass alle bisherigen Gesetze auf $\mathbb{C}$ erhalten bleiben. Alle bisher konvergenten Folgen bleiben konvergent, alle bisher stetigen Funktionen $f : \mathbb{C} \to \mathbb{C}$ bleiben stetig. Zusätzlich werden jetzt jedoch Folgen $(z_n) \subset \mathbb{C}$ konvergent, die die Bedingung $\lim_{n \to \infty} z_n = \infty$, also $\forall C \in \mathbb{R}^+$ $\exists N \in \mathbb{N}$ mit $|z_n| > C \ \forall n \geqslant N$, erfüllen.

Wir können nun zeigen, dass wir Funktionen stetig in ihre (isolierten) Polstellen fortsetzen können, indem wir ihnen dort den Wert ∞ zuschreiben. Darauf werden wir im nächsten Kapitel zu den Möbius-Transformationen eingehen. Die bisherigen Erkenntnisse verleiten uns dazu, noch einige Rechenregeln auf $\widehat{\mathbb{C}}$ fortzusetzen.

Definition 2.12 (Rechenregeln)

Neben den Rechenregeln für $\mathbb{C}$ definieren wir (vgl. Forst/Hoffmann 2000, S. 13–14)

(i) $z + \infty := \infty + z := \infty$ für alle $z \in \mathbb{C}$,

(ii) $z \cdot \infty := \infty \cdot z := \infty$ für alle $z \in \widehat{\mathbb{C}} \setminus \{0\}$,

(iii) $\frac{z}{\infty} := 0$ für alle $z \in \mathbb{C}$,

(iv) $\frac{z}{0} := \infty$ für alle $z \in \widehat{\mathbb{C}} \setminus \{0\}$.

Nicht definiert bleiben die Ausdrücke der Form: $\infty \pm \infty, 0 \cdot \infty, \frac{\infty}{\infty}, \frac{0}{0}$. Diese lassen sich mit den bisherigen Rechengesetzen nicht widerspruchsfrei definieren. Jedoch können sie in einzelnen Fällen (ebenso wie in $\mathbb{R}$) durch Konvergenzbetrachtungen ausgewertet werden.

Mit dieser Konvention lässt sich der chordale Abstand der Reziproken $\chi\left(\frac{1}{z}, \frac{1}{w}\right) = \chi(z, w)$ aus Beispiel 2.11 (ii) zwar schon formulieren, detailliert darauf eingehen werden wir aber erst im nächsten und übernächsten Kapitel.

2.3   Kreis- und Winkeltreue

Das Abbilden der Kugeloberfläche in die Ebene beinhaltet das alte Problem bei der Herstellung geographischer Karten. So ist es nicht möglich, eine Abbildung so durchzuführen, dass die Karte dem Original geometrisch ähnlich ist (Knopp 1978, S. 41–42). Es treten notwendig Verzerrungen ein, wie Leonhard Euler 1777 (Schiewe 2022, S. 162) in seinen „Drei Abhandlungen über Kartenprojection" bewiesen hat (Euler 1898, S. 8–10).

Euler schreibt (Euler 1898, S. 10):

> *„Da hiernach eine vollkommen genaue Abbildung gänzlich ausgeschlossen ist, sind wir schlechterdings auf Abbildungen angewiesen, die nicht ähnlich sind, und bei denen die Figur in der Ebene von der abzubildenden Figur auf der Kugel irgendwie abweicht. In Betreff der Abweichung des Bildes von der Wirklichkeit können wir verschiedene Annahmen machen; und je nach der Annahme, die wir zu Grunde legen, können wir erreichen, dass die Abbildung für diesen oder jenen Zweck am geeignetsten wird."*

In unserem Fall stellt sich also die Frage, welche geometrischen Eigenschaften (Winkel, Flächen, Längen, …) bei der stereographischen Projektion erhalten bleiben. Ziel dieses Abschnittes ist es zu zeigen, dass $\widehat{\varphi}$ und $\widehat{\varphi}^{-1}$ kreis- und winkelerhaltend sind. Das erste bedeutet, dass Kreislinien auf der Sphäre auf die verallgemeinerten Kreise in $\widehat{\mathbb{C}}$, d. h. Kreislinien und Geraden zusammen mit dem Punkt ∞, abgebildet werden und umgekehrt. Dabei fassen wir Kreise in $\mathbb{S}$ als nicht-triviale[1] Schnitte von Ebenen mit der Kugelfläche $\mathbb{S}$ auf. Das zweite soll heißen, dass zwei Kurven auf der Sphäre sich unter demselben Winkel schneiden wie ihre Bilder in der Ebene und umgekehrt. Wir beginnen mit der Kreisverwandtschaft.

---

[1] Das sind Schnitte, die aus mehr als einem Punkt bestehen.

2.3.1 Kreistreue

Die in der Geometrie häufig anzutreffende Redewendung, dass eine Gerade der Ebene als „im Unendlichen geschlossen" angesehen werden kann, erhält durch folgendes Lemma eine unmittelbar anschauliche Bedeutung.

Lemma 2.13
Die stereographische Projektion $\widehat{\varphi}$ bildet Kreislinien, die durch N verlaufen, von $\mathbb{S}$ auf Geraden in $\widehat{\mathbb{C}}$ ab. Umgekehrt ist das Bild einer Geraden in $\widehat{\mathbb{C}}$ unter $\widehat{\varphi}^{-1}$ stets eine Kreislinie auf der Riemannschen Zahlensphäre durch N.

Beweis

Sei C eine Kreislinie in $\mathbb{S}$, die durch das Projektionszentrum N verläuft. Dann kann diese als nicht-trivialer Schnitt einer Ebene mit $\mathbb{S}$ aufgefasst werden, wobei die Ebene den Nordpol enthält. Alle Projektionsstrahlen von N zu den einzelnen Punkten der Kreislinie liegen damit in dieser Ebene. Der Schnitt der Ebene mit der komplexen Ebene $\mathbb{C}$ ist eine Gerade. Der Nordpol wird auf ∞ abgebildet und wir erhalten eine Gerade in $\widehat{\mathbb{C}} = \mathbb{C} \cup \{\infty\}$.

Sei umgekehrt g eine Gerade in $\widehat{\mathbb{C}}$ inklusive dem Punkt ∞, dann ist geometrisch klar, dass $\widehat{\varphi}^{-1}(g)$ ein Kreis auf der Riemannschen Zahlenkugel ist. Die Projektionsstrahlen vom Nordpol N zu den Punkten der Geraden liegen in einer Ebene und eine Ebene, die die Sphäre in mehr als einem Punkt trifft, schneidet diese in einem Kreis. Da der unendlich ferne Punkt ebenfalls Element der Geraden ist, wird dieser unter $\widehat{\varphi}^{-1}$ auf den Nordpol abgebildet. Die Kreislinie verläuft durch N. ◄

Wir wenden uns nun den Kreisen in $\widehat{\mathbb{C}}$ zu, die keinen Geraden entsprechen (Abb. 2.6).

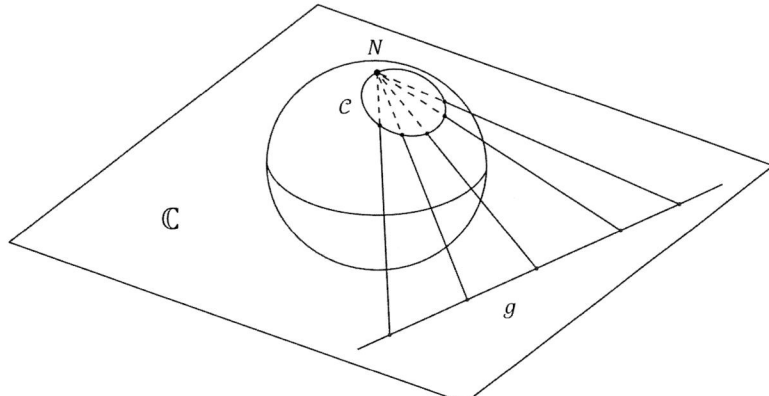

Abb. 2.6 Die stereographische Projektion einer Kreislinie durch N entspricht einer Geraden in $\widehat{\mathbb{C}}$

Lemma 2.14

Das Bild einer Kreislinie auf der Riemannschen Zahlenkugel $\mathbb{S}$, die nicht durch N verläuft, ist unter der stereographischen Projektion $\widehat{\varphi}$ eine Kreislinie in $\mathbb{C}$.

Beweis

Sei C ein solcher Kreis auf der Sphäre, so können wir C auffassen als Schnitt der Einheitssphäre $\mathbb{S}$ mit einer Ebene. Diese sei gegeben durch folgende Koordinatendarstellung

$$\alpha_1 x_1 + \alpha_2 x_2 + \alpha_3 x_3 - \alpha_0 = 0 \qquad (2.10)$$

mit $\alpha_0, \alpha_1, \alpha_2, \alpha_3 \in \mathbb{R}$ und $(\alpha_1, \alpha_2, \alpha_3) \neq (0, 0, 0)^2$. Weiterhin ist $\alpha_3 \neq \alpha_0$, da ansonsten der Nordpol $N = (0, 0, 1)^T$ in der Ebene liegen würde und somit C durch N verliefe. Der Abstand d dieser Ebene zum Ursprung berechnet sich nach der Hesseschen Normalform durch

$$d := \frac{|\alpha_0|}{\sqrt{\alpha_1^2 + \alpha_2^2 + \alpha_3^2}}.$$

Nach Voraussetzung soll die Ebene die Kugel in mehr als einem Punkt schneiden, d. h. $d = \frac{|\alpha_0|}{\sqrt{\alpha_1^2 + \alpha_2^2 + \alpha_3^2}} < 1$. Somit gilt

$$0 < \alpha_1^2 + \alpha_2^2 + \alpha_3^2 - \alpha_0^2. \qquad (2.11)$$

Uns interessiert nun das Bild der Kreislinie C unter $\widehat{\varphi}$. Durch Einsetzen der Transformationsformeln (Gl. 2.5) in die Ebenengleichung (Gl. 2.10) erhalten wir

$$\alpha_1 \frac{2x}{x^2 + y^2 + 1} + \alpha_2 \frac{2y}{x^2 + y^2 + 1} + \alpha_3 \frac{x^2 + y^2 - 1}{x^2 + y^2 + 1} - \alpha_0 = 0$$

$$\Leftrightarrow 2\alpha_1 x + 2\alpha_2 y + \alpha_3 x^2 + \alpha_3 y^3 - \alpha_3 - \alpha_0 x^2 - \alpha_0 y^2 - \alpha_0 = 0$$

$$\Leftrightarrow (\alpha_3 - \alpha_0)\left(x^2 + y^2\right) + 2\alpha_1 x + 2\alpha_2 y = \alpha_3 + \alpha_0$$

$$\Leftrightarrow x^2 + \frac{2\alpha_1}{\alpha_3 - \alpha_0} x + y^2 + \frac{2\alpha_2}{\alpha_3 - \alpha_0} y = \frac{\alpha_3 + \alpha_0}{\alpha_3 - \alpha_0}$$

$$\Leftrightarrow \left(x + \frac{\alpha_1}{\alpha_3 - \alpha_0}\right)^2 + \left(y + \frac{\alpha_2}{\alpha_3 - \alpha_0}\right)^2 - \frac{\alpha_1^2}{(\alpha_3 - \alpha_0)^2} - \frac{\alpha_2^2}{(\alpha_3 - \alpha_0)^2} = \frac{\alpha_3^2 - \alpha_0^2}{(\alpha_3 - \alpha_0)^2}$$

$$\Leftrightarrow \left(x + \frac{\alpha_1}{\alpha_3 - \alpha_0}\right)^2 + \left(y + \frac{\alpha_2}{\alpha_3 - \alpha_0}\right)^2 = \frac{\alpha_1^2 + \alpha_2^2 + \alpha_3^2 - \alpha_0^2}{(\alpha_3 - \alpha_0)^2}.$$

---

[2] Achtung: Andernfalls wäre es keine Ebene.

Aufgrund von (Gl. 2.11) ist die rechte Seite positiv, d. h. diese Gleichung beschreibt eine Kreislinie in $\mathbb{C}$. Unter der Bedingung, dass die Kreislinie C durch N verläuft, also $\alpha_3 = \alpha_0$ ist, ergibt sich aus (Gl. 2.10) in analoger Rechnung die Geradengleichung $\alpha_1 x + \alpha_2 y = \alpha_0$.[3] ◄

Man kann zeigen, dass auch die Umkehrung von Lemma 2.14 gilt:

Lemma 2.15
Das Bild eines Kreises in $\mathbb{C}$ unter der inversen stereographischen Projektion $\widehat{\varphi}^{-1}$ ist eine Kreislinie auf der Sphäre, die nicht durch N verläuft.

Beweis

Sei $\mathcal{L}$ ein Kreis in $\mathbb{C}$, dann kann dieser beschrieben durch eine Gleichung der Form

$$\alpha\left(x^2 + y^2\right) + \beta x + \gamma y + \delta = 0,$$

wobei $\alpha, \beta, \gamma, \delta, x, y \in \mathbb{R}$ mit $\beta^2 + \gamma^2 - 4\alpha\delta > 0$ und $\alpha \neq 0$ seien. Die Punkte $(x, y)^T$ der komplexen Ebene, die diese Gleichung erfüllen, sind Bildpunkte unter der stereographischen Projektion. Insbesondere gilt nach (Gl. 2.5) die Koordinatenbeziehung

$$x_3 = \frac{x^2 + y^2 - 1}{x^2 + y^2 + 1} \quad \Leftrightarrow \quad x^2 + y^2 = \frac{1 + x_3}{1 - x_3}. \tag{2.12}$$

Durch Einsetzen von (Gl. 2.12) in die Kreisgleichung erhalten wir

$$\alpha\left(\frac{1 + x_3}{1 - x_3}\right) + \beta \frac{x_1}{1 - x_3} + \gamma \frac{x_2}{1 - x_3} + \delta = 0$$

$$\Leftrightarrow \frac{1}{1 - x_3}(\alpha + \alpha x_3 + \beta x_1 + \gamma x_2 + \delta(1 - x_3)) = 0$$

$$\Leftrightarrow \frac{1}{1 - x_3}(\beta x_1 + \gamma x_2 + (\alpha - \delta)x_3 + (\alpha + \delta)) = 0$$

$$\Leftrightarrow \beta x_1 + \gamma x_2 + (\alpha - \delta)x_3 + (\alpha + \delta) = 0. \tag{2.13}$$

Damit ergibt sich eine Ebenengleichung in Koordinatenform, denn es gilt $(\beta, \gamma, \alpha - \delta) \neq (0, 0, 0)$. Wären hingegen $\beta = \gamma = \alpha - \delta = 0$, so wäre $\alpha = \delta$ und nach der Ebenengleichung müsste

$$(\alpha + \delta) = 0 \quad \Leftrightarrow \quad 2\alpha = 0.$$

sein. Damit ist jedoch $\alpha = 0$ und $\mathcal{L}$ kein Kreis in $\mathbb{C}$, was wir vorausgesetzt haben. Die Urbildpunkte von $\mathcal{L}$ liegen damit in einer Ebene und, da diese die

---

[3] Beachte: In diesem Fall wäre $0 < \alpha_1^2 + \alpha_2^2$.

Sphäre schneidet, auf einem Kreis $\mathcal{C}$. Es bleibt zu zeigen, dass $N = (0, 0, 1)^T$ nicht in ihr liegt:

Einsetzen von $N = (0, 0, 1)^T$ in (Gl. 2.13) liefert

$$\beta \cdot 0 + \gamma \cdot 0 + (\alpha - \delta) \cdot 1 + (\alpha + \delta) = 0$$

$$\Leftrightarrow \quad 2\alpha = 0.$$

Da $\alpha \neq 0$ ist, kann N kein Element von $\mathcal{C}$ sein.

Setzen wir im Beweis hingegen zu Beginn $\alpha = 0$ voraus, dann ist $\mathcal{L}$ eine Gerade in $\mathbb{C}$ und somit $\widehat{\mathcal{L}} = \mathcal{L} \cup \{\infty\}$ eine Gerade in $\widehat{\mathbb{C}}$. In diesem Fall erhalten wir die Koordinatenform $\beta x_1 + \gamma x_2 - \delta x_3 + \delta = 0$ als Ebenengleichung, die die Sphäre schneidet. Da $\beta \cdot 0 + \gamma \cdot 0 - \delta \cdot 1 + \delta = 0$ ist, verläuft die Schnittebene durch das Projektionszentrum. ◄

Die Hilfssätze 2.13 bis 2.15 lassen sich im folgenden „Satz über die Kreistreue" zusammenfassen:

Satz 2.16 (Kreistreue)
Die stereographische Projektion $\widehat{\varphi}$ und $\widehat{\varphi}^{-1}$ sind kreistreu, d. h. die Kreislinien auf $\mathbb{S}$ werden auf die verallgemeinerten Kreise in $\widehat{\mathbb{C}}$ abgebildet und umgekehrt. Dabei entsprechen unter $\widehat{\varphi}$ die Kreislinien der Sphäre durch N genau den Geraden in $\widehat{\mathbb{C}}$ und die Kreislinien, die nicht durch N verlaufen, den Kreislinien in $\mathbb{C}$. Umgekehrtes gilt für $\widehat{\varphi}^{-1}$.

Beweis

Das sind die Aussagen der Sätze 2.13, 2.14 und 2.15. ◄

Tatsächlich haben wir mit den Sätzen 2.14 und 2.15 schon die Formeln hergeleitet, die die Umrechnung zwischen Schnittebene und Sphäre in Kreislinien und Geraden in $\widehat{\mathbb{C}}$ ermöglicht. Um eine möglichst lebendige Vorstellung der Kreistreue zu bekommen, stellen wir uns die Frage, welche verallgemeinerten Kreise in $\widehat{\mathbb{C}}$ den Großkreisen der Sphäre entsprechen.

Beispiel 2.17 (Großkreise)
Großkreise einer Kugel sind *per definitionem* Kreise, die als Schnitte der Sphäre mit einer Ebene durch den Kugelmittelpunkt entstehen. Dies sind zum einen der Äquator und zum anderen alle Kreise, die den Äquator in diametralen Punkten schneiden. Da die stereographische Projektion die Punkte des Äquators auf den Einheitskreis abbildet und zwar so, dass jeder Punkt des Kugeläquators ein Fixpunkt ist, sind auch Diametralpunkte der Großkreise Diametralpunkte des Einheitskreises. Aus diesem Grund sind die Bilder der Großkreise unter $\widehat{\varphi}$ einmal der Einheitskreis selbst und zum anderen alle verallgemeinerten Kreise, die den Einheitskreis in Diametralpunkten schneiden. Hierzu gehören auch Geraden durch null, die Bilder der Längenkreise sind, also Großkreise durch Nord- und Südpol.

Der erste Beweis zur Kreistreue der stereographischen Projektion wird Claudios Ptolemaios (um 100 – um 175) zugeschrieben (Schröder 1988, S. 32), dessen Werke lange Zeit nur in arabischer Übersetzung verfügbar waren (Sonar 2016, S. 123). Von ihm stammt auch ein Beweis der Winkeltreue, dem wir uns als nächstes widmen werden.

2.3.2 Winkeltreue

Da stetige Bilder zusammenhängender Mengen wieder zusammenhängend sind (Jänich 1994, S. 21) werden unter $\widehat{\varphi}$ Kurven auf der Sphäre auf Kurven in $\widehat{\mathbb{C}}$ abgebildet und umgekehrt. Als Schnittwinkel von zwei Kurven fassen wir im Folgenden stets den Schnittwinkel ihrer Tangenten im Schnittpunkt auf.

Satz 2.18 (Winkeltreue)
Die stereographische Projektion $\widehat{\varphi}$ und $\widehat{\varphi}^{-1}$ sind winkeltreue Abbildungen.

Beweis

Der folgende Beweis orientiert sich an Timmann 2007, S. 151. Wir beginnen mit der folgenden Überlegung: Sei g eine Gerade in $\widehat{\mathbb{C}}$, dann liegen die Projektionsstrahlen von N zu den Punkten von g in einer Ebene $\mathcal{E}$. Diese schneidet die Sphäre $\mathbb{S}$ in einem Kreis $\mathcal{C}$ durch N (vgl. auch Lemma 2.13). Damit ist die Tangente an $\mathcal{C}$ im Nordpol parallel zu g, da sie die Schnittgerade von $\mathcal{E}$ mit der zu $\mathcal{C}$ parallelen Tangentialeben an die Sphäre in N ist.

Seien nun g_1 und g_2 zwei Geraden in $\widehat{\mathbb{C}}$, die sich (außer im Punkt ∞) in einem Punkt $a \in \mathbb{C}$ schneiden. Dann entsprechen ihre Urbilder unter der stereographischen Projektion zwei Kreisen $\mathcal{C}_1$ und $\mathcal{C}_2$ auf $\mathbb{S}$, die sich im Nordpol N und $\widehat{\varphi}^{-1}(a)$ schneiden. Die Schnittwinkel von $\mathcal{C}_1$ und $\mathcal{C}_2$ sind jedoch in beiden Schnittpunkten gleich. Damit reicht es aus, zu zeigen, dass der Schnittwinkel von g_1 und g_2 in a mit dem Schnittwinkel von $\mathcal{C}_1$ und $\mathcal{C}_2$ in N übereinstimmt. Dies ist aber nach der Eingangsüberlegung bereits der Fall (Abb. 2.7). Ein alternativer Beweis findet sich bei Hans Walser 2002, S. 3–4. ◄

Der Vorteil, dass sich gemessene Winkel ohne Umrechnung von Karten in die Realität übertragen lassen und umgekehrt ist Grund dafür, weshalb winkeltreue Abbildungen in der Navigation der Schifffahrt lange Zeit eine erhebliche Rolle gespielt haben. In der Kartographie stellt die stereographische Projektion eine hervorragende Ergänzung zur ebenfalls winkelerhaltenden Mercator-Karte[4] dar und wird häufig zur Darstellung der Polregionen verwendet (Abb. 2.8 und 2.9).

---

[4]Die Mercator-Karte entsteht, wenn man die Mantelfläche eines Zylinders um die Erdkugel legt, so dass diese den Äquator berührt. Vom Mittelpunkt der Kugel aus wird die Kugeloberfläche dann auf die Zylinderfläche projiziert. Die Strecken- und Flächenverzerrung der entfalteten Zylinderfläche nimmt vom Äquator zu den Polen zu, so dass beispielsweise Grönland deutlich größer erscheint.

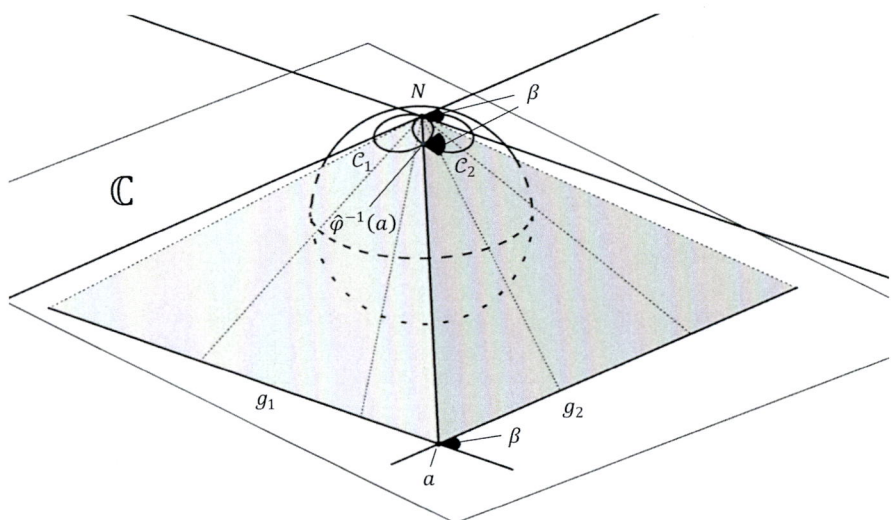

Abb. 2.7 Winkeltreue der stereographischen Projektion

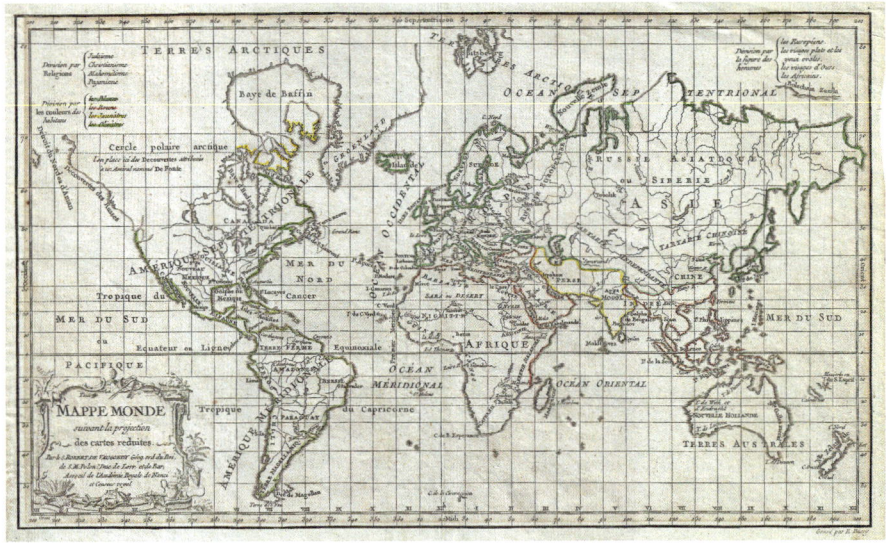

Abb. 2.8 Winkeltreue Mercator-Karte („Mappe monde suivant la projection des cartes reduites"
von Didier Robert de Vaugondy, Nouvel Atlas Portatif, Paris 1784)

Allerdings ist anzumerken, dass winkelerhaltende Karten oftmals große Län-
gen- und Flächenverzerrungen aufweisen. Lediglich sehr kleine Gebiete bleiben in
ihrer Form, nicht aber in ihrer Größe, erhalten (Schiewe 2022, S. 165).

Abb. 2.9 Winkeltreue
stereographische Karte
der Nordhalbkugel
mit dem Südpol als
Projektionszentrum (Graphik:
Hans Walser, „Geometrie.
Skript zur Vorlesung: Die
stereographische Projektion",
ETH Zürich 2002, S. 2)

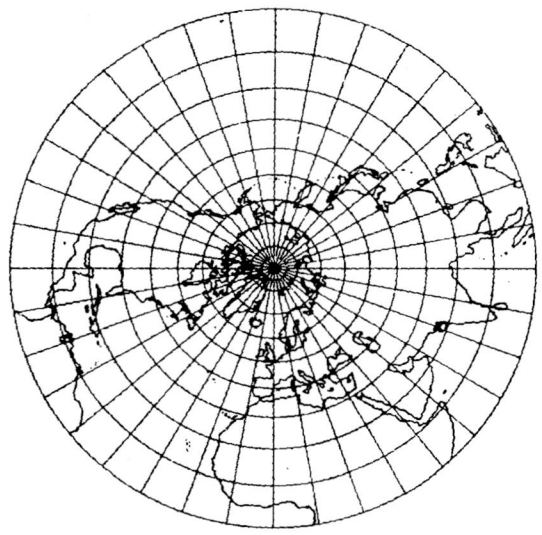

Dazu schreibt Euler (Euler 1898, S. 52):

„[Es] mag hier bemerkt werden, dass diese Art der Projection für die praktische An-wendung, welche die Geographie erfordert, ausserordentlich zweckmässig ist, da sie die wahre Gestalt der einzelnen Gebiete nicht stark verzerrt. "

Auch weist er auf die Bedeutung der Kreistreue hin (Euler 1898, S. 52):

„Am wichtigsten ist jedoch, dass bei dieser Projection nicht nur alle Meridiane und Parallelkreise durch Kreise oder sogar durch gerade Linien dargestellt werden, sondern dass auch alle auf der Kugel beschriebenen grössten Kugelkreise in Kreisbogen oder ge-rade Linien übergehen [...]"

Ein historischer Abriss über die Entwicklung der stereographischen Projektion, be-ginnend mit der Antike zur Anfertigung von Sternenkarten, über die Kartographie hinaus, findet sich beispielsweise in Schröder 1988. Bis heute wird sie noch in der Kartographie und Kristallographie zur Beschreibung von Symmetrieelementen (Wulffsches Netz) eingesetzt. Als vertiefende Literatur sei an dieser Stelle auf Borchardt/Turowski 2015 verwiesen.

Neben der Riemannschen Zahlensphäre als Modell der erweiterten komplexen Ebene haben wir in diesem Kapitel also einen Abbildungstypen kennengelernt, der weit über die komplexe Analysis hinaus Anwendungen findet. Bezogen auf die Zahlenkugel wird uns die stereographische Projektion einen leicht verständ-lichen Einblick in die Welt der Möbius-Transformationen gewähren, die auf eine Idee Riemanns basiert (Riemann 1953, S. 309–310). Hierfür werden wir uns zu-nächst dem Studium von Möbus-Transformationen widmen.

Möbius-Transformationen

3

August Ferdinand Möbius (1790–1868) untersuchte in seiner Arbeit „Die Theorie der Kreisverwandtschaft in rein geometrischer Darstellung" aus dem Jahr 1855 einen besonders wichtigen Abbildungstypen, der sich auf $\widehat{\mathbb{C}}$ definieren lässt. Dabei erforschte er, welche Eigenschaften von Figuren unter diesen – heute nach ihm benannten – Transformationen unverändert blieben (Möbius 1855). Mit Riemann wurden diese Abbildungen schließlich den Methoden der komplexen Analysis zugänglich.[1] Man kann zeigen, dass sie gerade die Automorphismen von $\widehat{\mathbb{C}}$, d. h. die bijektiven, winkel- und orientierungstreuen Abbildungen von $\widehat{\mathbb{C}}$ in sich, sind. Sie spielen daher eine entscheidende Rolle in der mehr geometrisch orientierten Funktionentheorie und damit in vielen Anwendungen (Forst/Hoffmann 2002, S. 235).

In diesem Kapitel werden wir uns nach einer kurzen Einführung zunächst mit den Gruppeneigenschaften von Möbius-Transformationen beschäftigen. Dabei werden wir feststellen, dass die Menge aller Transformationen mit der Komposition als Verknüpfung eine Gruppe bildet, die isomorph zur projektiven linearen Gruppe $PGL(2, \mathbb{C})$ ist. Dies legt den Grundstein, Möbius-Transformationen auch als algebraische Objekte zu betrachten. Anschließend werden wir zeigen, dass sich jede dieser Abbildungen als Komposition dreier Elementartypen (Translation, Drehstreckung und Inversion) darstellen lässt, was eine unmittelbare geometrische Interpretation in der erweiterten komplexen Ebene zulässt. Häufig ist es einfacher, Eigenschaften von Möbius-Transformationen auf diese drei Elementartypen zurückzuführen, anstatt sie direkt zu beweisen. Dies werden wir am Beispiel der Kreistreue illustrieren.

Die Frage, wie viele Urbild- und Bildpunkte benötigt werden, um eine Möbius-Transformation eindeutig festzulegen, führt uns in den nächsten Abschnitt. Dabei werden Fixpunkte bei der Analyse eine große Rolle spielen. Aus ihnen lässt sich

---

[1] Man siehe speziell die Abhandlung „Ueber die Fläche vom kleinsten Inhalt bei gegebener Begrenzung" aus Riemanns Nachlass herausgegeben von Karl Hattendorff 1867 (Riemann 1953, S. 301–334).

das Doppelverhältnis herleiten, das eine konkrete Berechnung von Möbius-Transformationen erlaubt. Dies werden wir u. a. am Beispiel der Cayley-Transformation vorführen. Auch können wir Fixpunkte als Ausgangspunkt dazu nehmen, einen anschaulichen Eindruck über das Abbildungsverhalten zu gewinnen. Diese auf Felix Klein (1849–1925) basierende Idee erlaubt uns die Unterteilung von Transformationen in elliptisch, hyperbolisch, loxodromisch und parabolisch dadurch, dass bestimmte Kurvenscharen unter ihnen invariant bleiben. Wählen wir einen Startpunkt $z_0 \in \widehat{\mathbb{C}}$, der kein Fixpunkt unserer Möbius-Transformation ist, dann bewegen sich die Bildpunkte bei iterativer Anwendung der Transformation auf stationären Kurven beispielsweise von einem zum anderen Fixpunkt. Dies werden wir in Abschn. 3.5 dieser Arbeit behandeln.

3.1   Definition und stetige Fortsetzung

Wir beginnen das Kapitel damit, Möbius-Transformationen formal einzuführen und die chordale Metrik dazu zu nutzen, um sie zu stetigen Funktionen auf ganz $\widehat{\mathbb{C}}$ fortzusetzen.

Definition 3.1 (Möbius-Transformationen)
Seien $a, b, c, d \in \mathbb{C}$ mit $ad - bc \neq 0$. Eine Abbildung f mit der Vorschrift

$$f(z) = \frac{az + b}{cz + d} \tag{3.1}$$

heißt Möbius-Transformation oder lineare Transformation[2]. Sie ist für alle $z \in \mathbb{C} \setminus \left\{ -\frac{d}{c} \right\}$ definiert und stetig. Für die Beweisführung ist es häufig sinnvoll, folgende Fallunterscheidung zu machen: Ist $c = 0$, so heißt f ganze lineare, für $c \neq 0$ gebrochen lineare Transformation.

Wir setzen f zu einer stetigen Abbildung von $\widehat{\mathbb{C}}$ nach $\widehat{\mathbb{C}}$ fort durch

(i) $c = 0$: $f(\infty) := \infty,$ $\tag{3.2}$

(ii) $c \neq 0$: $f(\infty) := \dfrac{a}{c},$ $\tag{3.3}$

$$f\left(-\frac{d}{c} \right) := \infty. \tag{3.4}$$

Dabei lässt sich die stetige Ergänzung im folgenden Sinne verstehen

---

[2]Achtung: Nicht zu verwechseln mit linearen Abbildungen (Vektorraumhomomorphismen) von $\mathbb{C}$ über $\mathbb{R}$ bzw. $\mathbb{C}$. In älteren Lehrbüchern, siehe z. B. Schwerdtfeger 1962, S. 41, findet man auch noch die Bezeichnung „Homographien" oder „homographische Transformationen".

(i) $c = 0:$ $\qquad$ $\displaystyle\lim_{z \to \infty} f(z) = \infty$ $\qquad \Leftrightarrow \qquad$ $\displaystyle\lim_{z \to \infty} \left| \widehat{\varphi}^{-1}(z) - \widehat{\varphi}^{-1}(\infty) \right| = 0,$

(ii) $c \neq 0:$ $\qquad$ $\displaystyle\lim_{z \to \infty} f(z) = \frac{a}{c}$ $\qquad \Leftrightarrow \qquad$ $\displaystyle\lim_{z \to \infty} \left| \widehat{\varphi}^{-1}(z) - \widehat{\varphi}^{-1}\left(\frac{a}{c}\right) \right| = 0,$

$\qquad\qquad\qquad$ $\displaystyle\lim_{z \to -\frac{d}{c}} f(z) = \infty$ $\qquad \Leftrightarrow \qquad$ $\displaystyle\lim_{z \to -\frac{d}{c}} \left| \widehat{\varphi}^{-1}(z) - \widehat{\varphi}^{-1}(\infty) \right| = 0,$

womit wir den im letzten Kapitel eingeführten Konvergenzbegriff in $\widehat{\mathbb{C}}$ verwendet haben. In Anlehnung dazu schreibt man auch „f wird in ∞ bzw. $-\frac{d}{c}$ chordal stetig ergänzt"[3] (Timmann 2007, S. 106). Auch die stetige Erweiterung werden wir fortan mit f bezeichnen. Wenn von Möbius-Transformationen die Rede ist, werden wir also stets eine Abbildung $f : \widehat{\mathbb{C}} \to \widehat{\mathbb{C}}$ mit stetigen Ergänzungen (3.2) bis (3.4) im oberen Sinne verstehen.

Bemerkung 3.2

(i)   Die Bedingung $ad - bc \neq 0$ garantiert uns, dass der Nenner kein Vielfaches des Zählers ist, was die Funktion f konstant werden ließe, und dass der Nenner nicht identisch Null ist. Damit werden wir im zweiten Abschnitt eine bijektive Abbildung von $\widehat{\mathbb{C}}$ nach $\widehat{\mathbb{C}}$ erhalten.

(ii) Offenbar wird auch dann die gleiche Abbildung beschrieben, wenn man a, b, c, d durch $\lambda a, \lambda b, \lambda c, \lambda d$ mit einer von Null verschiedenen komplexen Zahl λ ersetzt. Somit sind allein die Verhältnisse der Koeffizienten für das Abbildungsverhalten von Belang. Da bereits drei komplexe Zahlen ausreichen, um eine Möbius-Transformation zu bestimmen, beispielsweise $\frac{a}{c}, \frac{b}{c}$ und $\frac{c}{d}$, hat f drei komplexe Freiheitsgrade (Fritzsche 2009, S. 195). Dies werden wir später dazu nutzen, lineare Transformationen durch die Bilder von drei (und nicht vier) verschiedenen Punkten festzulegen.

(iii) Die Koeffizienten a, b, c, d kann man so normieren, dass $ad - bc = 1$ ist. Hierzu multipliziert man die Koeffizienten mit $\lambda = \pm\frac{1}{\sqrt{ad-bc}}$. In diesem Fall sind sie bis auf den gemeinsamen Faktor ± 1 eindeutig bestimmt. Eine solche Normierung bringt einige Vorteile mit sich, wie wir in Abschn. 3.5.3 bei der Klassifizierung von Möbius-Transformationen nach ihrem Verhalten in Umgebungen der Fixpunkte sehen werden. Solche Transformationen heißen „normalisiert" (Behrends 2019, S. 149).

Wir stellen einige Beispiele von Möbius-Transformationen vor, die uns bereits aus vorherigen Betrachtungen bekannt vorkommen dürften.

Beispiel 3.3

(i)   Die Identität $\mathrm{id}_{\widehat{\mathbb{C}}} : \widehat{\mathbb{C}} \to \widehat{\mathbb{C}}; z \mapsto z$ ist eine Möbius-Transformation.

(ii) Jede Translation $z \mapsto z + b$ ist eine Möbius-Transformation. Ist $b = 0$, so handelt es sich um die Identität. Ist $b \neq 0$, so erhält man zu jedem $z \in \mathbb{C}$ den

---

[3] Insbesondere gilt $\displaystyle\lim_{z \to \infty} f(z) = \lim_{z \to \infty} \frac{az+b}{cz+d} = \lim_{z \to \infty} \frac{a + \frac{b}{z}}{c + \frac{d}{z}} = \frac{a}{c}.$

zugehörigen Bildpunkt, indem man an den Ortsvektor von z den Vektor b ansetzt. Seine Spitze liefert dann den Bildpunkt $z + b$.

(iii) Eine Drehstreckung $z \mapsto az$ ist eine Möbius-Transformationen für $a \neq 0$.[4] Die Darstellung des Bildpunktes ergibt sich geometrisch, indem man den Ortsvektor von z im positiven Sinne um den Winkel $\arg(a)$ dreht und ihn im Verhältnis $1 : |a|$ streckt. Hierzu stellen wir die komplexe Zahl in Polarkoordinaten $a = |a|\,\mathrm{e}^{\mathrm{i}\varphi}$ mit $\varphi := \arg(a)$ dar.

Alle hier aufgeführten Beispiele sind Ähnlichkeitsabbildungen. Wir werden bei der Zerlegung von Möbius-Transformationen in ihre Elementartypen auf diese Transformationen zurückkommen.

3.2   Gruppenstruktur

In diesem Abschnitt zeigen wir, dass die Menge aller Möbius-Transformationen bezüglich der Verkettung eine (nicht kommutative) Gruppe bildet, die isomorph zur projektiven linearen Gruppe PGL$(2, \mathbb{C})$ ist. Wir beginnen mit dem technisch aufwendigeren Teil, verraten aber jetzt schon, dass sich die Rechnungen am Ende des Paragraphen erheblich vereinfachen werden. Insbesondere erhalten wir die Möglichkeit, die Komposition zweier Möbius-Transformationen auf einfache Matrizenmultiplikation zurückzuführen.

Satz 3.4 (Umkehrbarkeit einer Möbius-Transformation)
Jede Möbius-Transformation f bildet $\widehat{\mathbb{C}}$ bijektiv auf $\widehat{\mathbb{C}}$ ab. Ihre Umkehrabbildung f^{-1} ist wieder eine Möbius-Transformation. Ist f gegeben durch $f(z) := \frac{az+b}{cz+d}$ mit $ad - bc \neq 0$ und $a, b, c, d \in \mathbb{C}$, so erhalten wir die Inverse durch

$$f^{-1}(w) = \frac{dw - b}{-cw + a}.$$ (3.5)

Beweis

Sei $f : \widehat{\mathbb{C}} \to \widehat{\mathbb{C}}$ wie im Satz 3.4 angegeben. Wir berechnen die Umkehrabbildung f^{-1} und zeigen, dass sie die Eigenschaften $f \circ f^{-1} = \mathrm{id}_{\widehat{\mathbb{C}}}$ und $f^{-1} \circ f = \mathrm{id}_{\widehat{\mathbb{C}}}$ erfüllt. Dazu machen wir folgende Fallunterscheidung:

1. Fall: Sei $c = 0$. Für $z \in \mathbb{C}$ setzen wir $w := f(z) = \frac{a}{d}z + \frac{b}{d}$ und lösen nach z auf:

---

[4]Ist $a = 0$, so handelt es sich um eine konstante Abbildung identisch null. Diesen Fall schließen wir mit der Bedingung $ad - bc \neq 0$ aus. Drehstreckungen spielen in der Funktionentheorie eine wichtige Bedeutung. So kann man zeigen, dass Abbildungen der Form $f(z) := az$ mit einem festen $a \in \mathbb{C}$ genau die $\mathbb{C}$-linearen Abbildungen $\psi : \mathbb{C} \to \mathbb{C}$ sind (vgl. Timmann 2007, S. 47).

$$w = \frac{az + b}{d} \qquad \Leftrightarrow \qquad dw = az + b$$

$$\Leftrightarrow \qquad az = dw - b$$

$$\Leftrightarrow \qquad z = \frac{dw - b}{a} =: f^{-1}(w).$$

Die letzte Umformung gilt, da $a \neq 0$ ist. Dies folgt aus $ad - bc \neq 0$ und $c = 0$. Damit ist $f^{-1} : \mathbb{C} \to \mathbb{C}$ definiert und für $w = \infty$ setzen wir $f^{-1}(w) := \infty$. Nach Voraussetzung ist $ad \neq 0$, damit ist f^{-1} eine Möbius-Transformation. Für alle anderen $w \in \mathbb{C}$ gilt

$$\left(f \circ f^{-1}\right)(w) = \frac{a}{d}\left(\frac{dw - b}{a}\right) + \frac{b}{d} = \frac{dw}{d} = w$$

und somit $f \circ f^{-1} = \mathrm{id}_{\hat{\mathbb{C}}}$. Analog zeigt man für $z \in \mathbb{C}$

$$\left(f^{-1} \circ f\right)(z) = \frac{a}{d}\left(\frac{dw - b}{a}\right) + \frac{b}{d} = \frac{dw}{d} = z.$$

Da $f(\infty) = \infty$ ist, ist $f^{-1} \circ f = \mathrm{id}_{\hat{\mathbb{C}}}$. Insgesamt ist f damit bijektiv und f^{-1} als Umkehrfunktion wieder eine Möbius-Transformation.

2. Fall: Sei $c \neq 0$. Für $z \in \mathbb{C} \setminus \{-\frac{d}{c}\}$ setzen wir $w := f(z) = \frac{az+b}{cz+d}$ und lösen nach z auf:

$$w = \frac{az + b}{cz + d} \qquad \Leftrightarrow \qquad czw + dw = az + b$$

$$\Leftrightarrow \qquad z(cw - a) = -dw + b$$

$$\Leftrightarrow \qquad z = \frac{-dw + b}{cw - a} = \frac{dw - b}{-cw + a} =: f^{-1}(w).$$

$$\text{für } w \in \overset{\uparrow}{\mathbb{C}} \setminus \left\{\frac{a}{c}\right\}$$

Um f^{-1} auch für $w = \frac{a}{c}$ und $w = \infty$ zu definieren, setzen wir

$$f^{-1}\left(\frac{a}{c}\right) := \infty \quad \text{und} \quad f^{-1}(\infty) := -\frac{d}{c}.$$

Da $(-d)(-a) - bc = ad - bc \neq 0$ gilt, ist f^{-1} wieder eine Möbius-Transformation. Wir überprüfen noch $f \circ f^{-1} = \mathrm{id}_{\hat{\mathbb{C}}}$. Für $w \in \mathbb{C} \setminus \left\{\frac{a}{c}\right\}$ gilt

$$\left(f \circ f^{-1}\right)(w) = \frac{a(dw - b) + b(-cw + a)}{c(dw - b) + d(-cw + a)} = \frac{w(ad - bc)}{ad - bc} = w$$

und für die Sonderfälle $w \in \left\{\frac{a}{c}, \infty\right\}$ nach Definition 3.1

$$\left(f \circ f^{-1}\right)\left(\frac{a}{c}\right) = f(\infty) = \frac{a}{c} \quad \text{und} \quad \left(f \circ f^{-1}\right)(\infty) = f\left(-\frac{d}{c}\right) = \infty.$$

Ganz analog zeigt man $f^{-1} \circ f = \text{id}_{\widehat{\mathbb{C}}}$. Für alle $z \in \mathbb{C} \setminus \left\{ -\frac{d}{c} \right\}$ gilt

$$\left(f^{-1} \circ f \right)(z) = \frac{-d(az+b) + b(cz+d)}{c(az+b) - a(cz+d)} = \frac{z(bc-ad)}{bc-ad} = z$$

sowie

$$\left(f^{-1} \circ f \right)\left(-\frac{d}{c} \right) = f^{-1}(\infty) := -\frac{d}{c} \quad \text{und} \quad \left(f^{-1} \circ f \right)(\infty) = f^{-1}\left(\frac{a}{c} \right) := \infty$$

nach Definition 3.1. Damit ist f bijektiv und f^{-1} die Umkehrabbildung. Offenbar ist für den Fall, dass f normalisiert ist, auch die Inverse normalisiert. ◄

Satz 3.5 (Verkettung zweier Möbius-Transformationen)
Die Komposition zweier Möbius-Transformationen ist wieder eine Möbius-Transformation.

Beweis

Seien $f, g : \widehat{\mathbb{C}} \to \widehat{\mathbb{C}}$ zwei Möbius-Transformationen. Wir müssen zeigen, dass die Hintereinanderausführung $f \circ g : \widehat{\mathbb{C}} \to \widehat{\mathbb{C}}$ wieder eine Möbius-Transformation ist. Die Funktionsvorschriften der Möbius-Transformationen seien dazu gegeben durch

$$f(z) := \frac{az+b}{cz+d}, \quad g(z) := \frac{\alpha z + \beta}{\gamma z + \delta}$$

mit $a, b, c, d, \alpha, \beta, \gamma, \delta \in \mathbb{C}$ und $ad - bc \neq 0$ bzw. $\alpha\delta - \beta\gamma \neq 0$. Dann gilt für beliebige $z \in \widehat{\mathbb{C}}$

$$(f \circ g)(z) = \frac{a\left(\frac{\alpha z + \beta}{\gamma z + \delta} \right) + b}{c\left(\frac{\alpha z + \beta}{\gamma z + \delta} \right) + d} = \frac{a(\alpha z + \beta) + b(\gamma z + \delta)}{c(\alpha z + \beta) + d(\gamma z + \delta)} = \frac{(a\alpha + b\gamma)z + (a\beta + b\delta)}{(c\alpha + d\gamma)z + (c\beta + d\delta)}.$$

Setze $\hat{a} := a\alpha + b\gamma, \quad \hat{b} := a\beta + b\delta, \quad \hat{c} := c\alpha + d\gamma, \quad \hat{d} := c\beta + d\delta$.
Wir müssen noch zeigen, dass $\hat{a}\hat{d} - \hat{b}\hat{c} \neq 0$ gilt. Hierzu betrachten wir

$$\hat{a}\hat{d} - \hat{b}\hat{c} = (a\alpha + b\gamma)(c\beta + d\delta) - (a\beta + b\delta)(c\alpha + d\gamma)$$
$$= ad\alpha\delta - ad\beta\gamma - bc\alpha\delta + bc\beta\gamma$$
$$= (ad - bc)(\alpha\delta - \beta\gamma).$$

Aufgrund den Voraussetzungen $ad - bc \neq 0$ und $\alpha\delta - \beta\gamma \neq 0$ ist auch $\hat{a}\hat{d} - \hat{b}\hat{c} \neq 0$ und $f \circ g$ wieder eine Möbius-Transformation. Für den Fall, dass beide Möbius-Transformationen f und g normalisiert sind, d. h. $ad - bc = 1$ und $\alpha\delta - \beta\gamma = 1$ gelten, trifft dies auch für $f \circ g$ zu. ◄

Nach Satz 3.5 haben wir eine binäre Verknüpfung, die je zwei Möbius-Transformationen wieder eine Möbius-Transformation zuordnet. Wir weisen nun nach,
dass die Gesamtheit aller Möbius-Transformationen mit dieser Verknüpfung eine
nicht kommutative Gruppe bildet.

Satz 3.6

Die Menge der Möbius-Transformationen bildet bezüglich der Hintereinanderaus-
führung eine Gruppe, die wir mit $\left(\text{Möb}^+, \circ\right)$ bezeichnen. Sie ist nicht kommutativ.
Dabei bezeichne $\text{Möb}^+ := \left\{f : \widehat{\mathbb{C}} \to \widehat{\mathbb{C}} \middle| f(z) = \frac{az+b}{cz+d} \text{ mit } a, b, c, d \in \mathbb{C} \text{ und } ad - bc \neq 0\right\}$.

Beweis

Wir überprüfen die Gruppenaxiome (vgl. Beutelspacher 2010, S. 227).

(G1) Existenz eines neutralen Elements:
Für jede Möbius-Transformation $f \in \text{Möb}^+$ existiert eine Transformation
$e \in \text{Möb}^+$, so dass gilt

$$f \circ e = e \circ f = f.$$

Dieses neutrale Element ist die Identität $e = \text{id}_{\widehat{\mathbb{C}}} \in \text{Möb}^+$ (siehe Beispiel 3.3).

(G2) Existenz eines inversen Elements:
Zu jeder Möbius-Transformation $f \in \text{Möb}^+$ existiert eine Transformation
$f^{-1} \in \text{Möb}^+$ mit

$$f \circ f^{-1} = f^{-1} \circ f = e.$$

Dass dieses Element existiert und eine Möbius-Transformation ist, ist Aussage
des Satzes 3.4.

(G3) Assoziativgesetz:
Für alle Möbius-Transformationen $f, g, h \in \text{Möb}^+$ gilt

$$(f \circ g) \circ h = f \circ (g \circ h).$$

Die Komposition von Abbildungen ist bekanntlich assoziativ (siehe z. B. Grigoryan 2020, S. 12), sofern es sich um bijektive Abbildungen mit gleichen De-
finitions- und Bildbereich handelt. Dies ist aber für Möbius-Transformationen
nach Satz 3.4 der Fall.

Damit haben wir alle Gruppeneigenschaften nachgewiesen. Aus den Gruppen-
axiomen ergibt sich die Eindeutigkeit des neutralen bzw. inversen Elements.
Ein Beweis hierzu findet sich beispielsweise in Beutelspacher 2010, S. 228.
Die Gruppe ist jedoch nicht kommutativ ("nicht abelsch"). Dies zeigt folgendes
Beispiel:

Seien $f, g \in \text{Möb}^+$ mit $f(z) := \frac{1}{z}$ und $g(z) := z + 3$, dann gilt

$$(f \circ g)(z) = \frac{1}{z + 3}, \quad \text{aber} \quad (g \circ f)(z) = \frac{1}{z} + 3 \quad \text{für alle } z \in \widehat{\mathbb{C}}. \blacktriangleleft$$

Da aus dem Zusammenhang deutlich ist, dass es sich bei der binären Operation von $\left(\text{Möb}^+, \circ\right)$ um die Komposition von Abbildungen handelt, werden wir anstatt $\left(\text{Möb}^+, \circ\right)$ fortan nur Möb^+ schreiben und hiermit sowohl die Gruppe als auch die ihr zugrunde liegende Menge an Möbius-Transformationen bezeichnen.

Schreiben wir die Koeffizienten a, b, c, d einer Möbius-Transformation in eine 2×2-Matrix, dann ist die Bedingung $ad - bc \neq 0$ offenbar dazu äquivalent, dass die komplexe Matrix $\begin{pmatrix} a & b \\ c & d \end{pmatrix}$ invertierbar ist. Die Menge dieser Matrizen bildet bezüglich der Matrizenmultiplikation als Verknüpfung die allgemeine lineare Gruppe $\text{GL}(2, \mathbb{C})$[5]. Die Matrixdarstellung wird nun dadurch nützlich, dass die Komposition linearer Transformationen gerade einer Matrizenmultiplikation entspricht. Dies führen wir im Folgenden aus:

Satz 3.7
Die Abbildung $\mathcal{T} : \text{GL}(2, \mathbb{C}) \to \text{Möb}^+$ mit

$$\mathcal{T}\begin{pmatrix} a & b \\ c & d \end{pmatrix}(z) := \frac{az + b}{cz + d} \tag{3.6}$$

ist ein surjektiver Gruppenhomomorphismus[6], d. h. es gilt

$$\mathcal{T}(A \cdot B) = \mathcal{T}(A) \circ \mathcal{T}(B) \tag{3.7}$$

für alle $A, B \in \text{GL}(2, \mathbb{C})$ und zu jedem $f \in \text{Möb}^+$ existiert ein $A \in \text{GL}(2, \mathbb{C})$, so dass $\mathcal{T}(A) = f$ erfüllt ist. Hierbei bezeichnen „$\cdot$" die übliche Matrizenmultiplikation und „$\circ$" die Komposition von Möbius-Transformationen (vgl. Freyn/ Große-Brauckmann 2012, S. 22).

Beweis

Seien $A = \begin{pmatrix} a & b \\ c & d \end{pmatrix}$, $B = \begin{pmatrix} \alpha & \beta \\ \gamma & \delta \end{pmatrix} \in \text{GL}(2, \mathbb{C})$. Wir rechnen die Eigenschaft (3.7) nach.

---

[5] Engl.: general linear group (Beutelspacher 2010, S. 230).
[6] Einen surjektiven Gruppenhomomorphismus bezeichnet man auch als „Epimorphismus" (vgl. Glosauer 2016, S. 73). Beachte, dass der Begriff „Epimorphismus" in der kategoriellen Algebra aber allgemeiner gefasst wird. In der Kategorie „Mengen" stimmt dieser jedoch mit surjektiven Abbildungen überein.

Es gilt

$$T(A \cdot B)(z) = T\left(\begin{pmatrix} a\alpha + b\gamma & a\beta + b\delta \\ c\alpha + d\gamma & c\beta + d\delta \end{pmatrix}\right)(z) = \frac{(a\alpha + b\gamma)z + (a\beta + b\delta)}{(c\alpha + d\gamma)z + (c\beta + d\delta)}$$

$$= \frac{a\alpha z + a\beta + b\gamma z + b\delta}{c\alpha z + c\beta + d\gamma z + d\delta} = \frac{a\left(\frac{\alpha z + \beta}{\gamma z + \delta}\right) + b}{c\left(\frac{\alpha z + \beta}{\gamma z + \delta}\right) + d}$$

$$= T(A) \circ T(B)(z).$$

Um die Surjektivität von T zu zeigen, müssen wir nachweisen, dass zu jeder Möbius-Transformation $f \in \text{Möb}^+$ eine invertierbare Matrix $A \in \text{GL}(2, \mathbb{C})$ existiert, so dass $T(A) = f$ gilt. Dazu sei $f \in \text{Möb}^+$, dann existieren Koeffizienten $a, b, c, d \in \mathbb{C}$ mit $ad - bc \neq 0$, so dass

$$f(z) = \frac{az + b}{cz + d}$$

erfüllt ist. In diesem Fall ist $A = \begin{pmatrix} a & b \\ c & d \end{pmatrix}$ invertierbar, denn es gilt

$\det(A) = ad - bc \neq 0$ und wir erhalten $T(A) = f$. ◄

Achtung: Der Homomorphismus T ist nicht injektiv, denn es gilt:

Satz 3.8
Der Kern von $T : \text{GL}(2, \mathbb{C}) \to \text{Möb}^+$ besteht aus den nicht-trivialen Vielflachen der Einheitsmatrix

$$\ker(T) = \{\lambda I_2 | \lambda \in \mathbb{C}^*\}, \tag{3.8}$$

wobei $I_2 := \begin{pmatrix} 1 & 0 \\ 0 & 1 \end{pmatrix}$ bezeichne.

Beweis

Der Kern eines Gruppenhomomorphismus $\varphi : (G_1, \circ_1) \to (G_2, \circ_2)$ ist definiert als die Menge aller Elemente aus G_1, die unter φ auf das neutrale Element e_2 der Gruppe G_2 abgebildet wird, also $\ker(\varphi) = \{x \in G_1 | \varphi(x) = e_2\}$. In unserem Fall ist der Kern der Abbildung T damit $\ker(T) = \{M \in \text{GL}(2, \mathbb{C}) | T(M) = \text{id}_{\widehat{\mathbb{C}}}\}$.

Um die Gleichheit beider Mengen zu zeigen, zeigen wir $\{\lambda I_2 | \lambda \in \mathbb{C}^*\} \subseteq \ker(T)$ und $\{\lambda I_2 | \lambda \in \mathbb{C}^*\} \supseteq \ker(T)$.

„$\subseteq$": Sei $A = \lambda I_2 = \begin{pmatrix} \lambda & 0 \\ 0 & \lambda \end{pmatrix} \in \text{GL}(2, \mathbb{C})$ mit $\lambda \in \mathbb{C}^*$. Gl. (3.6) liefert

$$T(A)(z) = \frac{\lambda z}{\lambda} = z \text{ für alle } z \in \widehat{\mathbb{C}}.$$

Damit ist $A \in \ker(\mathcal{T})$.

„$\supseteq$“: Sei $A = \begin{pmatrix} a & b \\ c & d \end{pmatrix} \in \ker(\mathcal{T}) = \{M \in \mathrm{GL}(2, \mathbb{C}) | \mathcal{T}(M) = \mathrm{id}_{\widehat{\mathbb{C}}}\}$. Insbesondere gilt

$$\mathcal{T}(A)(\infty) = \infty, \ \mathcal{T}(A)(0) = 0 \ \text{und} \ \mathcal{T}(A)(1) = 1.$$

Damit lässt sich die Gestalt von Matrix A berechnen:

(i)   Aufgrund von $\mathcal{T}(A)(\infty) = \infty$ muss $c = 0$ sein (vgl. (3.2)), und da A nach Voraussetzung invertierbar ist, mit $\det(A) = ad - bc \neq 0$, muss $a \neq 0, d \neq 0$ gelten.

(ii) Weiterhin ist

$$\mathcal{T}(A)(0) = \frac{a \cdot 0 + b}{c \cdot 0 + d} = \frac{b}{d} = 0.$$

Da aber $d \in \mathbb{C}^*$ ist, muss $b = 0$ gelten.

(iii) Unter Berücksichtigung, dass $c = 0$ und $b = 0$ sind, erhalten wir

$$\mathcal{T}(A)(1) = \frac{a}{d} = 1 \qquad \Leftrightarrow \qquad a = d.$$

Für unsere Matrix A liefert dies die Einträge $a = d \in \mathbb{C}^*$, $b = 0$ und $c = 0$, d. h.

$$A = \begin{pmatrix} a & 0 \\ 0 & a \end{pmatrix} = a \begin{pmatrix} 1 & 0 \\ 0 & 1 \end{pmatrix} = a I_2$$

mit $a = \lambda \in \mathbb{C}^*$ und $A \in \{\lambda I_2 | \lambda \in \mathbb{C}^*\}$. ◀

Sämtliche nicht-triviale Vielfache einer Matrix $A \in \mathrm{GL}(2, \mathbb{C})$ ergeben damit dieselbe Möbius-Transformation, denn es gilt $\mathcal{T}(\lambda A) = \mathcal{T}(\lambda I_2 \cdot A) = \mathcal{T}(\lambda I_2) \circ \mathcal{T}(A) = \mathcal{T}(A)$ mit $\lambda \in \mathbb{C}^*$ (vgl. Freyn/Große-Brauckmann 2012, S. 23). Dies ist Bemerkung 3.2 (ii).

Wir erinnern noch an den Homomorphiesatz für Gruppen aus der linearen Algebra:

Satz 3.9 (Homomorphiesatz für Gruppen)
Sei $\varphi : (G_1, \circ_1) \to (G_2, \circ_2)$ ein Homomorphismus der Gruppe $(G_1, \circ_1)$ in die Gruppe $(G_2, \circ_2)$. Dann ist die Faktorgruppe $(G_1/\ker(\varphi), \circ_1)$ isomorph zum Bild $(\varphi(G_2), \circ_2)$, d. h.

$$(G_1/\ker(\varphi), \circ_1) \cong (\varphi(G_2), \circ_2).$$

Ein entsprechender Isomorphismus ist gegeben durch $\tilde{\varphi} : (G_1/\ker(\varphi), \circ_1) \to (\varphi(G_2), \circ_2)$. Ein Beweis hierzu findet sich z. B. in Beutelspacher 2012, S. 240, oder Glosauer 2016, S. 109.

Um nicht nur eine surjektive, sondern auch eine bijektive Abbildung zu erhalten, führt man in der linearen Algebra die projektive lineare Gruppe ein. Wir definieren:

Definition 3.10
Die projektive lineare Gruppe PGL$(2, \mathbb{C})$ ist definiert durch

$$\text{PGL}(2, \mathbb{C}) := \text{GL}(2, \mathbb{C}) / \ker(\mathcal{T}). \tag{3.9}$$

Als Menge ist PGL$(2, \mathbb{C})$ gerade der Quotientenraum nach der Äquivalenzrelation $A \sim B :\Leftrightarrow \exists \lambda \in \mathbb{C}^*$, so dass $\lambda A = B$ ist.

Korollar 3.11
Damit ist $\tilde{\mathcal{T}} : \text{PGL}(2, \mathbb{C}) \to \text{Möb}^+$, $\tilde{\mathcal{T}} \begin{pmatrix} a & b \\ c & d \end{pmatrix} (z) := \frac{az+b}{cz+d}$ wohldefiniert und ein

Isomorphismus, d. h. ein bijektiver Gruppenhomomorphismus. Dies folgt aus dem Homomorphiesatz für Gruppen (siehe Satz 3.9).

Bemerkung 3.12

(i) Alternativ hätte man die spezielle lineare Gruppe SL$(2, \mathbb{C})$ als Untergruppe von GL$(2, \mathbb{C})$ betrachten können (Freyn/Große-Brauckmann 2012, S. 23):

$$\text{SL}(2, \mathbb{C}) := \{ A \in \text{GL}(2, \mathbb{C}) | \det(A) = 1 \}.$$

Offensichtlich repräsentieren beide Matrizen $\pm A \in \text{SL}(2, \mathbb{C})$ dieselbe Nebenklasse in PGL$(2, \mathbb{C})$, siehe Bemerkung 3.2 (iii). Aus diesem Grund können wir PGL$(2, \mathbb{C})$ ebenfalls als Quotientengruppe der speziellen linearen Gruppe SL$(2, \mathbb{C})$ auffassen:

$$\text{PGL}(2, \mathbb{C}) \cong \text{SL}(2, \mathbb{C}) / \{ \pm I_2 \}.$$

Siehe hierzu auch Fischer/Lieb 2010, S. 99.

(ii) Da $\tilde{\mathcal{T}}$ bijektiv ist, können wir die Umkehrabbildung bilden. Insbesondere ergibt sich dadurch die Möglichkeit, die Inverse einer Möbius-Transformation (Satz 3.4) aus invertierbaren Matrizen zu bestimmen. Genauer:

$$\tilde{\mathcal{T}}(I_2) = \tilde{\mathcal{T}}(A \cdot A^{-1}) = \tilde{\mathcal{T}}(A) \circ \tilde{\mathcal{T}}(A^{-1}) = \text{id}_{\hat{\mathbb{C}}} \tag{3.10}$$

$$\Leftrightarrow \tilde{\mathcal{T}}(A^{-1}) = \left(\tilde{\mathcal{T}}(A) \right)^{-1} \circ \text{id}_{\hat{\mathbb{C}}} = \left(\tilde{\mathcal{T}}(A) \right)^{-1}. \tag{3.11}$$

Die Inverse einer regulären 2×2-Matrix berechnet sich durch

$$\begin{pmatrix} a & b \\ c & d \end{pmatrix}^{-1} = \frac{1}{ad - bc} \begin{pmatrix} d & -b \\ -c & a \end{pmatrix} \tag{3.12}$$

(vgl. Werner 2022, S. 88–89) mit $A = \begin{pmatrix} a & b \\ c & d \end{pmatrix} \in \text{PGL}(2, \mathbb{C})$ und

$\det \begin{pmatrix} a & b \\ c & d \end{pmatrix} = ad - bc \neq 0$. Da $\lambda := \frac{1}{ad-bc} \in \mathbb{C}^*$ ist, sind $\tilde{A}^{-1} = \begin{pmatrix} d & -b \\ -c & a \end{pmatrix}$

und $A^{-1} = \lambda \tilde{A}^{-1}$ Repräsentanten ein und derselben Äquivalenzklasse von PGL$(2, \mathbb{C})$.

Aus (3.6) und der Beziehung (3.11) erhalten wir

$$\tilde{T}(A^{-1}) = \tilde{T}\left(\lambda \begin{pmatrix} d & -b \\ -c & a \end{pmatrix}\right) = \tilde{T}\begin{pmatrix} d & -b \\ -c & a \end{pmatrix}(z) = \frac{dz - b}{-cz + a}. \quad (3.13)$$

Das liefert die Umkehrabbildung (3.5) aus Satz 3.4.

Beispiel 3.13

(i) Seien $f, g \in \text{Möb}^+$ mit $f(z) = \frac{1}{z}$ und $g(z) = z + 3$.

Wir berechnen die Komposition $(f \circ g)(z)$ für $z \in \widehat{\mathbb{C}}$ durch Matrizenmultiplikation. Es gilt

$$\underbrace{\begin{pmatrix} 0 & 1 \\ 1 & 0 \end{pmatrix}}_{\tilde{T}^{-1}(f)} \cdot \underbrace{\begin{pmatrix} 1 & 3 \\ 0 & 1 \end{pmatrix}}_{\tilde{T}^{-1}(g)} = \underbrace{\begin{pmatrix} 0 & 1 \\ 1 & 3 \end{pmatrix}}_{\tilde{T}^{-1}(f \circ g)}.$$

Damit ist die Komposition $f \circ g \in \text{Möb}^+$ gegeben durch $(f \circ g)(z) = \frac{1}{z+3}$.

(ii) Die inverse Matrix von $\tilde{T}^{-1}(f \circ g)$ berechnet sich mit (3.12) durch

$$A^{-1} = \begin{pmatrix} 0 & 1 \\ 1 & 3 \end{pmatrix}^{-1} = \begin{pmatrix} 3 & -1 \\ -1 & 0 \end{pmatrix}.$$

Damit erhalten wir nach (3.13) $\hat{T}(A^{-1})(z) = \frac{3z-1}{-z}$.

Die Darstellung von Möbius-Transformationen durch Matrizen liefert eine elegante Möglichkeit für konkrete Berechnungen. Bedeutender ist jedoch, dass wir plötzlich Zugang zu zahlreichen Begriffen und Methoden aus der linearen Algebra erhalten. So haben wir in Satz 3.5 gezeigt, dass die Komposition zweier linearer Transformationen wieder eine Möbius-Transformation ist. Dass die Koeffizienten $\hat{a}, \hat{b}, \hat{c}, \hat{d}$ der zusammengesetzten Funktion wieder die Eigenschaft $\hat{a}\hat{d} - \hat{b}\hat{c} \neq 0$ erfüllt, also tatsächlich eine Möbius-Transformation ist, ergibt sich nun unmittelbar aus dem Multiplikationssatz für Determinanten (Beutelspacher 2012, S. 195). Auch können wir reguläre 2×2-Matrizen mit komplexen Einträgen ab sofort als lineare Abbildungen von $\mathbb{C}^2$ nach $\mathbb{C}^2$ auffassen (Needham 2001, S. 183). Um die Abbildungsvorschrift (3.6) als Multiplikation mit einem Vektor $z \in \mathbb{C}^2$ zu verstehen, führt man homogene Koordinaten ein. Anstatt eine komplexe Zahl $z = x + iy$ durch zwei reelle Zahlen x, y darzustellen, schreibt man z nun als Verhältnis zweier komplexer Zahlen z_1, z_2

$$z = \frac{z_1}{z_2} \quad (3.14)$$

und bezeichnet die geordneten Paare $[z_1, z_2]^T$ als homogene Koordinaten von z. Dabei fordern wir zur Wohldefiniertheit $[z_1, z_2]^T \neq [0, 0]^T$. Jedes Paar $[z_1, z_2]^T$ (mit $z_2 \neq 0$) entspricht einer komplexen Zahl $z = \frac{z_1}{z_2}$. Umgekehrt wird jeder

Punkt $z \in \mathbb{C}$ einer überabzählbar unendlichen Menge homogener Koordinaten $\left[\lambda z_1, \lambda z_2\right]^T = \lambda[z_1, z_2]^T$ mit $\lambda \in \mathbb{C}^*$ zugeordnet.

Setzen wir $z_1 \neq 0$ fest und lassen z_2 gegen null streben (wir können hierfür die in Kap. 2 eingeführte chordale Metrik verwenden), dann wandert z gegen ∞. Wir können also $[z_1, 0]^T$ mit dem unendlich fernen Punkt identifizieren. Die Gesamtheit aller Paare $[z_1, z_2]^T$, wobei $[z_1, z_2]^T = [0, 0]$ nicht berücksichtigt wird[7], liefert dann die Koordinaten der erweiterten komplexen Ebene $\widehat{\mathbb{C}}$. Die Einführung derartiger Koordinaten vollführt demnach für die Algebra genau das, was die Riemannsche Zahlenkugel für die Geometrie macht: Sie schafft die Ausnahmerolle des unendlich fernen Punktes ab (vgl. Needham 2001, S. 180–186). Die erste Person, die zu diesem Zweck homogene Koordinaten verwendete, war ebenfalls Möbius. Ziel war es, damit die Unterscheidung der uneigentlichen Punkte durch Koordinaten aufzuheben (Walser 2002, S. 12).

Wir stellen nun den Bezug zu den Möbius-Transformationen her: Wie sich lineare Abbildungen von $\mathbb{R}^2$ nach $\mathbb{R}^2$ durch reelle 2×2-Matrizen beschreiben lassen, können wir auch eine reguläre 2×2-Matrix mit komplexen Einträgen als lineare Abbildung von $\mathbb{C}^2$ nach $\mathbb{C}^2$ auffassen. Wir kennzeichnen hierbei die Matrizen mit eckigen Klammern, um die Unterscheidung zu linearen Abbildungen des $\mathbb{R}^2$ hervorzuheben:

$$\begin{bmatrix} z_1 \\ z_2 \end{bmatrix} \mapsto \begin{bmatrix} w_1 \\ w_2 \end{bmatrix} = \begin{bmatrix} a & b \\ c & d \end{bmatrix} \begin{bmatrix} z_1 \\ z_2 \end{bmatrix} = \begin{bmatrix} az_1 + bz_2 \\ cz_1 + dz_2 \end{bmatrix}. \tag{3.15}$$

Fassen wir die Vektoren $[z_1, z_2]^T$ und $[w_1, w_2]^T$ als homogene Koordinaten der Punkte $z = \frac{z_1}{z_2}$ und seines Bildpunktes $w = \frac{w_1}{w_2}$ auf, so induziert die lineare Abbildung von $\mathbb{C}^2$ die folgende (nicht-lineare) Abbildung von $\mathbb{C}$

$$z = \frac{z_1}{z_2} \mapsto w = \frac{w_1}{w_2} = \frac{az_1 + bz_2}{cz_1 + dz_2} = \frac{a\left(\frac{z_1}{z_2}\right) + b}{c\left(\frac{z_1}{z_2}\right) + d} = \frac{az + b}{cz + d}. \tag{3.16}$$

Das sind unsere Möbius-Transformationen (Needham 2001, S. 183).

Diese Darstellung kann dazu verwendet werden, Eigenschaften linearer Transformationen von einer algebraischen Warte zu betrachten. Ein solcher Ansatz wird beispielsweise in Green 2009, S. 46–51, oder Plenz 2013, S. 3–12, verfolgt. Vor diesem Hintergrund kann man zeigen, dass eine Zahl $z = \frac{z_1}{z_2}$ der erweiterten Ebene genau dann Fixpunkt einer Möbius-Transformation $M(z) = \frac{az+b}{cz+d}$ ist, wenn $z = [z_1, z_2]^T$ Eigenvektor der zugehörigen linearen Abbildung $\begin{bmatrix} a & b \\ c & d \end{bmatrix}$ von $\mathbb{C}^2$ ist (Needham 2001, S. 184–186). Wir werden diesen Ansatz nicht weiterverfolgen,

---

[7]Dieser Ausdruck entspräche $\frac{0}{0}$, der nicht widerspruchfrei definiert werden kann (vgl. Definition 2.12).

jedoch an entsprechender Stelle auf Zusatzliteratur verweisen, die in Beweisen genau dieses Prinzip der homogenen Koordinaten aufgreift.

3.3   Geometrische Interpretation

Wir untersuchen nun die geometrischen Eigenschaften von linearen Transformationen. Dazu zeigen wir, dass sich jede Möbius-Transformation als Verkettung dreier einfacher Transformationen schreiben lässt, die sich unmittelbar geometrisch interpretieren lassen. Diese speziellen Möbius-Transformationen (Translation, Drehstreckung, Inversion) bezeichnen wir als Elementartypen. Einige Eigenschaften linearer Transformationen lassen sich einfacher beweisen, wenn man sie zunächst für diese einzelnen Bausteine zeigt, anstatt sie direkt zu beweisen. Dies werden wir an der Kreistreue illustrieren. Die Gültigkeit der Eigenschaft für alle Möbius-Transformationen ergibt sich dann aus der Komposition dieser Abbildungen.

3.3.1   Elementartypen

Zunächst werden wir Möbius-Transformationen als Zusammensetzung von drei Elementartypen darstellen und anschließend die Inversionsabbildung $z \mapsto \frac{1}{z}$ genauer untersuchen.

Satz 3.14 (Elementartypen)
Jede Möbius-Transformation ist eine Komposition dreier „Elementartypen" der folgenden Art:

- Translation: $z \mapsto z + \beta$ mit $\beta \in \mathbb{C}$,
- Drehstreckung: $z \mapsto \alpha z$ mit $\alpha \in \mathbb{C}^*$,
- Inversion: $z \mapsto \frac{1}{z}$.

Dabei ist jede dieser Abbildungen selbst wieder eine Möbius-Transformation von $\widehat{\mathbb{C}}$ in sich. Gebräuchlich ist auch die Redewendung: Die Gruppe der Möbius-Transformationen wird aus Translation, Drehstreckung und Inversion erzeugt (siehe z. B. Green 2009, S. 51).

Beweis

Sei $f : \widehat{\mathbb{C}} \to \widehat{\mathbb{C}}$ eine Möbius-Transformation mit der Funktionsvorschrift

$$f(z) = \frac{az + b}{cz + d}$$

und Koeffizienten $a, b, c, d \in \mathbb{C}$ mit $ad - bc \neq 0$. Wir schreiben f in alternativer Darstellung als Zusammensetzung der oberen drei Elementartransformationen.

1. Fall: Sei $c = 0$. Dann ist f eine affin-lineare Abbildung und die Komposition lautet

Drehstreckung   Translation

$$z \quad \mapsto \quad \frac{a}{d} z \quad \mapsto \quad \frac{a}{d} z + \frac{b}{d}. \tag{3.17}$$

Damit ist $f = f_2 \circ f_1$ eine Verkettung der folgenden Elementartypen:

$$f_1(z) := \frac{a}{d} z \quad \text{und} \quad f_2(z) := z + \frac{b}{d}.$$

2. Fall: Sei $c \neq 0$. Dann gilt

$$
\begin{aligned}
f(z) &= \frac{az + b}{cz + d} = \frac{az + b + \frac{ad}{c} - \frac{ad}{c}}{cz + d} \\
&= \frac{az + \frac{ad}{c}}{cz + d} \cdot \frac{c}{c} + \frac{b - \frac{ad}{c}}{cz + d} \cdot \frac{c}{c} \\
&= \frac{a(cz + d)}{c(cz + d)} + \frac{bc - ad}{c} \cdot \frac{1}{cz + d} \\
&= \frac{a}{c} + \frac{bc - ad}{c} \cdot \frac{1}{cz + d}.
\end{aligned}
\tag{3.18}
$$

Die Darstellung (3.18) liefert eine Anleitung, wie sich f als gebrochen lineare Transformation aus den drei Elementartypen schreiben lässt

Drehstreckung   Translation   Inversion

$$z \quad \mapsto \quad cz \quad \mapsto \quad cz + d \quad \mapsto \quad \frac{1}{cz + d}$$

Drehstreckung   Translation

$$\mapsto \quad \frac{bc - ad}{c} \cdot \frac{1}{cz + d} \quad \mapsto \quad \frac{a}{c} + \frac{bc - ad}{c} \cdot \frac{1}{cz + d}. \tag{3.19}$$

Damit ist $f = f_5 \circ f_4 \circ f_3 \circ f_2 \circ f_1$ gegeben mit:

$$f_1(z) := cz, \quad f_2(z) := z + d, \quad f_3(z) := \frac{1}{z},$$

$$f_4(z) := \left(\frac{bc - ad}{c} \right) z \quad \text{und} \quad f_5(z) := \frac{a}{c} + z.$$

Wir haben also gezeigt, dass sich jede Möbius-Transformation als Verkettung aus Translation, Drehstreckung und Inversion darstellen lässt. ◄

Bemerkung 3.15

(i) Aus der Darstellung (3.18) wird noch einmal ersichtlich, dass eine gebrochen lineare Transformation durch den Funktionswert $f(\infty) = \frac{a}{c}$ stetig ergänzt wird, da der Summand $\frac{bc - ad}{c} \cdot \frac{1}{cz + d}$ für $z \to \infty$ gegen null strebt.

(ii) Offenbar ist jeder Elementartyp eine bijektive Abbildung von $\widehat{\mathbb{C}}$ in sich. Dadurch, dass sich jede lineare Transformation als Zusammensetzung dieser drei Abbildungstypen darstellen lässt und die Komposition bijektiver Abbildungen wieder bijektiv ist, können wir die Bijektivität beliebiger Möbius-Transformationen $f : \widehat{\mathbb{C}} \to \widehat{\mathbb{C}}$ folgern (Satz 3.4).

Die beiden Transformationen Translation (Verschiebung) und Drehstreckung sind uns bereits aus Beispiel 3.3 vertraut. Wir stellen uns als nächstes die Frage, wie sich die Inversion geometrisch in der komplexen Ebene beschreiben lässt. Hierfür benötigen wir die Spiegelung am Kreis:

Definition 3.16 (Spiegelung am Kreis)[8]

Sei $z_0 \in \mathbb{C}$ der Mittelpunkt einer Kreislinie $k = \{z \in \mathbb{C} \mid |z - z_0| = r\}$ mit Radius $r > 0$. Weiterhin sei z_1 ein Punkt im Inneren von k, der nicht der Mittelpunkt des Kreises sei, d. h. $z_1 \in \{z \in \mathbb{C} \mid |z - z_0| < r\}$ mit $z_1 \neq z_0$. Die Spiegelung am Kreis k ordnet z_1 einen Punkt z_1^* zu, so dass

$$|z_1 - z_0| \cdot \left|z_1^* - z_0\right| = r^2 \tag{3.20}$$

gilt und z_1^* auf der Halbgeraden von z_0 durch z_1 liegt (Abb. 3.1).

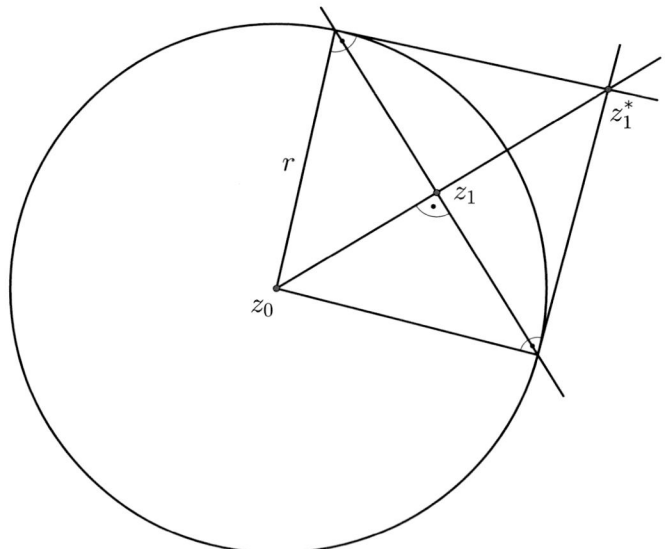

Abb. 3.1 Spiegelung an der Kreislinie mit Mittelpunkt z_0 und Radius r

---

[8]Vorsicht: In vielen Lehrbüchern wird auch die Spiegelung am Kreis als „Inversion" bezeichnet (siehe z. B. Bärtschi 2011, S. 4). Wenn wir hingegen von Inversion sprechen, meinen wir stets lineare Transformationen mit der speziellen Abbildungsvorschrift $z \mapsto \frac{1}{z}$.

Geometrisch lässt sich die Spiegelung am Kreis dadurch konstruieren, dass man z. B. eine Halbgerade von z_0 durch z_1 zeichnet. Die Kreissehne durch z_1 steht senkrecht zur Halbgeraden und markiert zwei Punkte auf der Peripherie des Kreises. Legen wir eine Kreistangente an einen dieser Punkte an, so schneidet diese den Strahl durch z_0 und z_1 in einem Punkt z_1^*. Dass z_1^* die gewünschte Eigenschaft (3.20) erfüllt, folgt dann aus dem Kathetensatz.

Nähert sich z_1 dem Kreismittelpunkt z_0 immer weiter an, so wird der Bildpunkt z_1^* außerhalb eines beliebig großen Kreises liegen. Aus diesem Grund ordnen wir dem Kreismittelpunkt z_0 bei der Spiegelung am Kreis dem unendlich fernen Punkt zu. Umgekehrt wird z_1^* auf den Punkt z_1 abgebildet. Möchte man dies geometrisch konstruieren, bietet es sich an, den Satz des Thales zu verwenden. Liegt z_1 auf k, so ist $z_1 = z_1^*$, womit die Kreislinie bei der Spiegelung auf sich selbst abgebildet wird (Fixpunktkreis).

Mit dieser Definition können wir nun das Abbildungsverhalten der Inversion untersuchen:

Satz 3.17
Die Inversion $z \mapsto \frac{1}{z}$ entspricht geometrisch der Spiegelung des Punktes $z \in \widehat{\mathbb{C}}$ an der Einheitskreislinie mit anschließender Spiegelung an der reellen Achse in der erweiterten komplexen Ebene (Burg et al. 2003, 160–161).

Beweis

Sei $z_0 := (0,0)^T$ der Mittelpunkt des Kreises mit Radius $r = 1$. Wir betrachten zunächst den Fall, dass Urbild- und Bildpunkt weder im Kreismittelpunkt noch im unendlich fernen Punkt liegen. Dann gilt für $z_1, z_1^* \in \widehat{\mathbb{C}} \setminus \{0, \infty\}$:

$$(i) \qquad |z_1| \cdot |z_1^*| = 1 \qquad \Leftrightarrow \qquad |z_1^*| = \frac{1}{|z_1|}. \tag{3.21}$$

Weiterhin liegen z_1 und z_1^* auf einer gemeinsamen Halbgeraden ausgehend vom Ursprung. D. h. es existiert eine positive Konstante $\alpha \in \mathbb{R}^+$, so dass die Bedingung

$$(ii) \qquad z_1^* = \alpha z_1 \tag{3.22}$$

erfüllt ist. Zur Herleitung von (3.22) stelle man sich beide Punkte in Polarkoordinaten vor, wobei $z_1 = |z_1|e^{i\varphi}$ und $z_1^* = |z_1^*|e^{i\psi}$ bezeichnen. Da beide Punkte auf einer gemeinsamen Halbgeraden durch den Ursprung liegen, können sich die Argumente $\varphi, \psi \in \mathbb{R}$ nur um ein ganzzahliges Vielfache von 2π unterscheiden, d. h. es existiert ein $m \in \mathbb{Z}$ mit $\varphi = \psi + 2\pi m$.

Die komplexe Exponentialfunktion ist jedoch $2\pi i$-periodisch mit $e^{2\pi i} = 1$ (vgl. Fischer/Lieb 2009, S. 33). Wir erhalten also

$$e^{i\varphi} = e^{i(\psi + 2\pi m)} = e^{i\psi + 2\pi m i} = e^{i\psi} \cdot e^{2\pi m i} = e^{i\psi}.$$

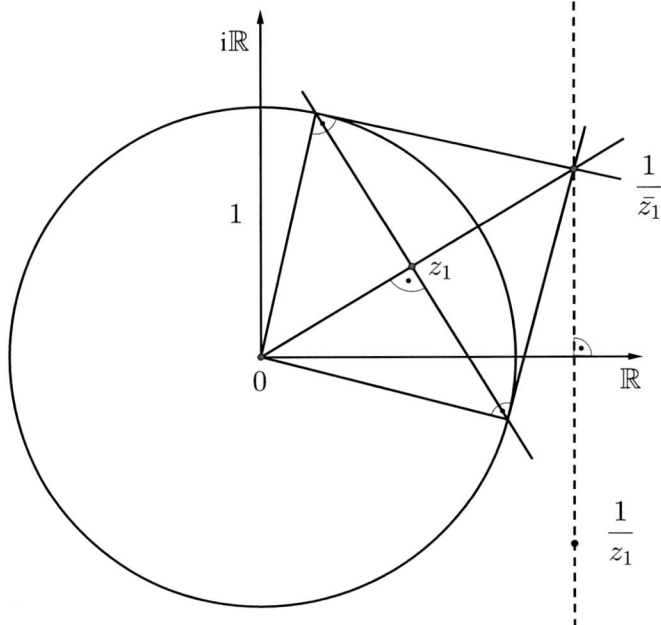

Abb. 3.2 Geometrische Konstruktion der Inversion

Hierbei wurde die Funktionalgleichung der Exponentialfunktion[9] verwendet. Aufgrund der Tatsache, dass beide Beträge $|z_1|$, $|z_1^*|$ positive reelle Zahlen sind, können sich z_1 und z_1^* nur um einen positiven reellen Faktor α unterscheiden. Das liefert (3.22). Mit Gl. (3.21) und (3.22) erhalten wir also (Abb. 3.2)

$$|z_1^*| = \alpha \cdot |z_1| = \frac{1}{|z_1|} \qquad \Leftrightarrow \qquad \alpha = \frac{1}{|z_1|^2}$$

und somit

$$z_1^* = \alpha \cdot z_1 = \frac{1}{|z_1|^2} \cdot z_1 = \frac{z_1}{z_1 \cdot \bar{z}_1} = \frac{1}{\bar{z}_1}.$$

Spiegeln wir z_1^* nun an der reellen Achse, erhalten wir die Inversionsvorschrift $z_1^* \mapsto \overline{z_1^*} = \frac{1}{z_1}$. Ist $z_1 = 0$ bzw. $z_1 = \infty$ gegeben, so ist $z_1^* = \infty$ bzw. $z_1^* = 0$ nach Definition 3.16 bzw. den Rechenregeln 2.12. Die Spiegelung an der reellen Achse bildet ∞ und 0 damit wieder auf sich selbst ab. Betrachten wir hierzu speziell für die komplexe Konjugation von ∞ eine Folge komplexer Zahlen

---

[9]Für alle $z, w \in \mathbb{C}$ gilt $e^{z+w} = e^z \cdot e^w$ (Timmann 2007, S. 59). Der Beweis erfolgt analog wie im Reellen und kann beispielsweise durch die Reihendarstellung und das Cauchy-Produkt vorgenommen werden (siehe Forster 2012, S. 87).

(z_n) mit $\lim\limits_{n\to\infty} z_n = \infty$. Wie wir es aus dem vorherigen Kapitel erwarten, nähert sich die zugehörige Folge der Urbildpunkte $\left(\widehat{\varphi}^{-1}(z_n)\right)$ auf der Zahlenkugel unter der inversen stereographischen Projektion dem Nordpol immer weiter an. Betrachten wir stattdessen die Urbildfolge $\left(\widehat{\varphi}^{-1}(\overline{z}_n)\right)$ der zu z_n konjugierten Punkte auf der Sphäre, so wird diese lediglich an der (x_1, x_3)-Ebene gespiegelt. In beiden Fällen strebt der chordale Abstand der Folgen (z_n) und $(\overline{z}_n)$ zu ∞ gegen null, denn es gilt

$$\lim_{n\to\infty} \left|\widehat{\varphi}^{-1}(z_n) - \widehat{\varphi}^{-1}(\infty)\right| = \lim_{n\to\infty} \left|\widehat{\varphi}^{-1}(\overline{z}_n) - \widehat{\varphi}^{-1}(\infty)\right| = 0.$$

Die Folge der Urbilder $\left(\widehat{\varphi}^{-1}(\overline{z}_n)\right)$ nähert sich dem Nordpol immer weiter an. ◀

Mit Satz 3.17 können wir die Inversion geometrisch interpretieren.

3.3.2 Kreistreue von Möbius-Transformationen

Mit den drei Elementartypen werden wir im Folgenden die Kreistreue von linearen Transformationen beweisen. Aufgrund der besonderen Eigenschaft, verallgemeinerte Kreise in $\widehat{\mathbb{C}}$ wieder auf solche abzubilden, werden Möbius-Transformationen in der älteren Literatur auch als „Kreisverwandtschaften" bezeichnet (vgl. Blaschke 1947, S. 130).

Wir erinnern zunächst daran, dass Geraden und Kreislinien in $\mathbb{C}$ (die „verallgemeinerten Kreise") beschrieben werden können durch Punktmengen der Form

$$\mathcal{L} := \left\{z \in \mathbb{C} \,|\, \alpha z\overline{z} + bz + \overline{b}\overline{z} + \delta = 0\right\}, \tag{3.23}$$

wobei $b \in \mathbb{C}$ und $\alpha, \delta \in \mathbb{R}$ seien mit $b\overline{b} - \alpha\delta > 0$. Die Menge $\mathcal{L}$ bezeichnet dabei genau dann eine Kreislinie in $\mathbb{C}$ und somit in $\widehat{\mathbb{C}}$, wenn $\alpha \neq 0$ ist. Andernfalls ist $\mathcal{L}$ eine Gerade in $\mathbb{C}$. In diesem Fall bezeichne $\widehat{\mathcal{L}} := \mathcal{L} \cup \{\infty\}$ eine Gerade in $\widehat{\mathbb{C}}$.

Jeder verallgemeinerte Kreis in $\widehat{\mathbb{C}}$ teilt die erweiterte komplexe Ebene in zwei Gebiete G_1, G_2. Für echte Kreislinien in $\mathbb{C}$ ist das die Folgerung aus dem Jordanschen Kurvensatz (Kuwert 2011, S. 18), der zudem aussagt, dass genau eines dieser Gebiete G_1 beschränkt ist. Für das unbeschränkte Gebiet G_2 betrachten wir den unendlich fernen Punkt als Element von G_2. Handelt es sich um eine Gerade, dann teilt der verallgemeinerte Kreis $\mathbb{C}$ in zwei Halbebenen. Dies kann beispielsweise aus den Hilbertschen Inzidenz- und Zwischen-Axiomen gefolgert werden (Jakob 2016, S. 4–5). In diesem Fall wird der Punkt ∞ als Element der Geraden angesehen. In beiden Fällen findet also eine disjunkte Zerlegung des Raumes $\widehat{\mathbb{C}}$ statt. Diese können wir mit der (kreistreuen) inversen stereographischen Projektion auf der Riemannschen Zahlenkugel veranschaulichen: Da Geraden in $\widehat{\mathbb{C}}$ genau den Kreislinien auf der Kugel durch den Nordpol N entsprechen und echte Kreise den

Kreislinien auf der Sphäre, die nicht durch N verlaufen, wird die Sphäre in zwei Kugelkappen geteilt, deren gemeinsamer Rand, die Kreislinie darstellt.

Für den anschließenden „Satz über die Kreistreue" werden wir die verallgemeinerten Kreislinien auch als „Kreisränder" und die beiden disjunkten Gebiete als „Kreisscheiben" in $\widehat{\mathbb{C}}$ bezeichnen. Unter Kreisscheiben verstehen wir also sowohl Halbebenen in $\mathbb{C}$ als auch das Innere und Äußere (inklusive ∞) eines herkömmlichen Kreises.

Satz 3.18 (Kreistreue von Möbius-Transformationen)
Möbius-Transformationen bilden verallgemeinerte Kreise in $\widehat{\mathbb{C}}$ wieder auf verallgemeinerte Kreise in $\widehat{\mathbb{C}}$ ab und zwar Kreisränder auf Kreisränder und Kreisscheiben auf Kreisscheiben.

Beweis[10]

Jede Möbius-Transformation lässt sich schreiben als Komposition aus Translation, Drehstreckung und Inversion. Damit reicht es aus, zu zeigen, dass diese Elementartypen kreistreu sind. Dies ist für die Translation und Drehstreckung sicherlich der Fall. Wir beweisen die Kreistreue der Inversion:

Setze $w := \frac{1}{z}$ mit $z \in \mathbb{C}^*$, d. h. $z = \frac{1}{w}$ mit $w \neq 0$. Liegt z auf $\mathcal{L}$, so gilt nach (3.23)

$$\alpha \frac{1}{w}\frac{1}{\overline{w}} + b\frac{1}{w} + \overline{b}\frac{1}{\overline{w}} + \delta = 0$$

$$\Leftrightarrow \qquad \delta w\overline{w} + \overline{b}w + b\overline{w} + \alpha = 0 \qquad\qquad (3.24)$$

mit $b\overline{b} - \delta\alpha > 0$. Damit ist (3.24) wieder ein verallgemeinerter Kreis in $\widehat{\mathbb{C}}$. Ist $z = 0 \in \mathcal{L}$ oder $z = \infty \in \widehat{\mathcal{L}}$, dann ist $f(\mathcal{L})$ bzw. $f\left(\widehat{\mathcal{L}}\right)$ als stetiges Bild einer zusammenhängenden Menge wieder zusammenhängend und somit ein verallgemeinerter Kreis durch ∞ bzw. 0.

Als Zusammensetzung aus der kreistreuen Translation, Drehstreckung und Inversion ist jede Möbius-Transformation damit ebenfalls kreistreu. Das Bild einer linearen Transformation teilt die erweiterte komplexe Ebene somit wieder in einen Kreisrand und zwei Gebiete („Kreisscheiben"). Da stetige Bilder zusammenhängender Mengen zusammenhängend und Möbius-Transformationen stetig sind, werden Kreisscheiben wieder auf Kreisscheiben abgebildet. Ein Gebiet wird also in ein anderes transformiert. ◄

Wir schauen uns die Kreistreue der Inversion detaillierter an. Während Kreislinien und Geraden bei der Translation und Drehstreckung wieder in verallgemeinerte

---

[10] Ein Beweis der Kreisverwandtschaft unter Verwendung homogener Koordinaten findet sich in Freyn/Große-Brauckmann 2012, S. 24, oder Kasten 2020, S. 7.

Kreise der gleichen Natur[11] überführt werden, ist dies bei der Inversion im Allgemeinen nicht der Fall:

- Da alle Geraden den unendlich fernen Punkt enthalten, werden diese auf verallgemeinerte Kreise abgebildet, die durch den Ursprung verlaufen. Dabei
  werden aber nur solche Geraden wieder in Geraden überführt, falls die Urbild-
  gerade die Null enthält.
- Verallgemeinerte Kreise, die den Ursprung enthalten, werden hingegen aufgrund der Abbildungsvorschrift der Inversion $0 \mapsto \frac{1}{0} = \infty$ stets auf Geraden
  abgebildet.
- Alle Kreislinien im eigentlichen Sinn, die jedoch nicht durch den Ursprung
  führen, gehen unter der Inversion wieder in echte Kreislinien über. Eine Herleitung der Umrechnungsformel für den Mittelpunkt und Radius des Bildkreises findet sich z. B. in Behrends 2019, S. 154–155.

Die oberen drei Abbildungssätze der Inversion ergeben sich unmittelbar aus der
Kreistreue und der Abbildungsvorschrift für die Punkte 0 und ∞.

Die Illustration in Abb. 3.3 zeigt, wie das cartesische Koordinatengitter unter
der Inversion in verallgemeinerte Bildkreise überführt wird. Insbesondere werden die reelle und imaginäre Achse, einschließlich des unendlich fernen Punktes,
auf sich selbst abgebildet.[12] Alle anderen vertikalen und horizontalen Geraden
entsprechen, da sie nicht durch den Ursprung verlaufen, Kreislinien durch Null.
Dabei werden Geraden mit zunehmendem Abstand vom Ursprung auf immer klei-
nere Kreise transformiert.

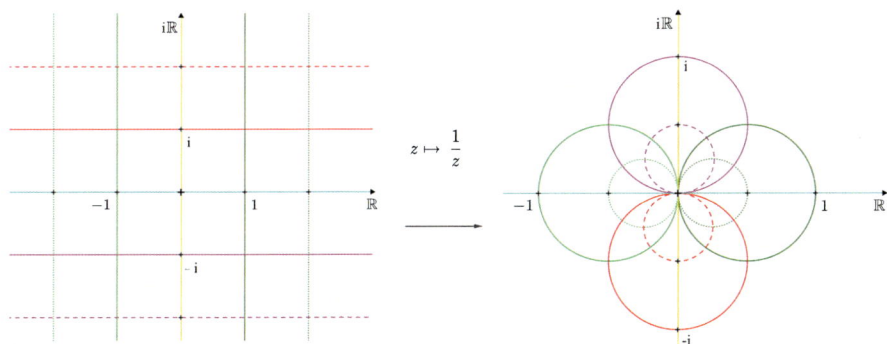

Abb. 3.3   Inversion des cartesischen Koordinatengitters

---

[11] Gemeint ist hier die Unterscheidung zwischen Kreislinien und Geraden.

[12] Vorsicht: Natürlich erfolgt die Abbildung im Allgemeinen nicht punktweise. Wir werden im
nächsten Abschnitt sehen, dass $+1$ und -1 die einzigen Fixpunkte der Inversion sind.

3.4 Fixpunkte und Doppelverhältnisse

Fixpunkte spielen bei der Analyse von Möbius-Transformationen eine zentrale Bedeutung. In diesem Abschnitt stellen wir uns die Frage, wie viele Urbild- und Bildpunkte benötigt werden, um eine Möbius-Transformation eindeutig festzulegen. Das Studium von Fixpunkten wird uns hierzu eine Antwort geben. Als entscheidendes Resultat erhalten wir das Doppelverhältnis, das uns eine konkrete Berechnung von Möbius-Transformationen aus drei paarweise verschiedenen Urbild- und zugehörigen Bildpunkten erlaubt. Darüber hinaus hat das Doppelverhältnis viele interessante geometrische Eigenschaften. So wird durch drei verschiedene Punkte in $\widehat{\mathbb{C}}$ ein verallgemeinerter Kreis eindeutig festgelegt (Friedl 2014, S. 13). Stellen wir das Doppelverhältnis dreier Punkte $z_1, z_2, z_3 \in \widehat{\mathbb{C}}$ auf, so liegt ein Punkt $z \in \widehat{\mathbb{C}}$ genau dann auf dem hierdurch festgelegten Kreis oder der Geraden, wenn das Doppelverhältnis $\mathrm{DV}(z, z_1, z_2, z_3)$ reell oder unendlich ist. Dies werden wir zum Abschluss des Kapitels beweisen.

Satz 3.19
Eine Möbius-Transformation, die nicht die Identität ist, hat mindestens einen und höchstens zwei Fixpunkte in $\widehat{\mathbb{C}}$.

Beweis

Wir erinnern zunächst daran, dass für eine Möbius-Transformation f mit der Funktionsvorschrift $f(z) = \frac{az+b}{cz+d}$ und Koeffizienten $a, b, c, d \in \mathbb{C}$ (mit $ad - bc \neq 0$) ein Punkt $z \in \widehat{\mathbb{C}}$ genau dann Fixpunkt ist , wenn gilt

$$f(z) = \frac{az + b}{cz + d} = z. \tag{3.25}$$

Für den Beweis machen wir erneut eine Fallunterscheidung.

1. Fall: Sei $c = 0$. Dann gilt für $z \in \mathbb{C}$

$$\frac{a}{d}z + \frac{b}{d} = z \quad \Leftrightarrow \quad az + b = dz$$
$$\Leftrightarrow \quad z = \frac{b}{d - a} \quad \text{für } a \neq d. \tag{3.26}$$

Das bedeutet, dass für $a \neq d$ der Punkt $z = \frac{b}{d-a}$ einziger Fixpunkt von f in $\mathbb{C}$ ist. Weiterhin ist ∞ wegen $f(\infty) = \infty$ ebenfalls Fixpunkt in $\widehat{\mathbb{C}}$. Damit ist die Aussage für affin-lineare Abbildungen und $a \neq d$ gezeigt. Ist $a = d$, dann ist f eine Translation mit $f(z) = z + \frac{b}{d}$. In diesem Fall ist ∞ einziger Fixpunkt, denn eine Translation hat nur dann Fixpunkte in $\mathbb{C}$, wenn $b = 0$ ist. In diesem Fall ist f aber bereits die Identität.

2. Fall: Sei $c \neq 0$. Dann gilt für $z \in \mathbb{C} \setminus \left\{ -\frac{d}{c} \right\}$

$$\frac{az + b}{cz + d} = z \qquad \Leftrightarrow \qquad az + b = cz^2 + dz$$

$$\Leftrightarrow \qquad z^2 + \frac{d - a}{c} z - \frac{b}{c} = 0.$$

Die Anwendung der pq-Formel mit $p := \frac{d-a}{c}$ und $q := -\frac{b}{d}$ liefert[13]

$$\begin{aligned} z_{1,2} &= \frac{a - d}{2c} \pm \sqrt{\frac{(d - a)^2}{4c^2} + \frac{b}{c}} \\ &= \frac{a - d}{2c} \pm \sqrt{\frac{(d - a)^2 + 4bc}{4c^2}}. \end{aligned} \qquad (3.27)$$

Die quadratische Gl. (3.27) hat für $(d - a)^2 + 4bc = 0$ eine und für $(d - a)^2 + 4bc \neq 0$ zwei Lösungen in $\mathbb{C}$. Weiterhin sind $-\frac{d}{c}$ und $\infty \in \widehat{\mathbb{C}}$ keine Fixpunkte von f, denn nach (3.3) und (3.4) gilt $f\left(-\frac{d}{c}\right) = \infty \neq -\frac{d}{c}$ und $f(\infty) = \frac{a}{c} \neq \infty$. Damit hat f mindestens einen und höchstens zwei Fixpunkte in $\widehat{\mathbb{C}}$. ◀

Aus dem vorangegangenen Beweis lassen sich folgende Schlussfolgerungen ziehen:

Korollar 3.20
Der Punkt ∞ ist dann und nur dann Fixpunkt einer Möbius-Transformation, wenn sie eine ganze lineare Transformation ist, d. h. $c = 0$. Weiterhin ist er dann und nur dann einziger Fixpunkt, wenn es sich bei der ganzen linearen Transformation um eine Translation handelt.[14]

Korollar 3.21
Eine Möbius-Transformation mit mehr als zwei Fixpunkten ist bereits die Identität.

Korollar 3.22
Ist f eine ganze lineare Transformation, d. h. $f(z) = \frac{a}{d} z + \frac{b}{d}$ mit $a, b, d \in \mathbb{C}$ und $ad \neq 0$, die keine reine Translation ist (also $a \neq d$), so berechnet sich der einzige Fixpunkt $z_1 \in \mathbb{C}$ durch

$$z_1 = \frac{b}{d - a}. \qquad (3.28)$$

---

[13] Man beachte, dass anders als im Reellen die Quadratwurzel stets zwei Werte in $\mathbb{C}$ hat.

[14] Diesen Fall werden wir später als „parabolisch" bezeichnen.

Korollar 3.23

Ist f eine gebrochen lineare Transformation, d. h. $f(z) = \frac{az+b}{cz+d}$ mit $a, b, c, d \in \mathbb{C}$ und $ad - bc \neq 0$ sowie $c \neq 0$, dann berechnen sich die Fixpunkte $z_1, z_2 \in \mathbb{C}$ durch

$$z_{1,2} = \frac{a-d}{2c} \pm \sqrt{\frac{(d-a)^2 + 4bc}{4c^2}}. \tag{3.29}$$

(3.29) besitzt genau dann eine Lösung, wenn $(d-a)^2 + 4bc = 0$ ist. Andernfalls sind z_1 und z_2 voneinander verschieden.

Dadurch, dass eine Möbius-Transformation mit mehr als zwei Fixpunkten bereits die Identität ist (Korollar 3.21), folgt nun, dass eine Möbius-Transformation schon dann eindeutig festgelegt ist, wenn man die Bildpunkte dreier verschiedener Urbildpunkte unter ihr kennt. Dies ist die Aussage des folgenden Satzes:

Satz 3.24

Seien $z_1, z_2, z_3 \in \widehat{\mathbb{C}}$ und $w_1, w_2, w_3 \in \widehat{\mathbb{C}}$ je paarweise verschieden. Dann gibt es genau eine Möbius-Transformation f mit $f(z_k) = w_k$ für $k = 1, 2, 3$.

Beweis

Der Beweis besteht aus zwei Teilen. Zunächst werden wir unter der Annahme der Existenz die Eindeutigkeit der Möbius-Transformation beweisen, im zweiten Teil zeigen wir, dass eine solche lineare Transformation wirklich existiert und wie wir sie berechnen können.

(i) **Eindeutigkeit:**
Seien f_1 und f_2 zwei Möbius-Transformationen mit $f_1(z_k) = w_k$ und $f_2(z_k) = w_k$ für $k = 1, 2, 3$, dann ist $f_2^{-1} \circ f_1$ nach Satz 3.5 wieder eine Möbius-Transformation mit $(f_2^{-1} \circ f_1)(z_k) = z_k$. Das bedeutet aber, dass $f_2^{-1} \circ f_1$ drei verschiedene Fixpunkte in $\widehat{\mathbb{C}}$ hat. Damit ist $f_2^{-1} \circ f_1 \equiv \mathrm{id}_{\widehat{\mathbb{C}}}$ nach Korollar 3.24 und es gilt $f_1 \equiv f_2$.

(ii) **Existenz:**
Seien g und h definiert durch

$$g(z) := \frac{z - z_2}{z - z_3} \cdot \frac{z_1 - z_3}{z_1 - z_2} \quad \text{und} \quad h(w) := \frac{w - w_2}{w - w_3} \cdot \frac{w_1 - w_3}{w_1 - w_2}$$

für $z, w \in \widehat{\mathbb{C}}$. Dann sind g und h Möbius-Transformationen. Um sich dies zu verdeutlichen, setzen wir $\alpha := \frac{z_1 - z_3}{z_1 - z_2}$. Daraus folgt $g(z) = \frac{\alpha z - \alpha z_2}{z - z_3}$ und da $z_1, z_2, z_3 \in \widehat{\mathbb{C}}$ paarweise verschieden sind, gilt

$$\alpha(-z_3) + \alpha z_2 = \alpha(-z_3 + z_2) \neq 0.$$
$$\underbrace{\quad}_{\neq 0} \quad \underbrace{\quad}_{\neq 0}$$

Also ist g eine Möbius-Transformation.

Ist einer der ausgewählten Punkte gleich ∞, so vereinfacht sich die Formel: Im Falle $z_1 = \infty$ gilt z. B.

$$g(z) = \frac{z - z_2}{z - z_3},$$

da der Bruch $\frac{z_1 - z_3}{z_1 - z_2} = \frac{1 - \frac{z_3}{z_1}}{1 - \frac{z_2}{z_1}}$ für $z_1 \to \infty$ gegen 1 strebt (Definition 3.25).

Analog zeigt man dies für h.

Weiterhin gilt

(i) $g(z_1) = 1 = h(w_1)$, (ii) $g(z_2) = 0 = h(w_2)$, (iii) $g(z_3) = \infty = h(w_3)$.

Setzen wir $f := h^{-1} \circ g$, dann ist f nach Satz 3.4 und 3.5 wieder eine Möbius-Transformation und leistet das Gewünschte, denn es gilt

$$f(z_1) = h^{-1}(g(z_1)) = w_1,$$
$$f(z_2) = h^{-1}(g(z_2)) = w_2,$$
$$f(z_3) = h^{-1}(g(z_3)) = w_3.$$

Das ist die Aussage, die zu zeigen war. Mit anderen Worten erhält man die gesuchte Abbildungsvorschrift $f(z) = w$ dadurch, dass man die Gleichung

$$\frac{w - w_2}{w - w_3} \cdot \frac{w_1 - w_3}{w_1 - w_2} = \frac{z - z_2}{z - z_3} \cdot \frac{z_1 - z_3}{z_1 - z_2} \tag{3.30}$$

nach w auflöst. Aus dem ersten Teil des Beweises folgt dann, dass diese eindeutig bestimmt ist. ◄

Ausgehend vom zweiten Teil des Beweises aus Satz 3.24 betrachten wir nun eine ganz spezielle Möbius-Transformation, die uns zum Begriff des Doppelverhältnisses führt.

Definition 3.25 (Doppelverhältnis)

Seien $z_1, z_2, z_3 \in \widehat{\mathbb{C}}$ paarweise verschieden. Dann definieren wir $f : \widehat{\mathbb{C}} \to \widehat{\mathbb{C}}$ durch

$$f(z) := \frac{z - z_2}{z - z_3} \cdot \frac{z_1 - z_3}{z_1 - z_2}$$
$$=: \mathrm{DV}(z, z_1, z_2, z_3) \tag{3.31}$$

und bezeichnen $\mathrm{DV}(z, z_1, z_2, z_3)$ als Doppelverhältnis von z, z_1, z_2, z_3.[15] Das Doppelverhältnis der vier Punkte ist also der Funktionswert derjenigen (eindeutig bestimmten) Möbius-Transformation, die die Punkte z_1, z_2, z_3 in dieser Reihenfolge auf $1, 0$ und ∞ abbildet, d. h.

---

[15] Die Bezeichnung Doppelverhältnis ist darauf zurückzuführen, dass $\mathrm{DV}(z, z_1, z_2, z_3)$ auch als Quotient zweier Brüche („Verhältnisse") geschrieben werden kann (Fischer/Lieb 2010, S. 100).

$$DV(z_1, z_1, z_2, z_3) = 1, \quad DV(z_2, z_1, z_2, z_3) = 0, \quad DV(z_3, z_1, z_2, z_3) = \infty.$$

Dabei wird das Doppelverhältnis als Grenzwert definiert, wenn einer der Punkte ∞ ist:

$$DV(\infty, z_1, z_2, z_3) = \frac{z_1 - z_3}{z_1 - z_2}, \quad DV(z, \infty, z_2, z_3) = \frac{z - z_2}{z - z_3},$$

$$DV(z, z_1, \infty, z_3) = \frac{z_1 - z_3}{z - z_3}, \quad DV(z, z_1, z_2, \infty) = \frac{z - z_2}{z_1 - z_2}.$$

Als Beispiel betrachten wir das Doppelverhältnis für $z = \infty$:

$$DV(z, z_1, z_2, z_3) = \frac{z - z_2}{z - z_3} \cdot \frac{z_1 - z_3}{z_1 - z_2} = \frac{1 - \frac{z_2}{z}}{1 - \frac{z_3}{z}} \cdot \frac{z_1 - z_3}{z_1 - z_2} \to \frac{z_1 - z_3}{z_1 - z_2} \quad \text{(für } z \to \infty\text{)}.$$

Analog zeigt man dies für $z_k \to \infty$ mit $k = 1, 2, 3$.

Das Doppelverhältnis (engl. „cross ratio") hat viele interessante geometrische Eigenschaften und kann herangezogen werden, um Möbius-Transformationen direkt zu berechnen (Freyn/Große-Brauckmann 2012, S. 25). Diejenige Möbius-Transformation, die das Tripel (z_1, z_2, z_3) auf (w_1, w_2, w_3) abbildet, erhält man durch Auflösen von $DV(z, z_1, z_2, z_3) = DV(w, w_1, w_2, w_3)$ nach w. Diese Aussage findet sich in der Beweisführung von Satz 3.24.

Bemerkung 3.26
(i) In vielen Lehrbüchern wird das Doppelverhältnis auch über die eindeutig be-
     stimmte Möbius-Transformation definiert, welche die Punkte z_1, z_2, z_3 in die-
     ser Reihenfolge auf 0, 1 und ∞ abbildet. In diesem Falle sind die Gleichungen
     aus Definition 3.25 anzupassen. Das Prinzip bleibt jedoch erhalten.
(ii) Die Gleichung $DV(z, z_1, z_2, z_3) = DV(w, w_1, w_2, w_3)$ zur Bestimmung von w
     wird auch als „6-Punkte-Formel" bezeichnet, da zur Berechnung sechs Punkte
     z_1, z_2, z_3 und w_1, w_2, w_3 benötigt werden (Forst/Hoffmann 2002, S. 239).

Wir werden zwei Möbius-Transformationen konkret berechnen.

Beispiel 3.27 (Cayley-Transformation)
Wir berechnen die Möbius-Transformation mit $f(z_k) = w_k$ für

$k =$	1	2	3
$z_k =$	1	0	∞
$w_k =$	$-i$	-1	1

Hierzu gehen wir in zwei Schritten vor.

1. Schritt:
Wir stellen die Doppelverhältnisse der Urbild- und Bildpunkte auf durch

$$\mathrm{DV}(z,1,0,\infty) = \frac{z-0}{1-0} = z,$$

$$\mathrm{DV}(w,-\mathrm{i},-1,1) = \frac{w+1}{w-1} \cdot \frac{-\mathrm{i}-1}{-\mathrm{i}+1} = \frac{w+1}{w-1} \cdot \frac{-2\mathrm{i}}{2} = \frac{w+1}{w-1} \cdot (-\mathrm{i}).$$

2. **Schritt:**

Gleichsetzen beider Doppelverhältnisse und Auflösen nach w liefert

$$\mathrm{DV}(z,1,0,\infty) = \mathrm{DV}(w,-\mathrm{i},-1,1) \qquad \Leftrightarrow \qquad z = \frac{-\mathrm{i}w-\mathrm{i}}{w-1}$$

$$\Leftrightarrow \qquad zw - z = -\mathrm{i}w - \mathrm{i}$$

$$\Leftrightarrow \qquad w(z+\mathrm{i}) = z - \mathrm{i}$$

$$\Leftrightarrow \qquad w = \frac{z-\mathrm{i}}{z+\mathrm{i}}.$$

Damit ist die Möbius-Transformation f gegeben durch

$$f(z) := \frac{z-\mathrm{i}}{z+\mathrm{i}}. \tag{3.32}$$

Die Möbius-Transformation mit (3.32) heißt Cayley-Transformation (Maresch 2010, S. 12) und bildet die reelle Achse auf die Einheitskreislinie ab. Das Komplement $\widehat{\mathbb{C}} \setminus \widehat{\mathcal{L}}$ der Urbildgeraden $\widehat{\mathcal{L}}$ besteht aus je zwei Zusammenhangskomponenten, die aufgrund der Stetigkeit und Bijektivität der linearen Transformation wieder auf je eine der Zusammenhangskomponenten von $\widehat{\mathbb{C}} \setminus f\left(\widehat{\mathcal{L}}\right)$ abgebildet werden. Welche Komponente auf welche abgebildet wird, findet man beispielsweise dadurch heraus, indem man zu einem beliebigen Punkt einer Zusammenhangskomponente den Bildpunkt berechnet. Beispielsweise teilt die reelle Achse die erweiterte komplexe Ebene in die obere und untere Halbebene. Die Einheitskreislinie teilt dagegen $\widehat{\mathbb{C}}$ in das Innere und Äußere des Einheitskreises. Setzen wir $z_0 = \mathrm{i} \in \{z \in \mathbb{C} | \operatorname{Im}(z) > 0\}$ in (3.32) ein, so erhalten wir $f(\mathrm{i}) = 0$. Damit wird die obere Halbebene in das Innere der Einheitskreislinie und die untere in das Äußere des Bildkreises überführt.

Man zeigt für gewöhnlich in der Funktionentheorie, dass das Abbilden der Zusammenhangskomponenten nicht nur bijektiv, sondern sogar winkel- und orientierungstreu erfolgt (Fritzsche 2009, S. 182–194).

Die Transformation (3.32) ist nach dem englischen Mathematiker Sir Arthur Cayley (1821–1895) benannt, der sie 1846 ursprünglich als Abbildung zwischen schiefsymmetrischen und speziellen orthogonalen Matrizen beschrieben hat (Cayley 2009, S. 332–337). In Abb. 3.4 ist gezeigt, wie horizontale Geraden der oberen Halbebene unter (3.32) auf Kreislinien mit Berührpunkt $f(\infty) = 1$ abgebildet werden.

Die Umkehrabbildung der Cayley-Transformation kann durch (3.5) aus Satz 3.4 oder analog berechnet werden. Wir wenden das Doppelverhältnis an, um noch eine weitere Möbius-Transformation zu bestimmen.

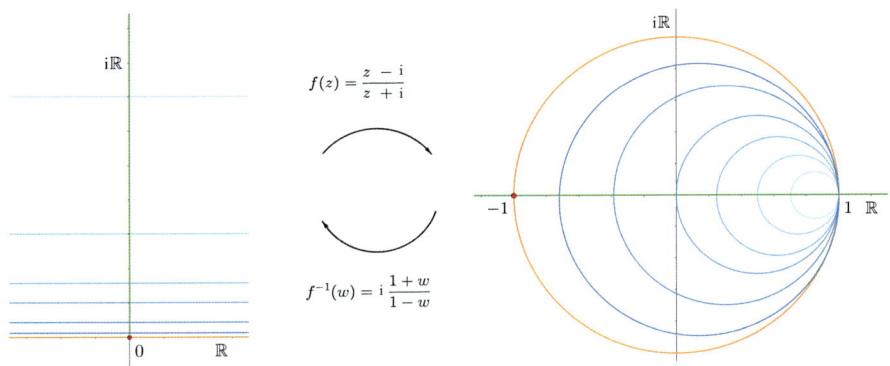

Abb. 3.4 Cayley-Transformation der oberen Halbebene in das Innere des Einheitskreises

Beispiel 3.28

Wir berechnen die Möbius-Transformation mit $f(z_k) = w_k$ für

$k =$	1	2	3
$z_k =$	1	-1	∞
$w_k=$	1	-1	0

Dabei gehen wir analog vor.

1. **Schritt:**

   Wir stellen die Doppelverhältnisse der Urbild- und Bildpunkte auf durch

   $$\mathrm{DV}(z, 1, -1, \infty) = \frac{z+1}{1+1} = \frac{z+1}{2},$$

   $$\mathrm{DV}(w, 1, -1, 0) = \frac{w+1}{w} \cdot \frac{1}{1+1} = \frac{w+1}{2w}.$$

2. **Schritt:**

   Gleichsetzen beider Doppelverhältnisse und Auflösen nach w liefert

   $$
   \begin{aligned}
   \mathrm{DV}(z, 1, -1, \infty) = \mathrm{DV}(w, 1, -1, 0) \quad &\Leftrightarrow \quad \frac{z+1}{2} = \frac{w+1}{2w} \\
   &\Leftrightarrow \quad zw + w = w + 1\mathrm{i} \\
   &\Leftrightarrow \quad zw = 1 \\
   &\Leftrightarrow \quad w = \frac{1}{z}.
   \end{aligned}
   \tag{3.33}
   $$

Die gesuchte Möbius-Transformation ist damit die Inversion.

Offensichtlich sind $+1$ und -1 die einzigen Fixpunkte von (3.33). Dies ist die Folgerung aus Korollar 3.21. Stellen wir uns nun die Inversion ausgeführt durch die zugehörigen Repräsentanten auf der Riemannschen Zahlensphäre vor. So werden beide Punkte $+1$ und -1 unter der inversen stereographischen Projektion $\widehat{\varphi}^{-1}$ wieder auf sich selbst abgebildet, denn sie sind als Punkte des Kugeläquators ebenfalls Fixpunkte von $\widehat{\varphi}^{-1}$.

Der Repräsentant des unendlich fernen Punktes $z_3 = \infty$ ist der Nordpol. Dieser wird unter der Inversion auf $w_3 = 0$ abgebildet. Sein natürlicher Vertreter auf der Zahlenkugel ist der Südpol. Damit erhalten wir eine anschauliche Interpretation der Inversion als Bewegung der Riemannschen Zahlensphäre: Die Inversion entspricht einer 180°-Drehung entlang der x_1-Achse. Die Durchstoßungspunkte der x_1-Achse mit der Sphäre ($+1$ und -1) bleiben unverändert, der Nordpol hingegen wird zur Position des diametral gelegenen Südpols gedreht. Dies ist ein wesentlicher Vorteil gegenüber der Geometrie der euklidischen Ebene. Während diese recht einprägsam die Translation als Vektoraddition und Drehstreckung durch Polarkoordinaten darstellt, müssen wir bei der Inversion einen Umweg über die Spiegelung am Einheitskreis machen. Wir werden diesen Sachverhalt ausführlicher im nächsten Kapitel untersuchen.

Hiermit können wir eine zurückgestellte Frage aus Kap. 2 (siehe Beispiel 2.11) beantworten. Da die Abbildung $z \mapsto \frac{1}{z}$ dargestellt durch ihre Repräsentanten auf der Sphäre einer Kugeldrehung entspricht, müssen die chordalen Abstände unter ihr natürlich erhalten bleiben. Wir erhalten damit $\chi\left(\frac{1}{z}, \frac{1}{w}\right) = \chi(z, w)$, was wir in Beispiel 2.11 für die Punkte 0 und ∞ offengelassen hatten.

Das Doppelverhältnis hat noch weitere interessante Eigenschaften: So ist durch drei paarweise verschiedene Punkte $z_1, z_2, z_3 \in \widehat{\mathbb{C}}$ ein verallgemeinerter Kreis $k := k(z_1, z_2, z_3)$ wie im Reellen eindeutig festgelegt (Friedl 2014, S. 13). Insbesondere ist $k(z_1, z_2, z_3)$ eine Gerade, falls $\infty \in \{z_1, z_2, z_3\}$ ist oder z_1, z_2, z_3 kollinear liegen. Für das Doppelverhältnis gilt:

Satz 3.29
Ein Punkt $z \in \widehat{\mathbb{C}}$ liegt genau dann auf dem verallgemeinerten Kreis $k := k(z_1, z_2, z_3)$ durch die paarweise verschiedenen Punkte z_1, z_2, z_3, wenn das Doppelverhältnis $f(z) := \mathrm{DV}(z, z_1, z_2, z_3)$ reell oder gleich ∞ ist (Timmann 2007, S. 108).

Beweis

Durch $f(z) := \mathrm{DV}(z, z_1, z_2, z_3)$ wird eine Möbius-Transformation auf $\widehat{\mathbb{C}}$ definiert. Es handelt sich hierbei um die (eindeutig bestimmte) Möbius-Transformation, die die Punkte z_1, z_2, z_3 in dieser Reihenfolge auf $1, 0$ und ∞ abbildet. Durch drei paarweise verschiedene Punkte wird ein verallgemeinerter Kreis eindeutig festgelegt. Aus der Kreistreue für lineare Transformationen folgt damit, dass $f(k)$ wieder ein verallgemeinerter Kreis durch $1, 0$ und ∞ sein muss. Dies ist aber gerade die reelle Achse inklusive ∞. Damit ist $z \in k$ genau dann, wenn $f(z)$ reell oder ∞ ist. ◄

Satz 3.30 (Invarianz des Doppelverhältnisses)
Doppelverhältnisse sind invariant unter Möbius-Transformationen, d. h. es gilt

$$\mathrm{DV}(f(z), f(z_1), f(z_2), f(z_3)) = \mathrm{DV}(z, z_1, z_2, z_3) \tag{3.34}$$

für jede Möbius-Transformation f und paarweise verschiedene $z, z_1, z_2, z_3 \in \widehat{\mathbb{C}}$.

Beweis

Sei f eine lineare Transformation. Weiterhin seien $z, z_1, z_2, z_3 \in \widehat{\mathbb{C}}$ paarweise verschieden. Wir müssen zeigen, dass

$$\mathrm{DV}(f(z), f(z_1), f(z_2), f(z_3)) = \mathrm{DV}(z, z_1, z_2, z_3)$$

erfüllt ist. Dazu erinnern wir daran, dass das Doppelverhältnis $\mathrm{DV}(z, z_1, z_2, z_3)$ der Funktionswert $g(z)$ der eindeutig bestimmten Möbius-Transformation g an der Stelle z ist, die die Punkte z_1, z_2, z_3 in dieser Reihenfolge auf 1, 0 und ∞ abbildet. Da die Umkehrfunktion f^{-1} und somit auch die Komposition $g \circ f^{-1}$ wieder lineare Transformationen sind, ist $g \circ f^{-1}$ die eindeutig bestimmte Möbius-Transformation, die $f(z_1)$, $f(z_2)$ und $f(z_3)$ in dieser Reihenfolge auf 1, 0 und ∞ abbildet. Damit gilt aber

$$\mathrm{DV}(f(z), f(z_1), f(z_2), f(z_3)) = g \circ f^{-1}(f(z)) = g(z) = \mathrm{DV}(z, z_1, z_2, z_3),$$

was zu beweisen war. ◀

Es fehlt natürlich noch eine weitere wichtige geometrische Eigenschaft von Möbius-Transformationen, die Winkeltreue, die wir im kommenden Kapitel beweisen werden.

3.5 Exkurs: Charakterisierung durch Fixpunkte

Obwohl sich die Zerlegung von Möbius-Transformationen in Elementartypen als äußerst sinnvoll erwiesen hat, erscheinen Möbius-Abbildungen dadurch erheblich komplizierter als sie eigentlich sind. Durch Verwendung der Fixpunkte lässt sich ein lebendigerer Einblick in das Wesen linearer Transformationen gewinnen, der eine anschauliche Klassifizierung ermöglicht. In diesem Abschnitt zeigen wir, dass sich Möbius-Transformationen durch die Invarianz bestimmter Kurvenscharen zu den Fixpunkten auszeichnen und dadurch einordnen lassen. Bildlich kann man sich dies wie folgt vorstellen: Wählen wir einen Punkt $z_0 \in \widehat{\mathbb{C}}$, der kein Fixpunkt unserer Möbius-Transformation f ist, dann bewegen sich die Bildpunkte $z_1 := f(z_0), z_2 := f(z_1), z_3 := f(z_2), \dots$ bei iterativer Anwendung derselben Transformation auf stationären Kurven, z. B. von einem zum anderen Fixpunkt oder auf Kreisbahnen. Je nach Muster erlaubt uns das eine Einteilung der Transformationen in vier Klassen: elliptisch, hyperbolisch, loxodromisch und parabolisch. Letzter

Fall liegt vor, wenn unsere lineare Transformation nur einen Fixpunkt besitzt. Als Resultat erhalten wir die Aussage, dass sich der Charakter jeder Möbius-Transformation bereits an ihrer Spur $a + d$ in normalisierter Darstellung ablesen lässt. Eine solche Einordnung vorzunehmen ist Ziel dieses Abschnittes.

Die Idee hierzu stammt von Felix Klein (1849–1925) (Needham 2001, S. 188). Im Jahr 2006 erschien die erste Auflage des wunderbaren Buches „Indra's Pearls. The Vision of Felix Klein" (Mumford et al. 2015), welches diesen Ansatz in zahlreichen Abbildungen illustriert. Anders als in der weitaus häufigeren anzutreffenden Literatur werden wir in diesem Abschnitt auf einen algebraisch orientierten Zugang verzichten und stattdessen direkt mit den Fixpunktgleichungen und der geometrischen Herleitung einsteigen. Insbesondere wird das Prinzip der homogenen Koordinaten aus Abschn. 3.2 nicht weiter behandelt.

Wir beginnen mit dem Studium ganzer linearer Transformationen, werden dieses Prinzip auf gebrochen lineare erweitern und abschießend die Beziehung zu der Koeffizientensumme $a + d$ einer normalisierten Möbius-Transformation untersuchen. Primär orientieren wir uns dabei an Knopp 1978, S. 61–64, Engel/Fest 2016, S. 127–151, und Needham 2001, S. 188–208, werden deren Ansätze jedoch technisch und anschaulich ausarbeiten. Die Untersuchungen werden durch Beweise abgerundet. Der vorliegende Abschnitt dient als Exkurs und ist daher nicht zwingend für das Verständnis der weiteren Arbeit erforderlich.

3.5.1 Ganze lineare Transformationen

Wir beginnen damit, eine ganze lineare Transformation der Form[16]

$$f(z) = az + b \qquad (3.35)$$

zu betrachten, die *keine* reine Translation ist, d. h. $a \neq 1$. Nach Korollar 3.22 besitzt diese Abbildung neben dem Punkt ∞ einen weiteren in $\mathbb{C}$ gelegenen Fixpunkt z_1. Der Punkt z_1 berechnet sich nach (3.28) durch

$$z_1 = \frac{b}{1-a} \quad \Leftrightarrow \quad b = z_1(1-a). \qquad (3.36)$$

Lösen wir nach b auf und setzen (3.36) in (3.35) ein, erhalten wir nach Umformen

$$f(z) - z_1 = a(z - z_1) \quad \text{bzw.} \quad f(z) = a(z - z_1) + z_1. \qquad (3.37)$$

Die Darstellung (3.37) ermöglicht uns nun eine geometrische Deutung des Abbildungsverhaltens von f vorzunehmen: Wir führen in der komplexen Ebene eine Translation $z \mapsto z - z_1$ aus, die den Punkt z_1 in den Koordinatenursprung verlegt.

---

[16] Für den Fall, dass $d \neq 1$ ist, können wir d mit den anderen Koeffizienten verrechnen und erhalten dadurch wieder einen Ausdruck der Form $f(z) = \tilde{a}z + \tilde{b}$ mit $\tilde{a} := \frac{a}{d}$ und $\tilde{b} := \frac{b}{d}$. Die Bedingung $d = 1$ stellt damit keine Einschränkung für affin-lineare Abbildungen dar.

Anschließend erfolgt eine Drehstreckung $z \mapsto az$ mit $a \neq 1$ und wir schieben den Punkt 0 durch erneute Translation $z \mapsto z + z_1$ zurück nach z_1. Die Transformation f bewirkt also eine Drehstreckung mit a um den Fixpunkt z_1. Damit ist das Abbildungsverhalten völlig übersichtlich geworden.

Wir werden uns nun mit der Invarianz bestimmter Kurven unter f beschäftigen. Dazu betrachten wir zunächst zwei Scharen von verallgemeinerten Kreisen in $\widehat{\mathbb{C}}$: Zum einen die Schar aller konzentrischen Kreise um den Fixpunkt z_1 und zum anderen die aller Geraden durch z_1.

Ist $|a| = 1$ und $a \neq 1$, dann werden alle konzentrischen Kreise $|z - z_1| = r$ wieder einzeln auf sich selbst abgebildet, aber natürlich nicht punktweise. Es handelt sich um eine reine Drehung um z_1. Verdeutlichen kann man dies durch die Polarkoordinatendarstellung $a = |a|e^{i\varphi} = e^{i\varphi}$ mit $\varphi := \arg(a)$. Eine solche Transformation bezeichnen wir als *elliptisch*.

Ist $a \in \mathbb{R}^+$ und $a \neq 1$, dann erfolgt eine reine Streckung um z_1. Die Polarkoordinatendarstellung von a lautet $a = |a|e^{i\varphi} = |a|$, da $\varphi := \arg(a) \in 2\pi k$ mit $k \in \mathbb{Z}$ gilt. Folglich wird jede Gerade[17] durch z_1 wieder auf sich selbst abgebildet. Der Abstand einzelner Punkte zum Fixpunkt z_1 wird variiert, die Gestalt jeder einzelnen Geraden bleibt jedoch erhalten. Für diesen Fall bezeichnen wir die affin-lineare Abbildung f als *hyperbolisch*.

Die beiden Fälle unterscheiden sich also dahingehend, dass bei der elliptischen Transformation die konzentrischen Kreise um z_1 als Fixkreise wieder in sich übergehen, während Geraden durch z_1 untereinander permutieren. Im hyperbolischen Fall ist dies genau umgekehrt. Nun sind die Geraden durch z_1 invariant unter f. Die konzentrischen Kreise um z_1 hingegen gehen auf andere konzentrische Kreise um z_1 über. Eine Illustration hierzu geben wir in Abb. 3.5.

Stellen wir uns also einen Startpunkt z_0 auf einem der konzentrischen Kreise im elliptischen Fall vor. Dann wird sich dieser bei iterativer Anwendung von f auf diesem stationären Kreis mit konstantem Abstand r um den Fixpunkt z_1 bewegen. Das wird in Abb. 3.5 durch Pfeile angedeutet, wobei die Richtung vom Argument von a in Polarkoordinaten abhängt.[18] Wählen wir einen Startpunkt z_0 im hyperbolischen Fall, der nicht einem Fixpunkt von f entspricht, und setzen den Funktionswert wiederholt in die Funktionsvorschrift ein, so wird dies dazu führen, dass sich die Bildpunkte entlang der Geraden durch z_1 Richtung Fixpunkt z_1 (für $0 < a < 1$) oder Fixpunkt ∞ (für $1 < a$) verlagern. Wir können diese Systeme an Kurven als invariant gegenüber der Iteration von f auffassen.

Betrachten wir eine dritte Möglichkeit: Ist $|a| \neq 1$ und $a \notin \mathbb{R}^+$, dann ist dies offenbar genau dann der Fall, wenn unsere Möbius-Transformation Fixpunkte

---

[17] Aufgefasst als verallgemeinerter Kreis durch z_1 und dem Punkt ∞.

[18] Genauer: Ist $a = e^{i\varphi}$, wobei $-\pi < \varphi < \pi$ sei, so wird die Drehung im mathematisch positiven Sinne verlaufen, falls $0 < \varphi < \pi$ ist. Andernfalls, d. h. $-\pi < \varphi < 0$, erfolgt die Drehung im mathematisch negativen Sinne (vgl. Behrends 2019, S. 166).

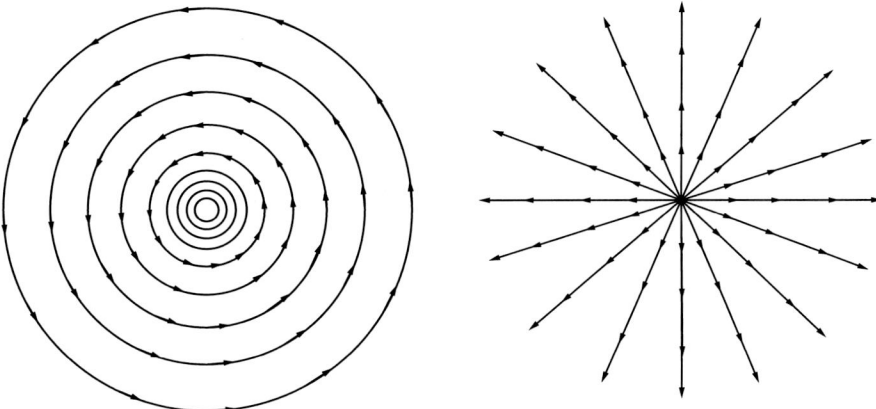

Abb. 3.5 Affin-lineare Abbildungen; elliptisch (links), hyperbolisch (rechts)

in z_1 und ∞ hat, aber weder elliptisch noch hyperbolisch ist. Es liegt eine Dreh-streckung um z_1 vor, also eine Kombination der vorherigen beiden Typen. Führt man eine solche Möbius-Transformation iterativ aus, so gehen Punkte „spiral-förmig" von Zentrum z_1, wie in Abb. 3.6 dargestellt, in einander über. Invariante Kreise und Geraden gibt es nicht, wohl aber invariante Spiralen (Behrends 2019, S. 167). Je nachdem, ob $|a| > 1$ oder $|a| < 1$ ist, laufen diese Spiralen von innen nach außen oder umgekehrt. Eine solche Transformation heißt *loxodromisch*.[19]

Damit haben wir für ganze lineare Transformationen mit zwei Fixpunkten eine Klassifizierung vorgenommen, die sich geometrisch durch die Invarianz be-stimmter Kurven (konzentrische Kreise mit Zentrum z_1, Geraden durch z_1 und Spi-ralen um z_1) auszeichnet. Den Fall, dass unsere Abbildung eine reine Translation ist, behandeln wir jetzt.

Ist ∞ der einzige Fixpunkt der Abbildung f mit (3.35), dann ist unsere Möbius-Transformation nach Korollar 3.20 eine reine Translation $z \mapsto z + b$, also $a = 1$ und $b \neq 0$. Wenden wir diese auf einen Startwert $z_0 \in \mathbb{C}$ an und setzen das Ergeb-nis wieder in die Funktion ein und wiederholen den Prozess fortlaufend, so liegen alle Bildpunkte $f(z_0), f(f(z_0)), \ldots$ auf einer Geraden parallel zur Verschiebungs-achse. Offenbar sind also die Geradenscharen mit Richtungsvektor b invariant unter f, auch hier natürlich nicht punktweise. Diesen Fall bezeichnen wir als *para-*

---

[19] Die Bezeichnung stammt daher, dass die Punkte auf einer solchen logarithmischen Spirale, projiziert man diese stereographisch auf eine Sphäre, auf einer Loxodrome liegen. Das sind diejenigen Kurven, die Längen- und Breitenkreise auf einer Kugel unter dem gleichen Winkel schneiden. Würde man in der Schifffahrt den Kurs einer Loxodrome wählen, so würde man auf einer Kurve fahren, die sich vom Äquator ausgehend um beide Pole windet (Engel/Fest 2016, S. 149).

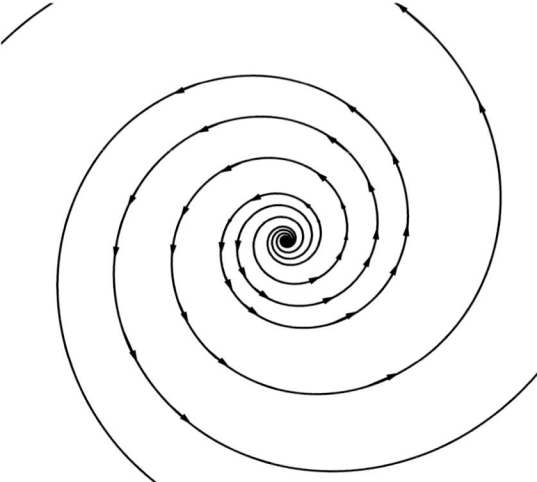

Abb. 3.6 Affin-lineare Abbildungen (loxodromisch)

Abb. 3.7 Affin-lineare Abbildungen (parabolisch)

bolisch. Damit haben wir alle möglichen Kombinationen für ganze lineare Transformationen $f \neq \mathrm{id}_{\widehat{\mathbb{C}}}$ behandelt (Abb. 3.7).

Wir können diese vier Fälle auch als inverse stereographische Projektionen auf
der Riemannschen Zahlenkugel betrachten. Dabei wurde für die ersten drei die
Sphäre in Abb. 3.8 so gewählt, dass ihr Kugelmittelpunkt im komplexen Fixpunkt
z_1 liegt. Im parabolischen Fall haben wir den Koordinatenursprung als Zentrum
verwendet. Die invarianten Kurvenscharen werden auf der Sphäre nun wie folgt
beschrieben: Für elliptische, hyperbolische und loxodromische Transformationen
haben wir zwei Fixpunkte, die dem Nord- und Südpol entsprechen. Im elliptischen

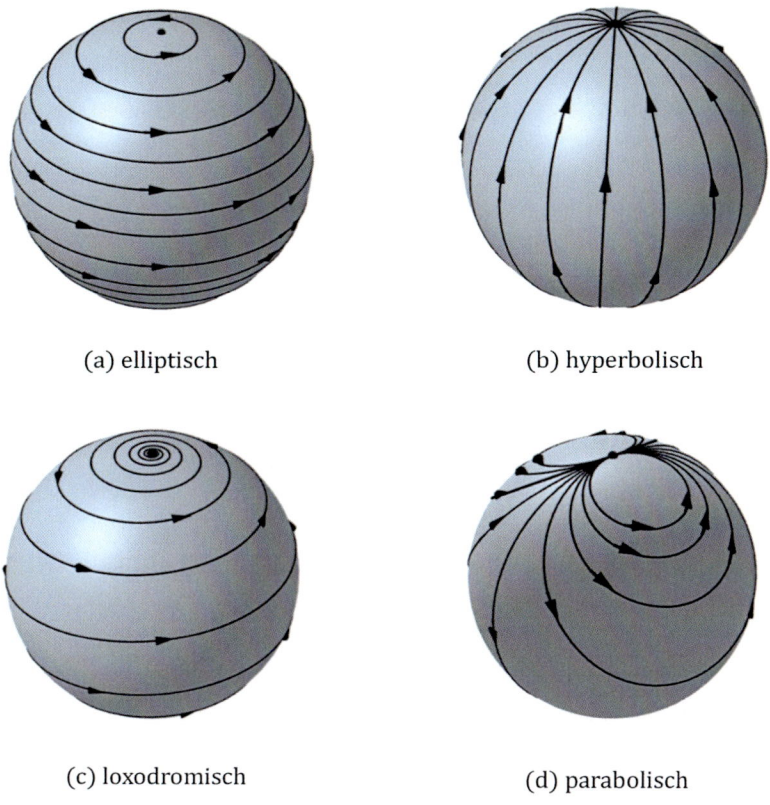

(a) elliptisch   (b) hyperbolisch

(c) loxodromisch   (d) parabolisch

Abb. 3.8 Affin-lineare Abbildungen auf der Riemannschen Zahlensphäre

Fall werden die Breitenkreise als Repräsentanten der konzentrischen Kreise wieder einzeln auf sich abgebildet. Es findet eine Drehung der Kugel entlang der x_3-Achse statt. Betrachten wir hingegen den hyperbolischen Fall, so gehen die Geraden durch z_1 und ∞ in der komplexen Ebene wieder in sich über.[20] Auf der Sphäre sind diese Geraden daher die Längenkreise. Wir werden im nächsten Kapitel sehen, dass diese Transformation einer Dilatation der Kugel entlang der x_3-Achse entspricht. Kombinieren wir Drehung und Streckung um z_1, so erhalten wir das beschriebene Muster einer Loxodrome als Urbildbild einer logarithmischen Spirale. Es wird ersichtlich, dass sich solche Spiralen nicht nur um z_1, sondern auch um den Punkt ∞ winden, hier dargestellt durch den Nordpol der Riemannschen Zahlenkugel. Da es sich bei der reinen Translation lediglich um eine Verschiebung handelt, in der Punkte auf Geraden durch ∞ parallel zur Verschiebungsrichtung

---

[20] Auch hier natürlich nicht punktweise. Die einzigen Fixpunkte sind z_1 und ∞.

wieder auf gleiche Geraden übergehen, werden solche Linien auf sphärische Kreise durch den Nordpol abgebildet.

Wir fassen die Charakterisierung für ganze lineare Transformationen in folgender Definition noch einmal zusammen. Durch Substitution des Leitkoeffizienten erreichen wir, dass wir die Bedingung $d = 1$ nicht weiter berücksichtigen müssen.

Definition 3.31 (Charakterisierung für ganze lineare Transformationen)
Sei f eine ganze lineare Transformation mit $f(z) = \frac{a}{d}z + \frac{b}{d}$ sowie $a, b, d \in \mathbb{C}$ und $ad \neq 0$, die *nicht* die Identität ist. Weiterhin bezeichne $\xi := \frac{a}{d}$. Dann heißt die Möbius-Transformation

- elliptisch, falls $|\xi| = 1$ und $\xi \neq 1$ ist,
- hyperbolisch, falls $\xi \in \mathbb{R}^+$ und $\xi \neq 1$ ist,
- loxodromisch, falls $|\xi| \neq 1$ und $\xi \notin \mathbb{R}^+$ ist und
- parabolisch, falls $\xi = 1$ ist.[21]

Eine geometrische Anschauung über das Verhalten der Funktion bei iterativer Anwendung von f auf einen Startwert, der kein Fixpunkt ist, ist durch die obigen Abbildungen gegeben. Das Verhalten in den Fixpunkten ist natürlich geklärt.

3.5.2 Gebrochen lineare Transformationen $(c \neq 0)$

Wir wenden uns nun den gebrochen linearen Transformationen zu. Nach Korollar 3.23 befinden sich beide, nicht notwendigerweise verschiedene, Fixpunkte z_1 und z_2 in $\mathbb{C}$. Auch hier haben beide Fixpunkte ihre Repräsentanten auf der Zahlensphäre. Die Idee ist es, eine Drehung der Kugel so durchzuführen, dass einer der beiden Fixpunkte wieder im Nordpol liegt. Durch Verschieben der Sphäre entlang der komplexen Ebene lässt sich dann erreichen, dass der Repräsentant des zweiten Fixpunktes zum Südpol und somit dem Nordpol diametral gelegenen Punkt wird. In diesem Fall lässt sich Definition 3.31 auch auf gebrochen lineare Transformationen anwenden. In der Ebene lässt sich dies wie folgt realisieren:

Seien z_1 und z_2 mit $z_1 \neq z_2$ die Fixpunkte einer gebrochen linearen Transformation f in $\mathbb{C}$ mit $f(z) = \frac{az+b}{cz+d}$. Wir betrachten die Schar aller Kreislinien durch z_1 und z_2 (Abb. 3.9). Diese gehen aufgrund der Kreistreue von Möbius-Transformationen (Satz 3.18) wieder auf eine Schar von verallgemeinerten Kreisen durch die Punkte $f(z_1) = z_1$ und $f(z_2) = z_2$ über.

Wählen wir die folgende Möbius-Transformation g mit

$$g(z) := \frac{z - z_1}{z - z_2} = w, \tag{3.38}$$

---

[21] Man beachte, dass in diesem Fall aufgrund des Ausschlusses der Identität $\frac{b}{d} \neq 0$ sein muss.

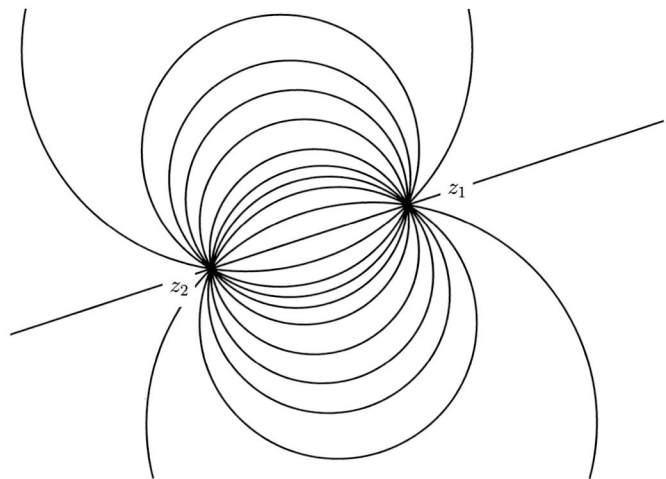

Abb. 3.9 Kreislinien durch zwei Fixpunkte z_1 und z_2

dann werden die Fixpunkte z_1 auf 0 und z_2 auf ∞ abgebildet. Die Schar an Kreisen durch z_1 und z_2 geht also unter g über in Geraden durch 0 und ∞. Es zeigt sich ein von den affin-linearen Abbildungen vertrautes Bild (Abb. 3.10). Umgekehrt werden die dargestellten Geraden durch 0 und ∞ unter g^{-1} natürlich wieder auf die verallgemeinerten Kreise durch $g^{-1}(0) = z_1$ und $g^{-1}(\infty) = z_2$ abgebildet. Aus Satz 3.4 folgt, dass auch g^{-1} wieder eine lineare Transformation sein muss.

Setzen wir diese drei Möbius-Transformationen g^{-1}, f, g nun wie folgt zusammen, so ergibt sich aus der Gruppeneigenschaft linearer Transformationen bzgl. der Komposition (vgl. Satz 3.6) wieder eine Möbius-Transformation $h : \widehat{\mathbb{C}} \to \widehat{\mathbb{C}}$ mit

$$h := g \circ f \circ g^{-1}, \tag{3.39}$$

die 0 und ∞ als einzige Fixpunkte besitzt (Korollar 3.21).

Genau diese Darstellung (3.39) ziehen wir heran, um gebrochen lineare Transformationen zu klassifizieren. Was wissen wir über h? Da die Möbius-Transformation 0 und ∞ als einzige Fixpunkte besitzt, ist h nach Korollar 3.20 eine affin-lineare Abbildung, auf die wir die Überlegungen aus 3.5.1 anwenden können. Genauer: Es ist eine Drehstreckung mit dem Zentrum 0. Sie muss also die einfache Form $h(w) = \xi w$ haben, wobei $\xi \in \mathbb{C}$ ist.

Wir können h berechnen. Dazu bestimmen wir ξ: Für $z = g^{-1}(w)$ und $h(w) = g(f(z)) = \frac{f(z) - z_1}{f(z) - z_2}$ erhalten wir

$$h(w) = \frac{f(z) - z_1}{f(z) - z_2} = \xi \, \frac{z - z_1}{z - z_2}. \tag{3.40}$$

Wir haben damit einen Ausdruck gefunden, der die affin-lineare Abbildung h mit dem Funktionswert $f(z)$ und den Fixpunkten z_1 und z_2 unserer Möbius-Trans-

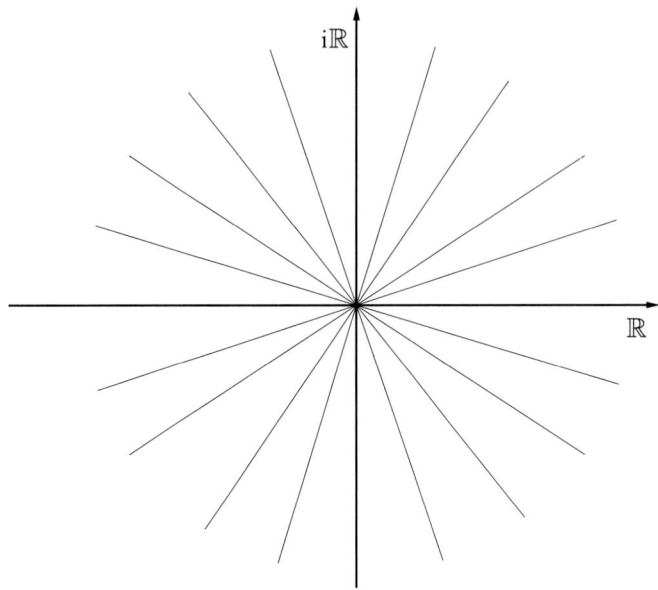

Abb. 3.10 Verallgemeinerte Kreise durch die Fixpunkte 0 und ∞

formation f verbindet. Darstellung (3.40) wird auch als Normalform von f bezeichnet (Knopp 1978, S. 63). Die komplexe Zahl ξ kann als Grenzwert bestimmt werden durch[22]

$$\frac{f(z) - z_1}{f(z) - z_2} = \xi \frac{z - z_1}{z - z_2} = \xi \frac{1 - \frac{z_1}{z}}{1 - \frac{z_2}{z}} \qquad \rightarrow \qquad \xi = \frac{\frac{a}{c} - z_1}{\frac{a}{c} - z_2} = \frac{a - z_1 c}{a - z_2 c} \qquad \text{(für } z \to \infty\text{)}.$$

Damit ist ξ gegeben durch

$$\xi = \frac{a - z_1 c}{a - z_2 c}. \tag{3.41}$$

Tatsächlich handelt es sich bei (3.40) nur um eine von zwei verschiedenen Normalformen. Ebenso hätten wir in Gl. (3.38) auch die Punkte z_1 und z_2 vertauschen können, was gleichbedeutend damit wäre, dass nicht z_1, sondern z_2 auf 0 und z_1 auf ∞ abgebildet werden. In diesem Falle erhielten wir die zu (3.40) äquivalente Normalform

$$h(w) = \frac{f(z) - z_1}{f(z) - z_2} = \xi' \frac{z - z_1}{z - z_2} = \xi' w$$

mit der Beziehung $\xi' = \frac{1}{\xi} \in \mathbb{C}$ (Behnke/Sommer 1965, S. 327).

---

[22] Beachte dabei, dass wir in Abschn. 3.1 die gebrochen lineare Transformation f in ∞ durch $f(\infty) = \frac{a}{c}$ stetig ergänzt haben.

Beide Normalformen können als gleichwertig angesehen werden. Wir werden uns im Weiteren auf (3.40) beschränken. Entscheidend ist, dass sich die Beziehung zwischen affin-linearen Abbildungen, Fixpunkten und Funktionsvorschrift ausdrücken lässt, die es uns ermöglicht, den Ansatz aus 3.5.1 auf den gebrochen linearen Fall zu übertragen. Je nach Wert von ξ teilen wir die Transformation in verschiedene Klassen ein, was für $\frac{1}{\xi}$ dieselbe Einteilung liefert:

Ist $|\xi| = 1$ und $\xi \neq 1$, dann ist h elliptisch. Da h eine (reine) Drehung ist, werden die konzentrischen Kreise $|w - 0| = r$ mit $r \in \mathbb{R}^+$ wieder auf sich abgebildet. Dies ist wegen $w = \frac{z - z_1}{z - z_2}$ genau dann der Fall, wenn die Menge $\left\{ z \in \mathbb{C} \middle| \left| \frac{z - z_1}{z - z_2} \right| = r \right\}$ wieder in sich übergeht. Es handelt sich hierbei um Kreise, deren Abstände zu den Fixpunkten z_1 und z_2 im festen Verhältnis r stehen. Sie werden „Kreise des Apollonios" genannt (Ahlfors 1966, S. 84). Für $r \to 0$ konvergieren diese offenbar gegen z_1, für $r \to \infty$ gegen z_2. Die stationären Kurven, auf die sich die Funktionswerte von f bei iterativer Anwendung auf einen Startwert z_0 bewegen, sind also für $|\xi| = 1$ und $\xi \neq 1$ diese spezielle Schar an Kreisen[23] (Abb. 3.11). Die Funktion f heißt elliptisch.

Ist h hyperbolisch, d. h. $\xi \in \mathbb{R}^+$ und $\xi \neq 1$, so ist dies offenbar genau dann der Fall, wenn jede einzelne Gerade durch 0 und ∞ wieder in sich übergeht.[24] Da Geraden durch 0 und ∞ aber genau den verallgemeinerten Kreislinien durch z_1 und z_2 entsprechen, werden im hyperbolischen Fall Kreislinien bzw. die Verbindungsgerade durch z_1 und z_2 wieder auf sich abgebildet. Wählen wir einen Startpunkt $z_0 \in \widehat{\mathbb{C}} \setminus \{z_1, z_2\}$, so wird durch die drei Punkte z_0, z_1, z_2 ein verallgemeinerter Kreis eindeutig festgelegt. Die Bildpunkte wandern bei iterativer Anwendung von f beginnend bei z_0 für $0 < \xi < 1$ gegen z_1, für $1 < \xi$ gegen z_2. Dieser Fall ist rechts in Abb. 3.11 dargestellt. Wir sprechen davon, dass die Transformation f hyperbolisch ist. Während im elliptischen Fall die Kreise durch z_1 und z_2 untereinander permutieren, sind es nun die Kreise des Apollonios, die innerhalb ihrer Schar wechseln.

Kennzeichnet h eine Drehstreckung, d. h. $|\xi| \neq 1$ und $\xi \notin \mathbb{R}^+$, so kann das Abbildungsverhalten dadurch beschrieben werden, dass man Drehung und Streckung miteinander kombiniert. Das Ergebnis ist eine Spirale mit dem Fixpunkt 0 als Zentrum. Dies wird in Abb. 3.6 dargestellt. Auf der Zahlenkugel haben wir gesehen, dass sich die zugehörige Loxodrome nicht nur um den Ursprung, dargestellt durch den Südpol, sondern auch um den Punkt ∞, repräsentiert durch den Nordpol der Sphäre, windet. Ein solches Verhalten müsste sich daher auch bei f für die Fixpunkte z_1 und z_2 bemerkbar machen und tatsächlich erhalten wir bei iterativer Anwendung von f auf einen Startwert $z_0 \in \widehat{\mathbb{C}} \setminus \{z_1, z_2\}$ eine Doppelspirale, die sich um z_1 und z_2 schlängelt und z_1 bzw. z_2 als Grenzwert besitzt (Abb. 3.12). Die Doppelspirale ergibt sich dabei durch Hintereinanderausführung der ellipti-

---

[23] Beachte jedoch, dass ein Kreis des Apollonios bei gegebenen z_1, z_2 und r nicht die Kreismittelpunkte z_1 oder z_2 besitzt. Ebenfalls hat dieser nicht den Radius r. Der Radius $\tilde{r}$ eines solchen Kreises (Abb. 3.11) lautet $\tilde{r} = \frac{r}{|r^2 - 1|} |z_1 - z_2|$. Zur Herleitung siehe Lemmermeyer 2016, S. 98.

[24] Auch hier natürlich nicht punktweise.

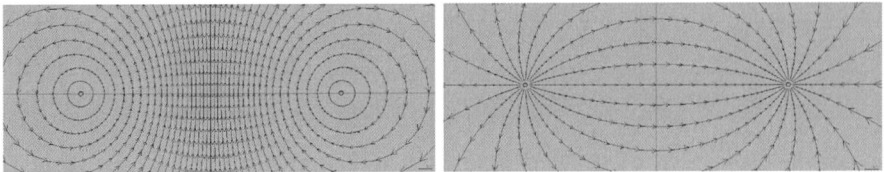

Abb. 3.11 Gebrochen lineare Transformationen: elliptisch (links), hyperbolisch (rechts), (Graphiken wurden von Teilnehmenden des Sommerschulkurses „Möbiustransformationen und Indras Perlen" unter Leitung von Andreas Filler, Berlin 2012, S. 9, erstellt)

schen und hyperbolischen Transformation für f und kennzeichnet die Kurven, die bei wiederholter Anwendung von f wieder in sich übergehen (auch hier natürlich nicht punktweise). Wir bezeichnen f als loxodromisch.

Damit haben wir die Begriffe elliptisch, hyperbolisch und loxodromisch von h über die Beziehung (3.40) auf f übertragen. Auf eine technische Ausarbeitung wird an dieser Stelle verzichtet. Die vorgenommenen Charakterisierungen im gebrochen linearen Fall können auch wieder durch die Riemannsche Zahlensphäre veranschaulicht werden. Man sieht in Abb. 3.13, dass sich die Darstellung der invarianten Kurven auf der Sphäre nicht verändert hat. Lediglich die Ausrichtung der Kugel im Raum ist eine andere.

Die vorgenommene Transformation $g(z)$ aus (3.38), die den Fixpunkt z_1 auf den Koordinatenursprung und z_2 nach ∞ abbildet, entspricht dabei einer Drehung und Translation der repräsentierenden Punkte einer (zulässigen[25]) Sphäre in den Nord- bzw. Südpol einer um den Ursprung zentrierten Zahlenkugel. Wir werden auf den Zusammenhang zwischen Möbius-Transformationen und eigentlichen euklidischen Bewegungen der Sphäre im nächsten Kapitel eingehen. Es verbleibt noch, den parabolischen Fall für gebrochen lineare Abbildungen zu untersuchen.

Bislang sind wir bei gebrochen linearen Transformationen davon ausgegangen, dass beide in $\mathbb{C}$ gelegenen Fixpunkte voneinander verschieden sind. Nun be-

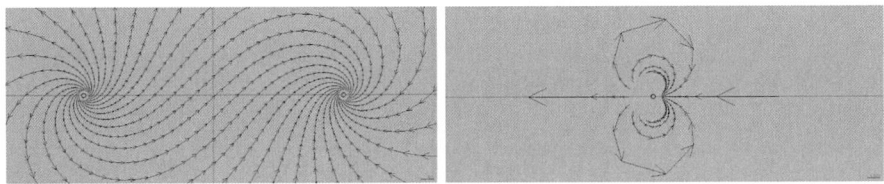

Abb. 3.12 Gebrochen lineare Transformationen: loxodromisch (links), parabolisch (rechts), (Graphiken wurden von Teilnehmenden des Sommerschulkurses „Möbiustransformationen und Indras Perlen" unter Leitung von Andreas Filler, Berlin 2012, S. 9, erstellt)

---

[25] Die „zulässige Sphäre" werden wir in Kap. 4 definieren.

Abb. 3.13 Gebrochen lineare Abbildungen auf der Riemannschen Zahlensphäre (Reproduced with kind permission from Indra's Pearls: The Vision of Felix Klein, by D. Mumford,
C. Series, D. Wright, 2015, p. 67. © Cambridge University Press, http://www.cambridge.
org/9781107564749)

trachten wir Möbius-Transformationen mit nur einem Fixpunkt $z_1 \in \mathbb{C}$. Hierzu
führen wir eine Koordinatentransformation so durch, dass der einzige Fixpunkt der
Komposition $h := g \circ f \circ g^{-1}$ in ∞ liegt. Eine solche Transformation wird ermöglicht durch folgende Hilfsabbildung

$$g(z) := \frac{1}{z - z_1} = w. \tag{3.42}$$

Offenbar sind g und somit auch g^{-1} wieder Möbius-Transformationen (vgl.
Satz 3.4). Aus der Gruppeneigenschaft (Satz 3.5) folgt zudem, dass auch h eine
Möbius-Abbildung sein muss. Da h als lineare Transformation, den einzigen Fixpunkt ∞ hat, muss h nach Korollar 3.20 eine Translation sein, d. h. $h(w) = w + \mu$
und $\mu \in \mathbb{C}^*$. Folglich ist $h(w) = g(f(z))$ mit $z = g^{-1}(w)$ gegeben durch

$$h(w) = \frac{1}{f(z) - z_1} = \frac{1}{z - z_1} + \mu. \tag{3.43}$$

Die Konstante μ gewinnen wir dabei wieder aus der Grenzbetrachtung $z \to \infty$ mit
$f(\infty) = \frac{a}{c}$ gemäß

$$\frac{1}{f(z) - z_1} = \frac{1}{z - z_1} + \mu \qquad \rightarrow \qquad \mu = \frac{1}{\frac{a}{c} - z_1} = \frac{c}{a - z_1 c} \qquad \text{(für } z \to \infty\text{)}.$$

Wir erhalten also

$$\mu = \frac{c}{a - z_1 c}. \tag{3.44}$$

Darstellung (3.43) wird auch als Normalform von f im parabolischen Fall bezeichnet.

Die Geradenschar $h(w) = w + \mu$ mit dem zu μ gehörenden Richtungsvektor wird in sich abgebildet. Da sich diese Geradenschar nirgends außer im Punkt ∞ schneidet, muss diese unter Rücktransformation der (kreistreuen) Abbildung g^{-1} also einem System von Kreisen durch z_1 entsprechen, die dort eine gemeinsame Tangente haben und sich folglich nur in z_1 berühren. f bildet also Kreise durch z_1 mit Tangentenrichtung $\frac{1}{\mu}$ in sich ab. Dies wird in Abb. 3.12 (rechte Seite) dargestellt.

Wir fassen noch einmal zusammen: Indem wir eine Transformation h konstruiert haben, die die Fixpunkte z_1 und z_2 von f auf 0 und ∞ bzw. den Fixpunkt z_1 auf ∞ abbildet, haben wir den gebrochen linearen Fall auf eine ganze lineare Abbildung zurückgespielt. Über die Normalform (3.40) bzw. (3.43), die letztlich den Zusammenhang zwischen Funktionswert $f(z)$, Argument z und Fixpunkten darstellt, und eine Schreibweise für h ist, können wir f klassifizieren. Für nur einen Fixpunkt erhalten wir den parabolischen Fall. Den elliptischen, hyperbolischen und loxodromischen erhalten wir nach dem Wert von Faktor ξ. Dies formulieren wir in Satz 3.32 und Definition 3.33 wie folgt aus:

Satz 3.32 (Satz über Normalformen)
Sei $f \neq \mathrm{id}_{\hat{\mathbb{C}}}$ eine Möbius-Transformation mit der Vorschrift $f(z) = \frac{az+b}{cz+d}$ und zwei verschiedenen Fixpunkten $z_1, z_2 \in \mathbb{C}$, d. h. f ist gebrochen linear. Dann gibt es ein $\xi \in \mathbb{C}^*$, so dass die Eigenschaft

$$\frac{f(z) - z_1}{f(z) - z_2} = \xi \frac{z - z_1}{z - z_2} \tag{3.45}$$

erfüllt ist. Die Konstante ξ berechnet sich nach (3.41) durch

$$\xi = \frac{a - z_1 c}{a - z_2 c}. \tag{3.46}$$

Hat f die Fixpunkte ∞ und $z_1 \in \mathbb{C}$, d. h. $f(z) = \frac{a}{d}z + \frac{b}{d}$, so gibt es ein $\xi \in \mathbb{C}^*$ mit

$$f(z) - z_1 = \xi(z - z_1). \tag{3.47}$$

ξ erhalten wir durch $\xi = \frac{a}{d}$, vgl. Definition 3.31. Für $d = 1$ stimmt (3.47) mit (3.37) überein.

Hat f nur einen Fixpunkt z_1 und liegt dieser in $\mathbb{C}$, dann gibt es ein $\mu \in \mathbb{C}^*$ mit

$$\frac{1}{f(z) - z_1} = \frac{1}{z - z_1} + \mu. \tag{3.48}$$

Die Konstante μ berechnet sich durch

$$\mu = \frac{c}{a} - z_1 c. \tag{3.49}$$

Liegt der einzige Fixpunkt von f dagegen in ∞, so ist f nach Korollar 3.20 eine Translation, d. h.

$$f(z) = z + \mu \tag{3.50}$$

mit $\mu = \frac{b}{d} \in \mathbb{C}^*$.

Offenbar erfüllt jede Möbius-Transformation $f \neq \mathrm{id}_{\widehat{\mathbb{C}}}$ genau eine der Gl. (3.45), (3.47), (3.48) oder (3.50). Die entsprechende Gleichung nennen wir Normalform von f. Die Konstante ξ aus (3.45) und (3.47), nach der sich die Einteilung in elliptisch, hyperbolisch und loxodromisch vornehmen lässt, wird als Multiplikator bezeichnet.

Beweis

Der Satz folgt aus den bisherigen Untersuchungen aus 3.51 und 3.5.2. ◄

Mit Hilfe der Normalform und des Multiplikators erweitern wir Definition 3.31:

Definition 3.33 (Klassifikation von Möbius-Transformationen)
Sei $f \neq \mathrm{id}_{\widehat{\mathbb{C}}}$ eine Möbius-Transformation und besitzt diese die Normalform (3.45) bzw. (3.47). Weiterhin sei der Multiplikator $\xi \in \mathbb{C}^*$ gegeben wie in Satz 3.32. Dann heißt f

- elliptisch, falls $|\xi| = 1$ und $\xi \neq 1$ ist,
- hyperbolisch, falls $\xi \in \mathbb{R}^+$ und $\xi \neq 1$ ist und
- loxodromisch, falls $|\xi| \neq 1$ und $\xi \notin \mathbb{R}^+$ ist.

Hat f nur einen Fixpunkt in $\widehat{\mathbb{C}}$, so bezeichnen wir f als parabolisch.

Als Beispiel bestimmen wir den Charakter der Inversion:

Beispiel 3.34
Es ist bereits bekannt, dass $f : \widehat{\mathbb{C}} \to \widehat{\mathbb{C}}$ mit $f(z) = \frac{1}{z}$ die Fixpunkte $z_1 = 1$ und $z_2 = -1$ besitzt. Die Koeffizienten sind gegeben durch $a = 0$, $b = 1$, $c = 1$ und $d = 0$. Damit berechnet sich der Multiplikator ξ nach (3.46) durch

$$\xi = \frac{0 - 1 \cdot 1}{0 - (-1) \cdot 1} = -1 \tag{3.51}$$

und die Inversion ist elliptisch.[26]

---

[26] Beachte, dass ein Vertauschen der Fixpunkte die gleiche Einteilung liefert und die Koeffizienten nur bis auf ein Vielfaches λa, λb, λc und λd mit $\lambda \in \mathbb{C}^*$ bestimmt sind.

Die Methode zur Bestimmung des Charakters einer Möbius-Transformation erfordert also neben der expliziten Berechnung der Fixpunkte stets die Angabe des Multiplikators. Dies kann je nach Möbius-Transformation zu aufwendigen Rechnungen führen. Wir werden nun zeigen, wie sich der Typ einer Möbius-Transformation bequem an der normalisierten Darstellung ablesen lässt. Dies ist Inhalt des folgenden Abschnittes.

3.5.3   Bestimmung des Charakters anhand der Koeffizienten

In Bemerkung 3.2 (iii) haben wir festgelegt, dass eine Möbius-Transformation (3.1) normalisiert heißt, wenn ihre Koeffizienten $a, b, c, d \in \mathbb{C}$ die Bedingung $ad - bc = 1$ erfüllen. Man erreicht eine Normalisierung dadurch, dass man die Funktionsvorschrift (3.1) mit $\pm \frac{1}{\sqrt{ad-bc}}$ erweitert. Diese Darstellung hat den Vorteil, dass man den Charakter einer Möbius-Transformation bereits an der Spur $a + d$ ablesen kann (Satz 3.36). Um dies zu zeigen, benötigen wir den folgenden Hilfssatz.

Lemma 3.35
Sei $f : \widehat{\mathbb{C}} \to \widehat{\mathbb{C}}$ eine gebrochen lineare Transformation in normalisierter Form, d. h. $f(z) = \frac{az+b}{cz+d}$ mit $ad - bc = 1$ und $c \neq 0$. Besitzt f zwei verschiedene Fixpunkte $z_1, z_2 \in \mathbb{C}$ und sei $\xi \in \mathbb{C}^*$ der Multiplikator aus (3.46). Dann gilt die Beziehung

$$\pm \left(\sqrt{\xi} + \frac{1}{\sqrt{\xi}} \right) = a + d. \tag{3.52}$$

Beweis

Die Fixpunkte z_1, z_2 von f berechnen sich für $c \neq 0$ nach (3.27) durch

$$z_{1,2} = \frac{a-d}{2c} \pm \sqrt{(d-a)^2 + 4bc}. \tag{3.53}$$

Für den Fall, dass $ad - bc = 1$ ist, erhalten wir

$$z_{1,2} = \frac{a-d}{2c} \pm \sqrt{(a+d)^2 - 4}. \tag{3.54}$$

Setzen wir (3.54) in (3.46) zur Bestimmung des Multiplikators ξ ein, so ergibt sich

$$\xi = \frac{a - z_1 c}{a - z_2 c} \qquad \Leftrightarrow \qquad \xi = \frac{a - c \cdot \frac{a-d+\sqrt{(a+d)^2-4}}{2c}}{a - c \cdot \frac{a-d-\sqrt{(a+d)^2-4}}{2c}}$$

$$\Leftrightarrow \qquad \xi = \frac{a + d - \sqrt{(a+d)^2 - 4}}{a + d + \sqrt{(a+d)^2 - 4}}.$$

Es gilt also

$$\xi + \frac{1}{\xi} = \frac{a+d-\sqrt{(a+d)^2-4}}{a+d+\sqrt{(a+d)^2-4}} + \frac{a+d+\sqrt{(a+d)^2-4}}{a+d-\sqrt{(a+d)^2-4}}$$

$$= \frac{\left(a+d-\sqrt{(a+d)^2-4}\right)^2 + \left(a+d+\sqrt{(a+d)^2-4}\right)^2}{\left(a+d+\sqrt{(a+d)^2-4}\right)\left(a+d-\sqrt{(a+d)^2-4}\right)}$$

$$= \frac{(a+d)^2 - 2(a+d)\sqrt{(a+d)^2-4} + (a+d)^2 - 4}{(a+d)^2 - (a+d)^2 + 4}$$

$$+ \frac{(a+d)^2 + 2(a+d)\sqrt{(a+d)^2-4} + (a+d)^2 - 4}{(a+d)^2 - (a+d)^2 + 4}$$

$$= \frac{4[(a+d)^2 - 2]}{4} = (a+d)^2 - 2$$

$$\Leftrightarrow \xi + \frac{1}{\xi} + 2 = (a+d)^2$$

$$\Leftrightarrow \pm\left(\sqrt{\xi} + \frac{1}{\sqrt{\xi}}\right) = a+d.$$

Das ist Gl. (3.52), die zu zeigen war. ◀

Mit Lemma 3.35 erhalten wir Satz 3.36, nach dem sich der Typ einer Möbius-Transformation an seiner normalisierten Darstellung ablesen lässt.

Satz 3.36 (Bestimmung des Charakters an $a+d$)
Sei $f : \widehat{\mathbb{C}} \to \widehat{\mathbb{C}}$ eine Möbius-Transformation mit $f(z) = \frac{az+b}{cz+d}$ und $ad - bc = 1$ sowie $f \neq \mathrm{id}_{\widehat{\mathbb{C}}}$. Dann lässt sich die Klassifikation von f an $a+d$ ablesen. Genauer: f ist genau dann

(i)   elliptisch, wenn $a+d \in \mathbb{R}$ und $|a+d| < 2$ ist,
(ii)   parabolisch, wenn $a+d \in \mathbb{R}$ und $|a+d| = 2$ ist,
(iii) hyperbolisch, wenn $a+d \in \mathbb{R}$ und $|a+d| > 2$ ist und
(iv) loxodromisch, wenn $a+d \notin \mathbb{R}$ ist.

Beweis

Wir untergliedern den Beweis „⇒" in zwei Teile. Zunächst zeigen wir die Aussage für den gebrochen linearen Fall und behandeln anschließend die ganzen linearen Transformationen. Für den Multiplikator ξ verwenden wir die Polarkoordinatendarstellung.

1. Schritt: gebrochen lineare Transformationen

(a) Ist f elliptisch, dann gilt $\xi = e^{i\varphi}$ mit $0 < \varphi < 2\pi$ und $\varphi := \text{Arg}(\xi)$. Verwenden wir die Euler-Formel und berücksichtigen, dass der Cosinus eine gerade und der Sinus eine ungerade Funktion ist, dann folgt aus Lemma 3.35

$$a + d = \pm\left(\sqrt{\xi} + \frac{1}{\sqrt{\xi}}\right) = \pm\left(e^{\frac{i\varphi}{2}} + e^{-\frac{i\varphi}{2}}\right)$$
$$= \pm\left(\left[\cos\left(\frac{\varphi}{2}\right) + i\sin\left(\frac{\varphi}{2}\right)\right] + \left[\cos\left(-\frac{\varphi}{2}\right) + i\sin\left(-\frac{\varphi}{2}\right)\right]\right)$$
$$= \pm\left(2\cos\left(\frac{\varphi}{2}\right)\right).$$

Damit ist $a + d$ reell und $|a + d| < 2$.

(b) Ist f hyperbolisch, d. h. $\xi \in \mathbb{R}^+$ und $\xi = |\xi| \neq 1$. Nach Lemma 3.35 gilt

$$a + d = \pm\left(\sqrt{|\xi|} + \frac{1}{\sqrt{|\xi|}}\right),$$

so dass $a + d$ ebenfalls reell ist. Wegen der Bedingung $|\xi| \neq 1$ muss weiterhin $|a + d| > 2$ gelten.

(c) Ist f loxodromisch. Dann ist $|\xi| \neq 1$ und $\xi \notin \mathbb{R}^+$. Letzte Bedingung bedeutet, dass das Hauptargument $\varphi := \text{Arg}(\xi)$ nicht die Werte 0, π oder 2π annehmen kann. Andernfalls wäre ξ reell.
Verwenden wir Lemma 3.35, dann erhalten wir

$$a + d = \pm\left(\sqrt{\xi} + \frac{1}{\sqrt{\xi}}\right) = \pm\left(\sqrt{|\xi|}e^{\frac{i\varphi}{2}} + \frac{1}{\sqrt{|\xi|}}e^{-\frac{i\varphi}{2}}\right)$$
$$= \pm\left(\sqrt{\xi}\left[\cos\left(\frac{\varphi}{2}\right) + + i\sin\left(\frac{\varphi}{2}\right)\right] + \frac{1}{\sqrt{|\xi|}}\left[\cos\left(-\frac{\varphi}{2}\right) + i\sin\left(-\frac{\varphi}{2}\right)\right]\right)$$
$$= \pm\left(\left(\sqrt{|\xi|} + \frac{1}{\sqrt{|\xi|}}\right)\cos\left(\frac{\varphi}{2}\right) + i\left(\sqrt{|\xi|} - \frac{1}{\sqrt{|\xi|}}\right)\sin\left(\frac{\varphi}{2}\right)\right).$$

Da $|\xi| \neq 1$ und $0 < \frac{\varphi}{2} < \pi$ gelten, kann $a + d$ nicht reell sein.

(d) Ist f parabolisch, so ist dies gleichbedeutend damit, dass f genau einen Fixpunkt in $\mathbb{C}$ besitzt. Dies ist nach (3.54) genau, dann der Fall, wenn $(a + d)^2 - 4 = 0$ ist. Das ist äquivalent dazu, dass $a + d = \pm 2$ ist. Somit gilt $a + d \in \mathbb{R}$ und $|a + d| = 2$.

2. Schritt: ganze lineare Transformationen

Sei f nun eine ganze lineare Abbildung in normalisierter Darstellung, dann ist $f(z) = \frac{a}{d}z + \frac{b}{d}$ mit $ad = 1$. Insbesondere gilt $d \neq 0$. Wir betrachten die einzelnen Fälle.

(a) Ist f elliptisch, so muss per definitionem der Multiplikator $\xi = \frac{a}{d} \neq 1$ und $|\xi| = \left|\frac{a}{d}\right| = 1$ sein. Wir schreiben ξ in Polarkoordinatendarstellung

$\frac{a}{d} = \mathrm{e}^{\mathrm{i}\varphi}$, wobei $\varphi := \mathrm{Arg}(\xi)$ mit $0 < \varphi < 2\pi$ das Hauptargument von ξ bezeichne. Aus der Normalisierungsbedingung $ad = 1$ folgt $a^2 = \mathrm{e}^{\mathrm{i}\varphi}$ und somit $a = \pm\mathrm{e}^{\mathrm{i}\frac{\varphi}{2}}$. D. h. es gilt $d = \pm\mathrm{e}^{-\mathrm{i}\frac{\varphi}{2}} = \overline{a}$ und damit ist $a + d = a + \overline{a} = 2\mathrm{Re}(a) \in (-2,2)$, da $0 < \frac{\varphi}{2} < \pi$ ist. Also ist $a + d \in \mathbb{R}$ und $|a + d| < 2$.

(b) Ist f hyperbolisch, so ist $\xi = \frac{a}{d} \in \mathbb{R}^+ \setminus \{1\}$. Wegen $ad = 1$ ist $a^2 = \xi$. Es gilt also $a = \sqrt{\xi}$ oder $a = -\sqrt{\xi}$. Da jedoch $\xi \neq 1$ ist, muss $a \neq \pm 1$ sein. Im ersten Fall ist $a + d = a + \frac{1}{a} = \sqrt{\xi} + \frac{1}{\sqrt{\xi}} > 2$, im zweiten $a + d = a + \frac{1}{a} = -\sqrt{\xi} - \frac{1}{\sqrt{\xi}} > -2$, wobei verwendet wird, dass die Funktion mit $f(x) = x + \frac{1}{x}$ auf $\mathbb{R}^+$ als Minimum 2 hat, das nur bei $x = 1$ angenommen wird. Also ist $a + d \in \mathbb{R}$ und $|a + d| < 2$.

(c) Betrachten wir nun den Fall, dass f loxodromisch ist. Sei also $\xi = \frac{a}{d} \notin \mathbb{R}^+$ und $|\xi| \neq 1$. In der normalisierten Darstellung gilt wegen $ad = 1$

$$\xi + \frac{1}{\xi} = \frac{a}{d} + \frac{d}{a} = (a + d)^2 - 2.$$

Stellen wir ξ in Polarkoordinaten dar, so ist $\xi = |\xi|\mathrm{e}^{\mathrm{i}\varphi}$ mit $\varphi := \mathrm{Arg}(\xi)$ und $0 < \varphi < 2\pi$. Insbesondere kann kein Argument ein ganzzahliges Vielfaches von 2π sein. Dies ist jedoch genau dann der Fall, wenn $a + d \notin \mathbb{R}$ ist.

(d) Liegt eine parabolische Transformation für $c = 0$, $b \in \mathbb{C}^*$ vor, dann muss die normalisierte Darstellung von der Form $f(z) = \frac{a}{d}z + \frac{b}{d}$ mit $a = d = 1$ oder -1 sein, da $ad = 1$ ist. Folglich ist $a + d \in \mathbb{R}$ und $|a + d| = 2$.

Dadurch, dass jede Möbius-Transformation in normalisierter Darstellung genau eine der Eigenschaften $a + d \in \mathbb{R}$ und $|a + d| < 2$, $a + d \in \mathbb{R}$ und $|a + d| = 2$, $a + d \in \mathbb{R}$ und $|a + d| > 2$ oder $a + d \notin \mathbb{R}$ erfüllt und jede lineare Transformation, die nicht die Identität ist, sich eindeutig eine der vier Klassen elliptisch, hyperbolisch, loxodromisch und parabolisch zuordnen lässt, gilt auch die Umkehrung „$\Leftarrow$" der einzelnen Aussagen. Dies ist Satz 3.36. ◀

Wir wenden Satz 3.36 auf die Inversion an.

Beispiel 3.37 (Inversion)
Die Inversionsabbildung $z \mapsto \frac{1}{z}$ befindet sich wegen $a = 0, b = 1, c = 1, d = 0$ und $ad - bc = -1$ nicht in normalisierter Darstellung. Wir erhalten diese durch Erweitern der Funktionsvorschrift durch $\frac{1}{\mathrm{i}} = \frac{1}{\sqrt{-1}}$, vgl. Bemerkung 3.2 (iii). Dies liefert

$$f(z) = \frac{1}{z} = \frac{(1\backslash\mathrm{i})}{(1\backslash\mathrm{i})} \cdot \frac{1}{z}.$$

Da für die „neuen" Koeffizienten, die immer noch dieselbe Möbius-Transformation beschreiben, die Bedingung $ad - bc = 1$ mit $a = 0, b = \frac{1}{i}, c = \frac{1}{i}, d = 0$ erfüllt, ist unsere Transformation normalisiert und es gilt $a + d = 0$. Nach Satz 3.36 ist die Funktion daher elliptisch.

Bemerkung 3.38
Da die Gruppe der Möbius-Transformationen nach Korollar 3.11 isomorph zur projektiven linearen Gruppe $\mathrm{PGL}(2, \mathbb{C})$ ist, handelt es sich bei $a + d$ um die Spur der zugehörigen Matrix. Wir erinnern uns daran, dass in der linearen Algebra zwei $n \times n$–Matrizen A und $\hat{A}$ ähnlich heißen, wenn eine invertierbare Matrix T existiert, so dass $\hat{A} = TAT^{-1}$ gilt. Solche Matrizen sind eng miteinander verwandt. Sie haben die gleichen Eigenwerte, die gleiche Determinante, das gleiche Minimalpolynom, sind genau dann diagonalisierbar, wenn dies auch auf die andere Matrix zutrifft etc.[27] Erfüllen zwei Möbius-Transformationen f und h die Eigenschaft $h = g \circ f \circ g^{-1}$ mit einer linearen Transformation g, so heißen f und h „zueinander konjugiert" (Behrends 2019, S. 161). Hierdurch wird auf der Gruppe der Möbius-Transformationen eine Äquivalenzrelation definiert. Haben wir zwei zueinander konjugierte Möbius-Transformationen, so lässt sich zeigen, dass die uns interessierenden Eigenschaften entweder für beide oder keine der beiden Funktionen gelten. Wir erhalten bis auf Äquivalenz genau vier Typen von Möbius-Transformationen, die nicht die Identität sind, welche unserer Charakterisierung in elliptisch, hyperbolisch, loxodromisch und parabolisch entsprechen. Dies legt eine algebraische Betrachtungsweise nahe. Anstatt beim Beweis von Satz 3.36 zwischen dem gebrochen und ganzen linearen Fall zu unterscheiden, zeigt man die Invarianz der Spur unter zueinander konjugierten Transformationen. Eine Ausarbeitung hierzu findet sich in Olsen 2010, S. 23–26, und in Herr 2020, S. 19–23.

Zum Abschluss zeigen wir noch eine Illustration aus dem wunderschönen Buch „Indra's Pearls. The Vision of Felix Klein" von Mumford, Series und Wright 2015 (Abb. 3.14). Betrachten wir anstatt einzelner Punkte ganze Punktmuster, wie hier in Form einer Strichfigur, und wenden eine Möbius-Transformation iterativ hierauf an, so wird diese entsprechend ihrer zugehörigen Klasse dem typischen Kurvenverlauf folgen. Im loxodromischen Fall ist dies die markante Doppelspirale, wobei unsere Figur von einem zum anderen Fixpunkt wandert.

---

[27] In der linearen Algebra wird dieses Prinzip dazu verwendet, um zu einer gegebenen linearen Abbildung $\varphi: V \to V$ eines n-dimensionalen $\mathbb{K}$-Vektorraumes durch Basiswechsel eine möglichst einfache Darstellungsmatrix zu finden.

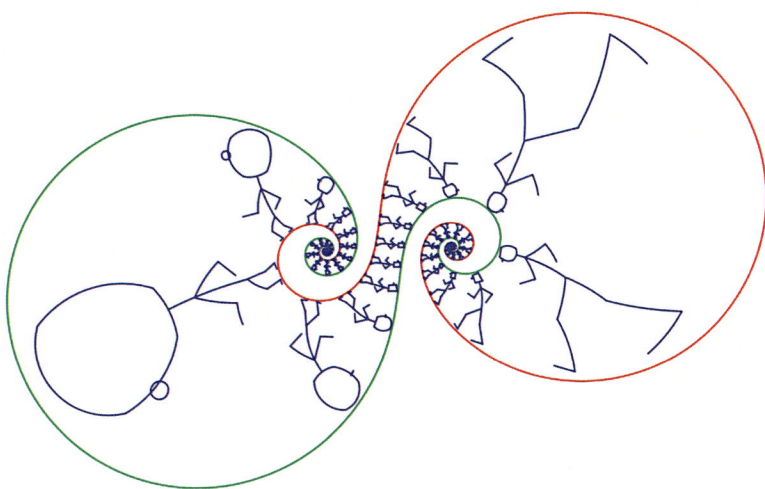

Abb. 3.14 Bei iterativer Anwendung einer loxodromischen Transformation auf das Strichmännchen (Dr. Stickler) wandert diese auf einer Doppelspirale von einem zum anderen Fixpunkt (Reproduced with kind permission from Indra's Pearls: The Vision of Felix Klein, by D. Mumford, C. Series, D. Wright, 2015, p. 66. © Cambridge University Press, http://www.cambridge.org/9781107564749).

Bewegungen der Zahlensphäre

4

Die wahre Schönheit von Möbius-Transformationen zeigt sich, wenn wir sie vom Standpunkt einer drei-dimensionalen Sphäre aus betrachten. Um lineare Transformationen elegant zu beschreiben, projizieren wir die erweiterte komplexe Ebene auf die Riemannsche Zahlenkugel und bewegen sie im Raum. Von der neuen Position aus projizieren wir die Sphäre dann stereographisch zurück nach $\widehat{\mathbb{C}}$ und erhalten so eine lineare Transformation. Es lässt sich zeigen, dass jede Möbius-Abbildung durch *geeignete* Wahl der Sphäre und Bewegung auf diese Weise erzeugt werden kann. Von der Sphäre werden wir nur verlangen, dass sich ihr Nordpol oberhalb der (x_1, x_2)-Ebene befindet. Mittelpunkt und Radius der Kugel können dagegen beliebig gewählt werden. Als Bewegungen betrachten wir nur solche, die eine zulässige Sphäre durch Translationen und Drehungen wieder in eine solche überführen.

Es war Bernhard Riemann, der diesen Zusammenhang zwischen Möbius-Transformationen und Zahlensphäre erkannte. Der in seinem Nachlass durch Karl Hattendorff herausgegebenen Abhandlung „Ueber die Fläche vom kleinsten Inhalt bei gegebener Begrenzung" liegt ein Manuskript zugrunde, das nach Äußerungen Riemanns in den Jahren 1860 und 1861 entstanden ist (Riemann 1953, S. 301). In ihm beschreibt Riemann beiläufig die anschaulichen Beziehungen, die einen intuitiven Einblick in das Wesen von Möbius-Abbildungen ermöglichen. Diese Darstellung findet sich in Kap. 8 seiner Arbeit (Riemann 1953, S. 309–310).

Es dauerte über 140 Jahre bis die beiden Mathematiker Jonathan Rogness und Douglas N. Arnold diese Idee aufgriffen und sie in ihrem preisgekrönten YouTube-Video „Möbius Transformations Revealed" visualisierten (Arnold/Rogness 2007). Damit machten sie Riemanns Erkenntnisse einer weiten Öffentlichkeit zugänglich. Dem Video folgte 2008 ein Paper, welchem sie eine Konstruktionsanweisung für beliebige Möbius-Transformationen beifügten (Arnold/Rogness 2008, S. 1228–1229). Diese beschränkt sich jedoch auf eine Skizze.

In diesem Kapitel werden wir die Zusammenhänge zwischen Möbius-Transformationen und Zahlensphäre ausführlich untersuchen und damit die Inhalte der
bisherigen Kapitel miteinander verknüpfen. Es ist die Aufgabe der vorliegenden
Studien, den Beweis von Arnold und Rogness technisch auszuarbeiten. Hierfür werden wir zunächst detailliert auf das Video von Arnold und Rogness eingehen. Die nächsten beiden Abschnitte beschäftigen sich dann mit den Grundlagen, die für eine Ausarbeitung des Beweises zur Darstellung von Möbius-
Transformationen über Bewegungen der Sphäre erforderlich sind. Einerseits
verallgemeinern wir hierzu den in Kap. 2 eingeführten Begriff der Riemannschen
Zahlenkugel, inklusive den benötigten Projektionsformeln, andererseits studieren wir eigentliche euklidische Bewegungen, wie sie beispielsweise in kinematischen Problemen der Robotik zu finden sind. Im letzten Abschnitt werden wir
diese Teile zusammenfügen und zeigen, dass sich jede Möbius-Transformation auf
diese Weise konstruieren lässt. Zugleich erhalten wir damit einen Beweis für die
Winkeltreue von Möbius-Transformationen.

4.1 „Möbius Transformations Revealed"

Im Jahr 2007 erschien das berühmte Video „Möbius Transformations Revealed"
von Douglas N. Arnold und Jonathan Rogness von der University of Minnesota in
Minneapolis, das den Zusammenhang zwischen Riemannscher Zahlensphäre und
Möbius-Transformationen auf eindrucksvolle Weise verdeutlicht. Das Video ging
in kürzester Zeit viral und wurde bis heute allein auf YouTube über 2.1 Mio. Mal
aufgerufen, wohlgemerkt handelt es sich dabei um ein Mathematikvideo.[1]

In ihm wird gezeigt, wie sich die Elementartypen von Möbius-Transformationen (Verschiebung, Streckung, Drehung und Inversion) elegant durch
entsprechende Bewegungen einer beleuchteten Sphäre im $\mathbb{R}^3$ beschreiben lassen.
Abb. 4.1 illustriert dazu das Einheitsquadrat in der komplexen Ebene als stereographische Projektion eines sphärischen Quadrates, das durch eine Lampe am
Nordpol auf die Ebene abgebildet wird (Arnold/Rogness 2007).

Durch Möbius-Transformationen wird dieses Quadrat in der Ebene winkeltreu
verzerrt. Dabei lassen sich alle Elementartransformationen als Projektionen von
Bewegungen der Sphäre auf die erweiterte komplexe Ebene erklären:

a) Translationen der Sphäre innerhalb der (x_1, x_2)-Ebene entsprechen den Translationen in $\widehat{\mathbb{C}}$.
b) Ein Anheben oder Absenken der Kugel, d. h. Translationen in x_3-Richtung, be-
   wirken eine Streckung oder Stauchung des Quadrats in $\widehat{\mathbb{C}}$.
c) Eine Drehung der Sphäre um die x_3-Achse führt zu einer entsprechenden Drehung des Quadrates in $\widehat{\mathbb{C}}$ um denselben Winkel.

---

[1] https://www.youtube.com/watch?v=JX3VmDgiFnY; Stand: 07.03.2023.

Abb. 4.1 Das
Einheitsquadrat als
stereographisches Bild
eines sphärischen Quadrates
(Reproduced with kind
permission from the video
„Möbius Transformations
Revealed", by Jonathan
Rogness and Douglas Arnold,
2007. https://www-users.cse.
umn.edu/~arnold/moebius/)

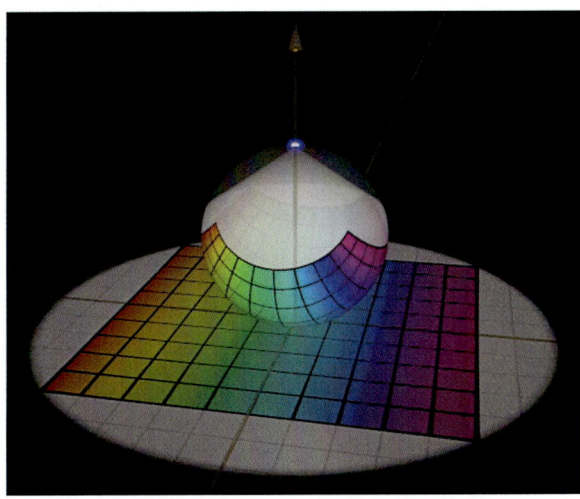

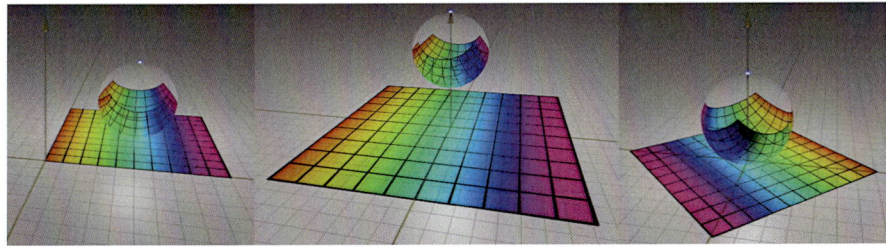

Abb. 4.2 a Durch Bewegung der Sphäre aus Abb. 4.1 erhalten wir (von links nach rechts): eine
Translation, eine Streckung und eine Drehung. (Reproduced with kind permission from the video
„Möbius Transformations Revealed", by Jonathan Rogness and Douglas Arnold, 2007. https://
www-users.cse.umn.edu/~arnold/moebius/)

d) Wird die Kugel hingegen um die x_1-Achse um den Winkel π rotiert, d. h. die
   Sphäre so gedreht, dass Nord- und Südpol ihre Positionen im Koordinaten-
   system tauschen, wobei die x_1-Koordinaten unverändert bleiben, dann liegt die
   Inversion $z \mapsto \frac{1}{z}$ als Elementartransformation vor. Dabei wird das Innere des
   Einheitskreises nach außen gekehrt und der Mittelpunkt des Quadrates auf Un-
   endlich abgebildet.

Abb. 4.2 illustriert diese Aussagen: Eine Verschiebung der Kugel verschiebt das
Quadrat in der Ebene, ein Anheben der Sphäre bewirkt eine Vergrößerung des
Quadrates durch Streckung und eine Drehung um die senkrechte Achse lässt auch
das Quadrat rotieren. Stellen wir die Kugel dagegen „auf den Kopf", indem wir sie
um die x_1-Achse um 180° drehen, erhalten wir nach Rückprojektion das Bild des
Quadrates unter der Inversion.

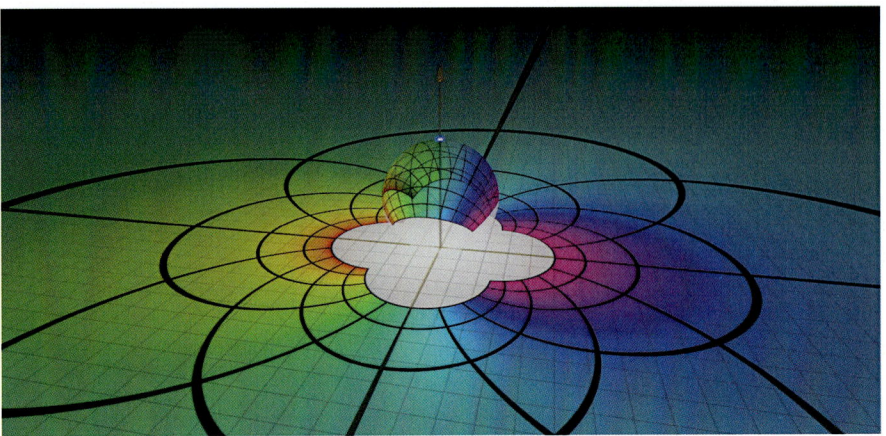

Abb. 4.2 b Durch Drehung der Sphäre aus Abb. 4.1 um 180° um die x_1-Achse entsteht die Inversion. (Reproduced with kind permission from the video „Möbius Transformations Revealed", by Jonathan Rogness and Douglas Arnold, 2007. https://www-users.cse.umn.edu/~arnold/moebius/)

In den vorliegenden Darstellungen ist zu beachten, dass sich die Lampe als Projektionszentrum stets oberhalb der Gaußschen Zahlenebene befindet. Arnold und Rogness bezeichnen diese Sphären als *zulässig* (engl.: admissible). Zudem werden als Bewegungen der Kugel nur Translationen und Drehungen, also eigentliche euklidische Bewegungen, zugelassen. Wir beschränken uns damit auf solche Bewegungen, die physikalisch möglich sind, was beispielsweise Spiegelungen, die zwar Winkel in ihrer Größe erhalten, aber die Orientierung umkehren, ausschließt. Inzwischen kann man anhand frei zugänglicher Geometrie-Software, selbst die Bewegungen der Sphäre und die daraus resultierenden Bilder in der Ebene modellieren.[2]

Da Möbius-Transformationen Verkettungen der oben genannten Elementartypen sind, kann jede lineare Transformation durch entsprechende Bewegungen der Sphäre nachgestellt werden. Genauer: Eine gegebene Möbius-Transformation lässt sich dadurch konstruieren, indem man die erweiterte komplexe Ebene stereographisch auf eine zulässige Sphäre projiziert, eine mit der Transformation korrelierenden Bewegung ausführt, die die Sphäre in eine andere zulässige überführt, und diese anschließend zurück nach $\widehat{\mathbb{C}}$ projiziert. Dies wird in der gleichnamigen Arbeit von Arnold und Rogness 2008 beschrieben. Jedoch beschränken sich die Verfasser hier auf eine Beweisskizze. Es ist nun die Aufgabe der folgenden Abschnitte diese technisch auszuarbeiten.

---

[2] Siehe beispielsweise https://www.marksmath.org/visualization/mobius_revealed/?fbclid=IwAR3elpWH24yJwLzM4a4I0KcMkRvX70zpfJpy18zmA9_QJAH8naoulmE7WAA;   Stand: 19.03.2023.

4.2   Zulässige Sphären

Wir beginnen damit, die Definition der Riemannschen Zahlenkugel aus Kap. 2 zu erweitern:

Definition 4.1 (Zulässige Sphären)
Sei $m = (m_1, m_2, m_3)^T \in \mathbb{R}^3$ und $r \in \mathbb{R}^+$, dann heißt die Menge

$$\mathbb{S}_r(m) := \left\{ x \in \mathbb{R}^3 \, \middle| \, (x_1 - m_1)^2 + (x_2 - m_2)^2 + (x_3 - m_3)^2 = r^2 \right\} \qquad (4.1)$$

die Sphäre mit Mittelpunkt m und Radius r im $\mathbb{R}^3$. Den Punkt $N := (m_1, m_2, m_3 + r)^T \in \mathbb{S}_r(m)$ bezeichnen wir als Nordpol der Sphäre $\mathbb{S}_r(m)$. Die Sphäre $\mathbb{S}_r(m)$ heißt zulässig, wenn ihr Nordpol oberhalb der (x_1, x_2)-Ebene liegt, d. h., wenn $m_3 + r > 0$ gilt. Die Riemannsche Zahlenkugel aus Definition 2.1 ist beispielsweise eine zulässige Sphäre.

Für jede zulässige Sphäre kann eine stereographische Projektion wie in Definition 2.1 definiert werden. Dazu legen wir vom Nordpol aus eine Halbgerade, die die Sphäre in einem Punkt x durchstößt. Der Schnittpunkt dieser Halbgeraden mit der (x_1, x_2)-Ebene ordnet $x \in \mathbb{S}_r(m) \setminus \{N\}$ wieder eine komplexe Zahl $z = a + ib$ mit $a, b \in \mathbb{R}$ eindeutig zu. Umgekehrt kann jedem Tripel $(a, b, 0)^T \in \mathbb{R}^3$ ein vom Nordpol verschiedener Punkt der Sphäre zugeordnet werden, der als alternative Darstellung der komplexen Zahl dienen kann. Der Nordpol der zulässigen Sphäre wird erneut mit dem unendlich fernen Punkt identifiziert.

Definition 4.2 (Stereographische Projektion)
Sei $\mathbb{S}_r(m)$ eine zulässige Sphäre im $\mathbb{R}^3$. Die stereographische Projektion bzgl. N, die jedem Punkt $x \in \mathbb{S}_r(m)$ umkehrbar eindeutig ein Element von $\widehat{\mathbb{C}}$ zuordnet, wird definiert durch die Abbildung $\widehat{\varphi}_{\mathbb{S}_r(m)} : \mathbb{S}_r(m) \to \widehat{\mathbb{C}}$ mit der Vorschrift

$$\widehat{\varphi}_{\mathbb{S}_r(m)}(x) := \begin{cases} a + ib & \text{für } x \neq (m_1, m_2, m_3 + r)^T, \\ \infty & \text{für } x = (m_1, m_2, m_3 + r)^T, \end{cases} \qquad (4.2)$$

wobei $a, b \in \mathbb{R}$ gegeben sind durch

$$a = \frac{(m_3 + r)x_1 - m_1 x_3}{m_3 + r - x_3}, \quad b = \frac{(m_3 + r)x_2 - m_2 x_3}{m_3 + r - x_3}.$$

Die Abbildung, die umgekehrt jedem Element von $\widehat{\mathbb{C}}$ den Durchstoßungspunkt der Projektionsgeraden mit der Sphäre durch den Nordpol zuordnet, lautet $\widehat{\varphi}_{\mathbb{S}_r(m)}^{-1} : \widehat{\mathbb{C}} \to \mathbb{S}_r(m)$ mit

$$\widehat{\varphi}_{\mathbb{S}_r(m)}^{-1}(z) := \begin{cases} (x_1, x_2, x_3)^T & \text{für } z \neq \infty, \\ (m_1, m_2, m_3 + r)^T & \text{für } z = \infty. \end{cases} \qquad (4.3)$$

Die Bildkoordinaten $x_1, x_2, x_3 \in \mathbb{R}$ auf der Sphäre lassen sich dabei bestimmen durch

$$x_1 = m_1 + \frac{2r(m_3 + r)(a - m_1)}{(a - m_1)^2 + (b - m_2)^2 + (m_3 + r)^2},$$

$$x_2 = m_2 + \frac{2r(m_3 + r)(b - m_2)}{(a - m_1)^2 + (b - m_2)^2 + (m_3 + r)^2},$$

$$x_3 = m_3 - \frac{2r(m_3 + r)^2}{(a - m_1)^2 + (b - m_2)^2 + (m_3 + r)^2}.$$

Die Herleitung erfolgt in Anlehnung an (2.7) und (2.8) und ist überwiegend technischer Natur. Sie beinhaltet keine grundlegend neuen Erkenntnisse und kann daher für das Verständnis übersprungen werden. Sie ist dem Anhang beigefügt. Auch findet sich dort ein Beweis zu ihrer Bijektivität und dass es sich bei den Projektionen aus Definition 4.2 tatsächlich um inverse Abbildungen handelt.

Wir nennen einige zulässige Sphären und die zugehörigen Projektionen. Diese Spezialfälle werden unsere Rechnungen in den kommenden Abschnitten erheblich vereinfachen:

Beispiel 4.3 (Spezialfälle)
Für die folgenden Beispiele sei $z = a + ib$ mit $a, b \in \mathbb{R}$.

(i) Wählen wir als zulässige Sphäre die Riemannsche Zahlenkugel $\mathbb{S} = \mathbb{S}_1(0)$ aus Definition 2.1, so ergeben sich die Abbildungsvorschriften (2.7) und (2.8) durch

$$\widehat{\varphi}_{\mathbb{S}}(x) = \begin{cases} \frac{1}{1 - x_3}(x_1 + ix_2) & \text{für } x \neq (0, 0, 1)^T, \\ \infty & \text{für } x = (0, 0, 1)^T \end{cases} \tag{4.4}$$

sowie

$$\widehat{\varphi}_{\mathbb{S}}^{-1}(a + ib) = \begin{cases} \left(\frac{2a}{a^2 + b^2 + 1}, \frac{2b}{a^2 + b^2 + 1}, \frac{a^2 + b^2 - 1}{a^2 + b^2 + 1} \right)^T & \text{für } z \neq \infty, \\ (0, 0, 1)^T & \text{für } z = \infty. \end{cases} \tag{4.5}$$

(ii) Betrachten wir die gleiche Kugel mit Radius 1, jedoch angehoben oder abgesenkt, so dass der Nordpol auf die cartesischen Koordinaten $N = (0, 0, \zeta)^T$ fällt mit $\zeta := m_3 + r > 0$. Dann ergeben sich aus Definition 4.2 folgende Umrechnungsformeln

$$\widehat{\varphi}_{\mathbb{S}_r(m)}(x) = \begin{cases} \frac{\zeta}{\zeta - x_3}(x_1 + ix_2) & \text{für } x \neq (0, 0, \zeta)^T, \\ \infty & \text{für } x = (0, 0, \zeta)^T \end{cases} \tag{4.6}$$

sowie

$$\widehat{\varphi}_{\mathbb{S}_r(m)}^{-1}(a + ib) = \begin{cases} \left(\frac{2\zeta a}{a^2 + b^2 + \zeta^2}, \frac{2\zeta b}{a^2 + b^2 + \zeta^2}, \zeta - \frac{2\zeta^2}{a^2 + b^2 + \zeta^2} \right)^T & \text{für } z \neq \infty, \\ (0, 0, \zeta)^T & \text{für } z = \infty. \end{cases} \tag{4.7}$$

(iii) Die Einheitssphäre, die ihren Mittelpunkt anstatt im Ursprung des Koordinatensystems in $\eta = (\eta_1, \eta_2, 0)^T \in \mathbb{R}^3 \cong \mathbb{C} \times \mathbb{R}$ besitzt, hat ihren Nordpol in $N = (\eta_1, \eta_2, 1)^T$. Als stereographische Projektion bzgl. N erhalten wir

$$\widehat{\varphi}_{\mathbb{S}_r(m)}(x) = \begin{cases} \frac{1}{1-x_3}[x_1 - \eta_1 x_3 + \mathrm{i}(x_2 - \eta_2 x_3)] & \text{für } x \neq (\eta_1, \eta_2, 1)^T, \\ \infty & \text{für } x = (\eta_1, \eta_2, 1)^T. \end{cases} \tag{4.8}$$

Die Inverse ist nach Definition 4.2 gegeben durch

$$\widehat{\varphi}_{\mathbb{S}_r(m)}^{-1}(a + \mathrm{i}b) = \begin{cases} (x_1, x_2, x_3)^T & \text{für } z \neq \infty, \\ (\eta_1, \eta_2, 1)^T & \text{für } z = \infty \end{cases} \tag{4.9}$$

mit den Koordinatenbeziehungen

$$x_1 = \eta_1 + \frac{2(a - \eta_1)}{(a - \eta_1)^2 + (b - \eta_2)^2 + 1},$$

$$x_2 = \eta_2 + \frac{2(b - \eta_2)}{(a - \eta_1)^2 + (b - \eta_2)^2 + 1},$$

$$x_3 = 1 - \frac{2}{(a - \eta_1)^2 + (b - \eta_2)^2 + 1}.$$

Wir werden auf diese Spezialfälle in Abschnitt 4.4 zurückkehren. Es wird sich zeigen, dass sich Rechnungen erheblich vereinfachen lassen, wenn man die Position der zulässigen Sphäre geschickt wählt und dadurch die Abbildungsvorschriften übersichtlich gestaltet.

Wir können nun analog zu Kap. 2 verfahren. Insbesondere können wir die zulässige Sphäre $\mathbb{S}_r(m) \subset \mathbb{R}^3$, ausgestattet mit der durch $\mathbb{R}^3$ induzierten Relativtopologie, topologisch mit der erweiterten komplexen Ebene $\widehat{\mathbb{C}}$ identifizieren. Sämtliche Resultate, wie etwa die Existenz einer chordalen Metrik auf $\widehat{\mathbb{C}}$ lassen sich entsprechend folgern.[3]

Auch für die zugehörige (inverse) stereographische Projektion erhalten wir die entsprechenden Sätze über die Kreis- und Winkeltreue aus Abschn. 2.3. Für unsere Abschlussbetrachtungen interessant ist hierbei vor allem die Winkeltreue. Aus ihr werden wir am Ende des Kapitels die Winkeltreue von Möbius-Transformationen folgern.

Satz 4.4 (Winkeltreue)
Die stereographische Projektion $\widehat{\varphi}_{\mathbb{S}_r(m)}$ und $\widehat{\varphi}_{\mathbb{S}_r(m)}^{-1}$ einer zulässigen Sphäre $\mathbb{S}_r(m)$ mit Mittelpunkt m und Radius r sind winkeltreue Abbildungen.

Beweis

Der Satz kann fast wortwörtlich aus dem Beweis des Satz 2.18 übernommen werden. ◄

---

[3] Natürlich ändern sich mit dem Modell der Zahlenkugel auch die bisherigen Formeln.

4.3   Zulässige Bewegungen

Um eine zulässige Sphäre in eine andere zu überführen, bedienen wir uns nun der
Bewegung starrer Körper im Raum. Darunter verstehen wir eigentliche euklidi-
sche Bewegungen. Das sind Abbildungen von $\mathbb{R}^3$ nach $\mathbb{R}^3$, die sich aus Drehungen
und Translationen zusammensetzen (Kühnel 2011, S. 41). Obwohl in diesem Abschnitt stets der euklidische Vektorraum $\mathbb{R}^3$ als Raum der Anschauung zugrunde
liegt, lassen sich die Definitionen und Sätze jedoch durch geringfügige Änderun-
gen auf den $\mathbb{R}^n$ verallgemeinern.

Bereits aus der linearen Algebra ist bekannt, dass lineare Abbildungen eines
euklidischen Vektorraums in sich orthogonal heißen, wenn sie das Skalarprodukt
invariant lassen, d. h., wenn das Skalarprodukt zweier Vektoren gleich dem Skalarprodukt der Bildvektoren ist. Dies lässt sich dadurch interpretieren, dass lineare
Abbildungen genau dann orthogonal sind, wenn sie die Größe von Winkeln zwischen Vektoren erhalten. In den Einführungsvorlesungen zeigt man für gewöhnlich, dass eine lineare Abbildung f genau dann orthogonal ist, wenn für die zugehörige Darstellungsmatrix $A \in \mathbb{R}^{n \times n}$ bzgl. einer Orthonormalbasis des zugrunde
liegenden Vektorraumes $A^{-1} = A^T$ gilt. Ein Beweis hierzu findet sich in Beutelspacher 2010, S. 266–267. Man bezeichnet invertierbare $n \times n$-Matrizen daher
auch als orthogonale Matrizen. Aus dem Determinantenmultiplikationssatz (Wille
2006, S. 119) folgt dann, dass jede orthogonale Matrix A die Determinante $+1$
oder -1 haben muss, denn es gilt:

$$1 = \det(I_n) = \det(AA^{-1}) = \det(AA^T) = \det(\mathrm{A})\det(A^T) = (\det(\mathrm{A}))^2 \Rightarrow \det(\mathrm{A}) = \pm 1.$$

Wir nennen die Menge aller orthogonalen $n \times n$-Matrizen zusammen mit der
Multiplikation für Matrizen die orthogonale Gruppe O(n). Üblicherweise zeichnet
man orthogonale Matrizen mit Determinante $+1$ gesondert aus: Die Untergruppe
aller $n \times n$-Matrizen mit Determinante $+1$ heißt spezielle orthogonale Gruppe
SO(n) (Kühnel 2011, S. 18). Zum Nachweis der Gruppeneigenschaften siehe z. B.
Beutelspacher 2010, S. 275.

Definition 4.5 (Drehgruppe)
Wir bezeichnen die Menge

$$\mathrm{SO}(3) := \left\{ A \in \mathbb{R}^{3 \times 3} \,|\, A \text{ ist invertierbar mit } A^{-1} = A^T \text{ und } \det(A) = 1 \right\}$$

als Drehgruppe oder spezielle orthogonale Gruppe mit der Matrizenmulti-
plikation als Verknüpfung. Eine lineare Abbildung $T : \mathbb{R}^3 \to \mathbb{R}^3$ mit $T(x) = Ax$
und $A \in \mathrm{SO}(3)$ heißt Drehung. Die Matrix $A \in \mathrm{SO}(3)$ nennen wir Dreh- oder
Rotationsmatrix.

Eine detaillierte Auseinandersetzung mit der Drehgruppe SO(3) findet beispielsweise in Husty et al. 1997, S. 303–319, über die mathematischen Methoden der
Kinematik und Robotik statt. Insbesondere wird hier die Möglichkeit zur Para-

metrisierung der speziellen orthogonalen Gruppe durch schiefsymmetrische Matrizen in Form der sogenannten Cayley-Transformationen und durch normierte Quaternionen eingeführt.

Mit Drehungen haben wir einen wichtigen Typ linearer Abbildungen zur Verfügung. Von besonderem Interesse sind Drehungen um die Raumachsen eines cartesischen Koordinatensystems. Diese werden auch *Fundamentaldrehungen* genannt. Ihre Darstellungsmatrizen lassen sich wie folgt beschreiben:

Satz 4.6 (Drehungen um Koordinatenachsen)
Die Darstellungsmatrizen $R_{x_j}(\phi) \in SO(3)$ beschreiben die Drehungen um die x_1-, x_2- bzw. x_3-Achse eines cartesischen Koordinatensystems um den Drehwinkel ϕ. Sie heißen Fundamentaldrehungen (Husty et al. 1997, S. 304, 308–309).

Eine Drehung um die x_1-Achse erhalten wir mit der Darstellungsmatrix

$$R_{x_1}(\phi) = \begin{pmatrix} 1 & 0 & 0 \\ 0 & \cos(\phi) & -\sin(\phi) \\ 0 & \sin(\phi) & \cos(\phi) \end{pmatrix}, \tag{4.10}$$

eine Rotation um die x_2-Achse durch

$$R_{x_2}(\phi) = \begin{pmatrix} \cos(\phi) & 0 & \sin(\phi) \\ 0 & 1 & 0 \\ -\sin(\phi) & 0 & \cos(\phi) \end{pmatrix} \tag{4.11}$$

und eine Drehung um die x_3-Achse durch Multiplikation mit

$$R_{x_3}(\phi) = \begin{pmatrix} \cos(\phi) & -\sin(\phi) & 0 \\ \sin(\phi) & \cos(\phi) & 0 \\ 0 & 0 & 1 \end{pmatrix}. \tag{4.12}$$

Beweis

Wir berechnen exemplarisch die Rotationsmatrix (4.12), die Herleitungen von (4.10) und (4.11) erfolgen analog. Der Beweis orientiert sich an Husty et al. 1997, S. 304. Dazu sei

$$R_{x_3}(\phi) = \begin{pmatrix} r_{11} & r_{12} & r_{13} \\ r_{21} & r_{22} & r_{23} \\ r_{31} & r_{32} & r_{33} \end{pmatrix} \in SO(3) \tag{4.13}$$

eine Drehmatrix mit Richtungsvektor $v = (0, 0, 1)^T \in \mathbb{R}^3$ als Drehachse und Drehwinkel $\phi \in \mathbb{R}$. Als Rotation um die x_3-Achse erfüllt die Abbildung $T : \mathbb{R}^3 \to \mathbb{R}^3$ die Abbildungsvorschrift

$$\begin{pmatrix} r_{11} & r_{12} & r_{13} \\ r_{21} & r_{22} & r_{23} \\ r_{31} & r_{32} & r_{33} \end{pmatrix} \cdot \begin{pmatrix} 0 \\ 0 \\ x_3 \end{pmatrix} = \begin{pmatrix} 0 \\ 0 \\ x_3 \end{pmatrix}. \tag{4.14}$$

Damit sind $r_{13} = r_{23} = 0$ und $r_{33} = 1$. Aufgrund der Orthogonalität von $R_{x_3}(\phi)$ muss dann aber auch $r_{31} = r_{32} = 0$ gelten. Mit $r_{11} = r_{22} = \cos(\phi)$, $r_{11} = -\sin(\phi)$ und $r_{21} = \sin(\phi)$ lässt sich eine Drehmatrix um den Winkel ϕ formulieren. ◄

Man kann zeigen, dass sich jede Rotation einer Sphäre dadurch konstruieren lässt, dass man die Kugel zunächst um die x_3-Achse, dann um die durch den Kugel-mittelpunkt verlaufenden Parallele zur x_1-Achse und abschließend erneut um die x_3-Achse dreht (Behnke/Sommer 1965, S. 18). Beim Studium allgemeiner Kugel-drehungen kann es daher durchaus sinnvoll sein, Drehungen in diese genannten Bauschritte zu zerlegen. Eine weitaus größere Klasse an Bewegungen erhalten wir, wenn wir die spezielle orthogonale Gruppe SO(3) um die Gruppe aller Trans-lationen im $\mathbb{R}^3$ erweitern. Die resultierenden Abbildungen bezeichnen wir als eigentliche euklidische Bewegungen. Darunter verstehen wir Koordinatentrans-formationen der folgenden Art:

Definition 4.7 (Eigentliche euklidische Bewegungen)
Seien $A \in$ SO(3) und $b \in \mathbb{R}^3$, dann heißt eine Abbildung

$$T : \mathbb{R}^3 \to \mathbb{R}^3;\ T(x) = Ax + b \tag{4.15}$$

eigentliche euklidische Bewegung. Hierbei bezeichne SO(3) die Drehgruppe oder spezielle orthogonale Gruppe des $\mathbb{R}^3$ aus Definition 4.5.

Eigentliche euklidische Bewegungen sind somit Funktionen $T : \mathbb{R}^3 \to \mathbb{R}^3$, die sich als Komposition aus Translationen und Rotationen um Geraden im $\mathbb{R}^3$ ausdrücken lassen. Da neben Translationen nur Abbildungen mit $\det(A) = 1$ be-trachtet werden, sind eigentliche euklidische Bewegungen orientierungserhaltend.

Da Spiegelungen bei der Bewegung starrer Körper physikalisch nicht möglich sind, ist es sinnvoll diese in Definition 4.7 im Vornherein ausgeschlossen zu haben. Ersetzt man SO(3) durch die orthogonale Gruppe O(3) spricht man auch von eukli-dischen Bewegungen (Kühnel 2011, S. 41).

Bemerkung 4.8
Die Menge $\mathrm{E}^+(3) := \left\{ T : \mathbb{R}^3 \to \mathbb{R}^3 \middle| T(x) = Ax + b, A \in \mathrm{SO}(3), b \in \mathbb{R}^3 \right\}$ bildet mit der Komposition als Verknüpfung ebenfalls eine Gruppe. Dies kann durch Nachrechnen der Gruppenaxiome überprüft werden.

Wir studieren noch einige Eigenschaften eigentlicher euklidischer Bewegungen.

Satz 4.9 (Invarianz des Abstandes)
Eine eigentliche euklidische Bewegung $T \in \mathrm{E}^+(3)$ erhält den euklidischen Ab-stand zwischen zwei Punkten $x, y \in \mathbb{R}^3$, d. h. es gilt

$$\|x - y\| = \|T(x) - T(y)\|. \tag{4.16}$$

Der Beweis ist an Bär 1996, S. 144, angelehnt, der dies allgemeiner für euklidische Bewegungen zeigt. Sei $T \in \mathrm{E}^+(3)$ eine eigentliche euklidische Bewegung mit $T(x) = Ax + b$, wobei $A \in \mathrm{SO}(3)$ eine Drehmatrix und $b \in \mathbb{R}^3$ bezeichnen.
    Für $x, y \in \mathbb{R}^3$ gilt

$$
\begin{aligned}
\|T(x) - T(y)\|^2 &= \|(Ax + b) - (Ay + b)\|^2 \\
&= \|A(x - y)\|^2 = (A(x - y))^T (A(x - y)) \\
&= (x - y)^T A^T A (x - y) = (x - y)^T (x - y) \\
&= \|x - y\|^2.
\end{aligned}
$$

Hierbei wird im vorletzten Schritt verwendet, dass $A \in \mathrm{SO}(3)$ die Bedingung $A^{-1} = A^T$ erfüllt. Radizieren liefert die Behauptung. ◀

Bemerkung 4.10
Wählen wir die spezielle lineare Abbildung $T : \mathbb{R}^3 \to \mathbb{R}^3$ mit $T(x) = Ax$ und $A \in \mathrm{SO}(3)$ sowie $y = 0$, dann folgt aus Satz 4.9, dass Drehungen die euklidische Norm erhalten. D. h. für alle $x \in \mathbb{R}^3$ (vgl. Fischer 1983, S. 75) gilt

$$
\|T(x)\| = \|x\|. \tag{4.17}
$$

Weiterhin zeigen wir, dass eigentliche euklidische Bewegungen die Größe der Winkel zwischen Vektoren erhalten. Dies ist die Aussage des folgenden Satzes.

Satz 4.11 (Invarianz des inneren Produktes)
Jede eigentliche euklidische Bewegung $T \in \mathrm{E}^+(3)$ erhält das innere Produkt (Skalarprodukt) von Richtungsvektoren, d. h. für $x, y, v, w \in \mathbb{R}^3$ gilt

$$
\langle T(x) - T(y), T(v) - T(w) \rangle = \langle x - y, v - w \rangle. \tag{4.18}
$$

Dabei bezeichne $\langle \cdot, \cdot \rangle$ das Standardskalarprodukt.

Sei $T \in \mathrm{E}^+(3)$ eine eigentliche euklidische Bewegung mit $T(x) = Ax + b$, wobei $A \in \mathrm{SO}(3)$ eine Drehmatrix und $b \in \mathbb{R}^3$ seien. Dann gilt für $x, y, v, w \in \mathbb{R}^3$

$$
\begin{aligned}
\langle T(x) - T(y), T(v) - T(w) \rangle &= \langle Ax + b - (Ay + b), Av + b - (Aw + b) \rangle \\
&= \langle A(x - y), A(v - w) \rangle \\
&= (A(x - y))^T A(v - w) \\
&= (x - y)^T A^T A(v - w) \\
&= (x - y)^T (v - w) \\
&= \langle x - y, v - w \rangle. \qquad ◀
\end{aligned}
$$

Bemerkung 4.12

Wählen wir $b = y = w = 0$, dann folgt aus Satz 4.11, dass die lineare Abbildung $T : \mathbb{R}^3 \to \mathbb{R}^3$ mit $T(x) = Ax$ und $A \in \mathrm{SO}(3)$ das Standardskalarprodukt zwischen Vektoren erhält. D. h. für alle $x, v \in \mathbb{R}^3$ gilt

$$\langle T(x), T(v) \rangle = \langle x, v \rangle. \tag{4.19}$$

Wir können die Sätze über die Invarianz des Abstandes (Satz 4.9) und des inneren Produktes (Satz 4.11) nun dazu verwenden, um die Winkeltreue eigentlicher euklidischer Bewegungen zu zeigen (Bär 1996, S. 270). Dies ist Inhalt des nächsten Satzes.

Satz 4.13 (Winkeltreue eigentlicher euklidischer Bewegungen)

Sei $T \in \mathrm{E}^+(3)$ eine eigentliche euklidische Bewegung, dann erhält T den Winkel zwischen Richtungsvektoren, d. h. für $x, y, v, w \in \mathbb{R}^3$ gilt

$$\sphericalangle(x - y, v - w) = \sphericalangle(T(x) - T(y), T(v) - T(w)). \tag{4.20}$$

Beweis

Der vorliegende Beweis orientiert sich an Bär 1996, S. 145. Wir verwenden Satz 4.9 und 4.11. Seien $T \in \mathrm{E}^+(3)$ und $x, y, v, w \in \mathbb{R}^3$. Dann gilt

$$
\begin{aligned}
\sphericalangle(x - y, v - w) &= \arccos \frac{\langle x - y, v - w \rangle}{\| x - y \| \cdot \| v - w \|} \\
&= \arccos \frac{\langle T(x) - T(y), T(v) - T(w) \rangle}{\| T(x) - T(y) \| \cdot \| T(v) - T(w) \|} \\
&= \sphericalangle(T(x) - T(y), T(v) - T(w)).
\end{aligned}
$$

Das ist bereits die zu zeigende Aussage. ◄

Aus den Sätzen 4.11 und 4.13 folgt zudem, dass eigentliche euklidische Bewegungen kongruente Formen erhalten. Es lassen sich noch weitere Eigenschaften folgern, dessen Studium für unsere Untersuchungen jedoch entbehrlich sind. Für vertiefende Einblicke sei an dieser Stelle auf Kühnel 2011 und Husty et al. 1997 verwiesen. Zu ergänzen ist hingegen, dass eigentliche euklidische Bewegungen offenbar Geraden in Geraden, Kreislinien in Kreislinien und (was im Folgenden von besonderem Interesse ist) Sphären in Sphären überführen. Wir schränken für unseren Zweck den Begriff der eigentlichen euklidischen Bewegung weiter ein:

Definition 4.14 (Zulässige Bewegungen)

Eine eigentliche euklidische Bewegung heißt zulässig, wenn das Bild einer zulässigen Sphäre wieder eine zulässige Sphäre ist, d. h., wenn nach der vorgenommenen Rotation und Translation, der Nordpol der Bildkugel wieder oberhalb der (x_1, x_2)-Ebene liegt.

Bemerkung 4.15
Es kann sinnvoll sein, zusätzlich zu dem bestehenden Koordinatensystem auch die
Sphäre mit einem körpereigenen Koordinatensystem zu versehen, das seinen Ur-
sprung im Mittelpunkt der Sphäre hat und sich mit dieser bewegt. Während das
erste den Raum beschreibt, in dem sich die Sphäre befindet und an der sich die
Position des Projektionszentrums ablesen lässt, können an der Ausrichtung der
Koordinatenachsen im zweiten System Rotationen der Sphäre besser nachvoll-
zogen werden. So zieht eine Drehung der Sphäre um die x_3-Achse um den Winkel
ϕ eine Rotation des körpereigenen Systems um denselben Winkel und der gleichen
Orientierung nach sich.

Eine solche Methode findet sich z. B. beim „direkten kinematischen Problem" mit Anwendungen in der Robotik wieder, in dem nach der Position des am
Roboterarms befestigten Werkzeugs, Tools, in Abhängigkeit zur Stellung der An-
triebsmotoren des Arms gefragt wird (Löwe et al. 2022, S. 29). Es wird zwischen
Weltsystem und Toolsystem unterschieden. Durch unsere Herangehensweise
im nächsten Abschnitt, in der wir unsere Darstellungen auf einzelne Elementartypen von Möbius-Transformationen beschränken werden, ist dies allerdings nicht
erforderlich. Wir werden es in unseren Betrachtungen deshalb bei einem Koordinatensystem belassen.

4.4 Konstruierbarkeit von Möbius-Transformationen

Wir zeigen nun, dass sich jede Möbius-Transformation durch Bewegungen der
Riemannschen Zahlensphäre im $\mathbb{R}^3$ darstellen lässt. Hierzu projizieren wir $\widehat{\mathbb{C}}$ zunächst auf eine zulässige Sphäre, bewegen diese durch eine zulässige Bewegung
im Raum und projizieren sie anschließend (von der neuen Position aus) zurück
nach $\widehat{\mathbb{C}}$. Durch eine Komposition dieser drei Abbildungen kann jede Möbius-
Transformation konstruiert werden. Dabei werden wir sehen, dass die beschriebene Darstellungsweise keinesfalls eindeutig ist.

Zunächst erinnern wir uns an Satz 3.14, in dem wir gezeigt haben, dass jede
Möbius-Transformation eine Verkettung dreier Elementartypen (Translation,
Drehstreckung, Inversion) ist. Um Drehungen und Streckungen getrennt von-
einander zu betrachten, bedienen wir uns der Polarkoordinaten:

Satz 4.16
Seien $a, b, c, d \in \mathbb{C}$ mit $ad - bc \neq 0$ und $f : \widehat{\mathbb{C}} \to \widehat{\mathbb{C}}$ eine Möbius-Transformation
mit $f(z) = \frac{az+b}{cz+d}$. Dann existieren $\alpha, \beta \in \mathbb{C}$ und $\theta, \rho \in \mathbb{R}$, so dass f dargestellt werden kann durch

$$f(z) = \frac{\rho e^{i\theta}}{z + \alpha} + \beta, \qquad (4.21)$$

falls $c \neq 0$ ist. Für $c = 0$ vereinfacht sich die Darstellung auf

$$f(z) = \rho e^{i\theta} z + \beta. \qquad (4.22)$$

Beweis

Wir beginnen mit gebrochen linearen Transformationen, d. h. $c \neq 0$, und verwenden Darstellung (3.18) aus Satz 3.14. In diesem Fall lautet die Funktionsvorschrift für $z \in \widehat{\mathbb{C}}$

$$
\begin{aligned}
f(z) &= \frac{az + b}{cz + d} = \frac{bc - ad}{c} \cdot \frac{1}{cz + d} + \frac{a}{c} \\
&= \frac{bc - ad}{c^2} \cdot \frac{1}{z + \frac{d}{c}} + \frac{a}{c}.
\end{aligned}
$$

Setzen wir $\alpha := \frac{d}{c}$, $\beta := \frac{a}{c}$ und verwenden für die komplexe Zahl $w := \frac{bc-ad}{c^2}$ die Polarkoordinatendarstellung $w = \rho e^{i\theta}$ mit $\rho := |w|$ und $\theta := \arg(w) \in \mathbb{R}$, können wir gebrochen lineare Möbius-Transformation darstellen durch

$$
f(z) = \frac{\rho e^{i\theta}}{z + \alpha} + \beta.
$$

Falls f affin-linear ist, d. h. $c = 0$, nutzen wir Darstellung (3.17). Dann gilt

$$
f(z) = \frac{a}{d}z + \frac{b}{d} = \rho e^{i\theta} z + \beta
$$

für $z \in \widehat{\mathbb{C}}$. Dabei setzen wir $\beta := \frac{b}{d}$ und verwenden für die komplexe Zahl $w := \frac{a}{d}$ die Polarkoordinatendarstellung $w = \rho e^{i\theta}$ mit $\rho := |w|$ und $\theta := \arg(w) \in \mathbb{R}$. ◀

Bemerkung 4.17

Satz 4.16 sagt aus, dass jede gebrochen lineare Transformation f geschrieben werden kann als Komposition $f = f_5 \circ f_4 \circ f_3 \circ f_2 \circ f_1$ folgender Bauart

$$
f_1(z) := z + \alpha; \qquad f_2(z) := \frac{1}{z}; \qquad f_3(z) := e^{i\theta} z;
$$

$$
f_4(z) := \rho z; \qquad f_5(z) := z + \beta.
$$

Eine ganze lineare Transformation hingegen ist eine Zusammensetzung $f = f_3 \circ f_2 \circ f_1$ aus

$$
f_1(z) := \rho z; \qquad f_2(z) := e^{i\theta} z; \qquad f_3(z) := z + \beta.
$$

Es folgt nun die Ausarbeitung des von Arnold und Rogness skizzierten Beweises.

Satz 4.18 (Konstruierbarkeit von Möbius-Transformationen)

Zu jeder Möbius-Transformation f existieren eine zulässige Sphäre $S \subset \mathbb{R}^3$ und eine zulässige Bewegung $T \in E^+(3)$ bzgl. S, so dass

a) $S' := T(S)$ wieder eine zulässige Sphäre ist und
b) $f = \widehat{\varphi}_{S'} \circ T \circ \widehat{\varphi}_S^{-1}$ gilt.

Hierbei bezeichnen $\widehat{\varphi}_S^{-1}$ die inverse stereographische Projektion von $\widehat{\mathbb{C}}$ auf S und $\widehat{\varphi}_{S'}$ die stereographische Projektion der neuen zulässigen Sphäre S' nach $\widehat{\mathbb{C}}$.

Beweis

Wir beginnen mit dem gebrochen linearen Fall. Dazu ziehen wir die Darstellung der Funktionsvorschrift durch (4.21) heran. Sie gibt uns eine Anleitung, wie sich f als Komposition einzelner Elementartypen f_i darstellen lässt (vgl. Bemerkung 4.17).

Für jede Elementartransformation f_i zeigen wir iterativ, beginnend mit $i = 1$, dass eine zulässige Sphäre $S_i \subset \mathbb{R}^3$ und eine Bewegung $T_i \in \mathrm{E}^+(3)$ existieren, so dass

$$f_i = \widehat{\varphi}_{S_{i+1}} \circ T_i \circ \widehat{\varphi}_{S_i}^{-1}$$

gilt. $S_{i+1} := T_i(S_i)$ bezeichne hierbei die zulässige Sphäre, die aus der eigentlichen euklidischen Bewegung T_i hervorgeht. Indem wir diese als Ausgangssphäre für die nächste Transformation f_{i+1} verwenden, erhalten wir durch wiederholte Anwendung eine Darstellung jeden Typs f_i für $i = 1, 2, \dots, 5$. Eine Verkettung dieser Funktionen ergibt f.

Dadurch, dass $\widehat{\varphi}_{S_i}^{-1}$ und $\widehat{\varphi}_{S_i}$ zueinander invers sind, entfallen die (inversen) stereographischen Projektionen zwischen den einzelnen Konstruktionsschritten. Aufgrund der Gruppeneigenschaft ist die Komposition aller T_i wieder eine eigentliche euklidische Bewegung T, die die Sphäre S_1 in S_6 überführt. Da S_6 zulässig ist, ist die Aussage gezeigt.

Dies führen wir nun im Detail aus. Um Rechnungen möglichst übersichtlich zu gestalten, ist es sinnvoll, die Ausgangssphäre S_1 so zu wählen, dass wir auf die Spezialfälle aus Beispiel 4.3 zurückgreifen können. Dies ist beispielsweise wie folgt möglich:

Typ 1: $f_1(z) = z + \alpha$ mit $\alpha \in \mathbb{C}$
Als Start wählen wir die Sphäre $S_1 := \mathbb{S}_1(-\alpha)$ mit $-\alpha = (-\alpha_1, -\alpha_2, 0)^T \in \mathbb{R}^3 \cong \mathbb{C} \times \mathbb{R}$. Das ist die Einheitssphäre mit Mittelpunkt $-\alpha$. Die inverse stereographische Projektion $\widehat{\varphi}_{S_1}^{-1} : \widehat{\mathbb{C}} \to S_1$ der erweiterten Ebene auf die Kugeloberfläche wird beschrieben durch (4.8). Durch Translation $T_1 : \mathbb{R}^3 \to \mathbb{R}^3$ mit $T_1(x) = x + \alpha$ wird die Sphäre S_1 in die Bildsphäre $S_2 := \mathbb{S}$ überführt, dessen Zentrum sich im Koordinatenursprung befindet. Die Rücktransformation $\widehat{\varphi}_{S_2}$ von S_2 nach $\widehat{\mathbb{C}}$ ist gegeben durch (4.4).

Wir erhalten also für $z = a + ib$ und $\alpha = \alpha_1 + i\alpha_2$ mit $a, b, \alpha_1, \alpha_2 \in \mathbb{R}$

$$
\begin{aligned}
(\widehat{\varphi}_{S_2} \circ T_1 \circ \widehat{\varphi}_{S_1}^{-1})(z) &= (\widehat{\varphi}_{S_2} \circ T_1 \circ \widehat{\varphi}_{S_1}^{-1})(a + ib) \\
&= \widehat{\varphi}_{S_2} \left(T_1 \left(\widehat{\varphi}_{S_1}^{-1}(a + ib) \right) \right) \\
&= \widehat{\varphi}_{S_2} \left(T_1 \left(\left(-\alpha_1 + \frac{2(a + \alpha_1)}{(a + \alpha_1)^2 + (b + \alpha_2)^2 + 1}, -\alpha_2 + \frac{2(b + \alpha_2)}{(a + \alpha_1)^2 + (b + \alpha_2)^2 + 1}, \right. \right. \right. \\
&\qquad\qquad \left. \left. \left. 1 - \frac{2}{(a + a_1)^2 + (b + \alpha_2)^2 + 1} \right)^T \right) \right) \\
&= \widehat{\varphi}_{S_2} \left(\left(\frac{2(a + \alpha_1)}{(a + \alpha_1)^2 + (b + \alpha_2)^2 + 1}, \frac{2(b + \alpha_2)}{(a + \alpha_1)^2 + (b + \alpha_2)^2 + 1}, \right. \right. \\
&\qquad\qquad \left. \left. 1 - \frac{2}{(a + a_1)^2 + (b + \alpha_2)^2 + 1} \right)^T \right) \\
&= \frac{1}{2} \cdot 2(a + \alpha_1 + i(b + \alpha_2)) \\
&= a + ib + \alpha_1 + i\alpha_2 \\
&= z + \alpha.
\end{aligned}
$$

Damit ist $f_1 = \widehat{\varphi}_{S_2} \circ T_1 \circ \widehat{\varphi}_{S_1}^{-1}$ und wir erhalten Typ 1. Für den zweiten Schritt wählen wir S_2 als neue Ausgangssphäre und stellen f_2 nach. Wir konstruieren:

Typ 2: $f_2(z) = \frac{1}{z}$

Aus Beispiel 4.3 wissen wir, dass die Abbildung $\widehat{\varphi}_{S_2}^{-1} : \widehat{\mathbb{C}} \to S_2$ beschrieben wird durch (4.5). Wenn die Aussage aus dem Video „Möbius Transformations Revealed" zutreffend ist, dann kann die Inversion f_2 über eine Drehung der Sphäre um die x_1-Achse mit Winkel π erfolgen. Nach Satz 4.6 ergibt sich eine solche Drehung durch $T_2 : \mathbb{R}^3 \to \mathbb{R}^3$ mit $T_2(x) = Ax$ und Rotationsmatrix

$$
A = R_{x_1}(\pi) = \begin{pmatrix} 1 & 0 & 0 \\ 0 & -1 & 0 \\ 0 & 0 & -1 \end{pmatrix},
$$

vgl. (4.11). Das bedeutet also

$$
T_2(x) = Ax = \begin{pmatrix} 1 & 0 & 0 \\ 0 & -1 & 0 \\ 0 & 0 & -1 \end{pmatrix} \cdot \begin{pmatrix} x_1 \\ x_2 \\ x_3 \end{pmatrix} = \begin{pmatrix} x_1 \\ -x_2 \\ -x_3 \end{pmatrix}
$$

für $x \in S_2 = \mathbb{S}$. Die daraus resultierende Sphäre $S_3 = \mathbb{S}$ fällt mit S_2 zusammen. Demnach ist die Rücktransformation $\widehat{\varphi}_{S_3}$ gegeben durch (4.4). Also gilt für $z = a + ib$ mit $a, b \in \mathbb{R}$

$$\left(\widehat{\varphi}_{S_3} \circ T_2 \circ \widehat{\varphi}_{S_2}^{-1}\right)(z) = \left(\widehat{\varphi}_{S_3} \circ T_2 \circ \widehat{\varphi}_{S_2}^{-1}\right)(a + ib)$$

$$= \widehat{\varphi}_{S_3}\left(T_2\left(\widehat{\varphi}_{S_2}^{-1}(a + ib)\right)\right)$$

$$= \widehat{\varphi}_{S_3}\left(T_2\left(\frac{1}{a^2 + b^2 + 1}\left(2a, 2b, a^2 + b^2 - 1\right)^T\right)\right)$$

$$= \widehat{\varphi}_{S_3}\left(\frac{1}{a^2 + b^2 + 1}\left(2a, -2b, -a^2 - b^2 + 1\right)^T\right)$$

$$= \frac{1}{1 - \frac{-a^2 - b^2 + 1}{a^2 + b^2 + 1}} \cdot \left(\frac{2a - 2ib}{a^2 + b^2 + 1}\right)$$

$$= \frac{2(a - ib)}{2\left(a^2 + b^2\right)} = \frac{a - ib}{(a + ib)(a - ib)}$$

$$= \frac{1}{a + ib} = \frac{1}{z}.$$

Das bedeutet $f_2 = \widehat{\varphi}_{S_3} \circ T_2 \circ \widehat{\varphi}_{S_2}^{-1}$ und wir erhalten Typ 2.

Typ 3: $f_3(z) = e^{i\theta} z$ mit $\theta \in \mathbb{R}$

Die Sphäre $S_3 = \mathbb{S}$ dient als Ausgangssphäre zur Konstruktion von f_3. Bei dieser Elementartransformation handelt es sich um eine reine Drehung. Als inverse stereographische Projektion $\widehat{\varphi}_{S_3}^{-1}$ fungiert wieder (4.5). In diesem Schritt wählen wir eine Drehung um die x_3-Achse als zulässige Bewegung, die nach Satz 4.5 dargestellt werden kann durch

$$T_3 : \mathbb{R}^3 \to \mathbb{R}^3; \quad T_3(x) = Ax$$

mit Rotationsmatrix $A = R_{x_3}(\theta) \in SO(3)$. Es gilt daher

$$T_3(x) = Ax = \begin{pmatrix} \cos(\theta) & -\sin(\theta) & 0 \\ \sin(\theta) & \cos(\theta) & 0 \\ 0 & 0 & 1 \end{pmatrix} \cdot \begin{pmatrix} x_1 \\ x_2 \\ x_3 \end{pmatrix} = \begin{pmatrix} x_1 \cos(\theta) - x_2 \sin(\theta) \\ x_1 \sin(\theta) + x_2 \cos(\theta) \\ x_3 \end{pmatrix}.$$

T_3 führt die zulässige Sphäre S_3 in $S_4 = \mathbb{S}$ über. Die Rücktransformation $\widehat{\varphi}_{S_4}$ kann damit angegeben werden durch (4.4). Daraus lässt sich folgern

$$\left(\widehat{\varphi}_{S_4} \circ T_3 \circ \widehat{\varphi}_{S_3}^{-1}\right)(z) = \left(\widehat{\varphi}_{S_4} \circ T_3 \circ \widehat{\varphi}_{S_3}^{-1}\right)(a+ib)$$

$$= \widehat{\varphi}_{S_4}\left(T_3\left(\widehat{\varphi}_{S_3}^{-1}(a+ib)\right)\right)$$

$$= \widehat{\varphi}_{S_4}\left(T_3\left(\frac{1}{a^2+b^2+1}\left(2a, 2b, a^2+b^2-1\right)^T\right)\right)$$

$$= \widehat{\varphi}_{S_4}\left(\frac{1}{a^2+b^2+1}\left(2a\cos(\theta)-2b\sin(\theta), 2a\sin(\theta)+2b\cos(\theta), a^2+b^2-1\right)^T\right)$$

$$= \frac{1}{1-\frac{a^2+b^2-1}{a^2+b^2+1}} \cdot \left(\frac{2a\cos(\theta)-2b\sin(\theta)+\mathrm{i}(2a\sin(\theta)+2b\cos(\theta))}{a^2+b^2+1}\right)$$

$$= \frac{1}{2} \cdot 2((\cos(\theta)+\mathrm{i}\sin(\theta))(a+ib))$$

$$= (\cos(\theta)+\mathrm{i}\sin(\theta))z,$$

wobei wir im letzten Schritt die Euler-Formel verwendet haben. Also ist $f_3 = \widehat{\varphi}_{S_4} \circ T_3 \circ \widehat{\varphi}_{S_3}^{-1}$. Es verbleiben zwei weitere Elementartransformationen.

Typ 4: $f_4(z) := \rho z$ mit $\rho \in \mathbb{R}^+$

Wir behandeln die Streckung mit dem Faktor ρ. Dazu verschieben wir die Einheitssphäre S_4 entlang der x_3-Achse um $(\rho - 1)$. Die Sphäre wird also angehoben oder abgesenkt. Da $\rho \in \mathbb{R}^+$ gilt, wird die resultierende Sphäre ihren Nordpol oberhalb der (x_1, x_2)-Ebene haben, also wieder zulässig sein. Wir verwenden als Translation

$$T_4 : \mathbb{R}^3 \to \mathbb{R}^3; \quad T_4(x) = x + \tau$$

mit $\tau := (0, 0, \rho - 1)^T$.

Der Nordpol der neuen Sphäre $S_5 := \mathbb{S}_1(\tau)$ hat somit die Koordinaten $N = (0, 0, \rho)^T$. Wir können daher als Rückprojektion $\widehat{\varphi}_{S_5}$ die Abbildung (4.6) aus Beispiel 4.3 (ii) verwenden.

Für die zusammengesetzte Funktion $\widehat{\varphi}_{S_5} \circ T_4 \circ \widehat{\varphi}_{S_4}^{-1}$ ergibt sich dann

$$
\begin{aligned}
\left(\widehat{\varphi}_{S_5} \circ T_4 \circ \widehat{\varphi}_{S_4}^{-1}\right)(z) &= \left(\widehat{\varphi}_{S_5} \circ T_4 \circ \widehat{\varphi}_{S_4}^{-1}\right)(a+ib) \\
&= \widehat{\varphi}_{S_5}\left(T_4\left(\widehat{\varphi}_{S_4}^{-1}(a+ib)\right)\right) \\
&= \widehat{\varphi}_{S_5}\left(T_4\left(\frac{1}{a^2+b^2+1}\left(2a, 2b, a^2+b^2-1\right)^T\right)\right) \\
&= \widehat{\varphi}_{S_5}\left(\frac{1}{a^2+b^2+1}\left(2a, 2b, a^2+b^2-1\right)^T + (0,0,\rho-1)^T\right) \\
&= \widehat{\varphi}_{S_5}\left(\frac{1}{a^2+b^2+1}\left(2a, 2b, a^2+b^2-1+(\rho-1)\left(a^2+b^2+1\right)\right)^T\right) \\
&= \widehat{\varphi}_{S_5}\left(\frac{1}{a^2+b^2+1}\left(2a, 2b, \rho\left(a^2+b^2+1\right)-2\right)^T\right) \\
&= \frac{\rho}{\rho - \frac{\rho(a^2+b^2+1)-2}{a^2+b^2+1}} \cdot \left(\frac{2a+2ib}{a^2+b^2+1}\right) \\
&= \frac{\rho}{\frac{2}{a^2+b^2+1}} \cdot \left(\frac{2(a+ib)}{a^2+b^2+1}\right) \\
&= \rho \cdot (a+ib) = \rho z.
\end{aligned}
$$

Ein Anheben bzw. Absenken der Zahlensphäre um $(\rho - 1)$ bewirkt also eine Streckung um ρ. Es gilt $f_4 = \widehat{\varphi}_{S_5} \circ T_4 \circ \widehat{\varphi}_{S_4}^{-1}$. Wir widmen uns noch der letzten Transformation.

Typ 5: $f_5(z) = z + \beta$ mit $\beta \in \mathbb{C}$

Eine Translation haben wir bereits mit Typ 1 nachgestellt. Nun dient die Einheitssphäre S_5 mit Mittelpunkt $(0,0,\rho-1)^T$ als Ausgangssphäre. Die stereographische Projektion $\widehat{\varphi}_{S_5}^{-1}$ von $\widehat{\mathbb{C}}$ auf S_5 ergibt sich durch (4.7). Bereits bei Typ 1 haben wir gesehen, dass eine Translation der Zahlenkugel entlang der (x_1, x_2)-Ebene zum gewünschten Resultat führt. Als zulässige Bewegung $T_5 : \mathbb{R}^3 \to \mathbb{R}^3$ wählen wir daher

$$
T_5(x) = x + \beta
$$

mit $\beta = (\beta_1, \beta_2, 0)^T \in \mathbb{C} \times \mathbb{R}$. Bilden wir die Endsphäre $S_6 := T(S_5)$, dann erhalten wir

$$
S_6 := \left\{x \in \mathbb{R}^3 \,\middle|\, (x_1-\beta_1)^T + (x_2-\beta_2)^T + (x_3-(\rho-1))^T = 1\right\}.
$$

Für die letzte Rechnung verwenden wir die stereographische Projektion (4.2) aus Definition 4.2.

Wir erhalten

$$
\left(\widehat{\varphi}_{S_6} \circ T_5 \circ \widehat{\varphi}_{S_5}^{-1}\right)(z) = \left(\widehat{\varphi}_{S_6} \circ T_5 \circ \widehat{\varphi}_{S_5}^{-1}\right)(a+ib)
$$

$$
= \widehat{\varphi}_{S_6}\left(T_5\left(\widehat{\varphi}_{S_5}^{-1}(a+ib)\right)\right)
$$

$$
= \widehat{\varphi}_{S_6}\left(T_5\left(\frac{1}{a^2+b^2+\rho^2}\left(2\rho a, 2\rho b, \rho(a^2+b^2+\rho^2)-2\rho^2\right)^T\right)\right)
$$

$$
= \widehat{\varphi}_{S_6}\left(\frac{1}{a^2+b^2+\rho^2}\left(2\rho a, 2\rho b, \rho(a^2+b^2+\rho^2)-2\rho^2\right)^T + (\beta_1,\beta_2,0)^T\right)
$$

$$
= \widehat{\varphi}_{S_6}\left(\frac{1}{a^2+b^2+\rho^2}\left(2\rho a + \beta_1(a^2+b^2+\rho^2), 2\rho b + \beta_2(a^2+b^2+\rho^2), \rho(a^2+b^2+\rho^2)-2\rho^2\right)^T\right)
$$

$$
= \frac{1}{\rho - \frac{\rho(a^2+b^2+\rho^2)-2\rho^2}{a^2+b^2+\rho^2}} \cdot \left[\frac{2\rho^2 a + \beta_1\rho(a^2+b^2+\rho^2) - \beta_1\rho(a^2+b^2+\rho^2) + 2\rho^2\beta_1}{a^2+b^2+\rho^2}\right.
$$

$$
\left. +i\frac{2\rho^2 b + \beta_2\rho(a^2+b^2+\rho^2) - \beta_2\rho(a^2+b^2+\rho^2) + 2\rho^2\beta_2}{a^2+b^2+\rho^2}\right]
$$

$$
= \frac{1}{2\rho^2} \cdot \left[2\rho^2 a + 2\rho^2\beta_1 + i(2\rho^2 b + 2\rho^2\beta_2)\right]
$$

$$
= a + \beta_1 + i(b + \beta_2)
$$

$$
= a + ib + \beta_1 + i\beta_2 = z + \beta.
$$

Damit haben wir auch die letzte Elementartransformation nachgestellt. Setzen wir diese fünf Bausteine zusammen, so erhalten wir

$$
f = f_5 \circ f_4 \circ f_3 \circ f_2 \circ f_1
$$

$$
= \widehat{\varphi}_{S_6} \circ T_5 \circ \widehat{\varphi}_{S_5}^{-1} \circ \widehat{\varphi}_{S_5} \circ T_4 \circ \widehat{\varphi}_{S_4}^{-1} \circ \widehat{\varphi}_{S_4} \circ T_3 \circ \widehat{\varphi}_{S_3}^{-1} \circ \widehat{\varphi}_{S_3} \circ T_2 \circ \widehat{\varphi}_{S_2}^{-1} \circ \widehat{\varphi}_{S_2} \circ T_1 \circ \widehat{\varphi}_{S_1}^{-1}
$$

$$
= \widehat{\varphi}_{S_6} \circ T_5 \circ T_4 \circ T_3 \circ T_2 \circ T_1 \circ \widehat{\varphi}_{S_1}^{-1}.
$$

Da eigentliche euklidische Bewegungen bzgl. der Komposition eine Gruppe bilden, ist $T \in E^+(3)$ mit $T := T_5 \circ T_4 \circ T_3 \circ T_2 \circ T_1$. Die Sphären $S' := S_6$ und $S := S_1$ sind jeweils zulässig. Damit ist auch T eine zulässige Bewegung bzgl. S und es gilt

$$
f = \widehat{\varphi}_{S'} \circ T \circ \widehat{\varphi}_S^{-1} \text{ mit } S' = T(S),
$$

was zu zeigen war. Falls f affin-linear ist, beginnen wir den Beweis mit Typ 3. Der Rest kann nahezu wörtlich übernommen werden. Die Aussage folgt dann mit (4.22). ◄

Wir können beobachten, dass zu einer gegebenen Möbius-Transformation die Wahl der Sphäre und zulässigen Bewegung nicht notwendigerweise eindeutig bestimmt ist. Bereits im Beweis von Satz 4.18 erhalten wir für $\alpha = \beta$ mit Typ 1 und Typ 5 zwei verschiedene Darstellungsweisen derselben Transformation $f : \widehat{\mathbb{C}} \to \widehat{\mathbb{C}}; z \mapsto z + \alpha$. Ein weiteres Beispiel ist die Identität als neutrales Element der Möbius-Gruppe. Für jede zulässige Sphäre S und die Identität $I : \mathbb{R}^3 \to \mathbb{R}^3; I(x) = x$ als zulässige Bewegung kann $\mathrm{id}_{\widehat{\mathbb{C}}} \in \text{Möb}^+$ konstruiert werden durch

$$
\widehat{\varphi}_{T(S)} \circ T \circ \widehat{\varphi}_S^{-1} = \mathrm{id}_{\widehat{\mathbb{C}}}.
$$

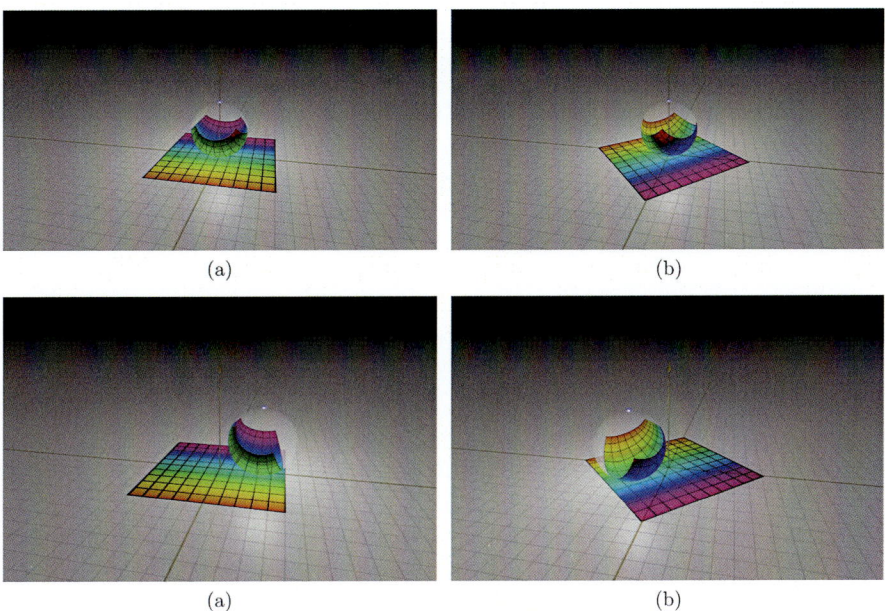

(a)   (b)

(a)   (b)

Abb. 4.3 Alternative Konstruktionen der Möbius-Transformation $f(z) = \frac{(-1-\mathrm{i})}{\sqrt{2}} z$. (Reproduced with kind permission from „Constructing Möbius Transformations with Spheres", by Rob Siliciano and Jonathan Rogness, 2012, p. 119–120)

Ein etwas komplizierteres Beispiel ist in Abb. 4.3 dargestellt. In den ersten Figuren (a) wird die inverse stereographische Projektion des Einheitsquadrates auf zwei zulässige Sphären gezeigt, die im Raum unterschiedlich positioniert sind.

In Teil (b) der Abbildung wird eine Drehung des Quadrates innerhalb der $\mathbb{C}$-Ebene um den Ursprung um einen Winkel von $225° = \frac{5\pi}{4}$ im mathematisch positiven Sinne illustriert. Trotz unterschiedlicher Ausgangssphären führt eine Rotation um die x_3-Achse zum gewünschten Ergebnis. Dabei wird die Kugel im unteren Fall an eine völlig neue Position des Koordinatensystems bewegt, während sie im oberen an ihrer alten Position verharrt.

Die Frage, wann eine eindeutige Darstellung möglich ist, veranlasste Rob Siliciano zu Untersuchungen, die er 2012 in seinem Paper „Constructing Möbius Transformations with spheres" veröffentlichte. Dort zeigt er, dass zu einer gegebenen Möbius-Transformation und einer zuvor festgelegten Sphäre, die Bewegung eindeutig bestimmt ist. Der Beweis hierzu findet sich in Siliciano 2012, S. 116–124.

Während wir bislang nur betrachtet haben, wie sich eine Möbius-Transformation erzeugen lässt, kann umgekehrt auch gezeigt werden, dass jede Komposition $\widehat{\varphi}_{S'} \circ T \circ \widehat{\varphi}_S^{-1}$ aus (inverser) stereographischer Projektion und zulässigen Bewegung T mit zulässigen Sphären S und $S' := T(S)$ eine Möbius-Transformation hervorbringen muss. Dies lässt sich ohne Kenntnisse aus der Funktionentheorie jedoch nur durch technisch aufwendiges Rechnen beweisen (Arnold/Rogness 2008, S. 1228). In der komplexen Analysis verwendet man hierzu die Tatsache, dass Möbius-Transformationen genau die konformen Abbildungen von $\widehat{\mathbb{C}}$ in sich sind (Olsen 2010, S. 29). Es genügt daher, die Konformität, d. h. die Bijektivität, Winkel- und Orientierungstreue, der Zusammensetzung $\widehat{\varphi}_{S'} \circ T \circ \widehat{\varphi}_S^{-1}$ zu zeigen. Interessant ist in diesem Zusammenhang die Frage, welche linearen Transformationen genau den Kugeldrehungen entsprechen.

4.5 Drehungen der Riemannschen Zahlensphäre $\mathbb{S}$

In diesem Abschnitt werden wir zeigen, dass Möbius-Transformationen, die aus Kugeldrehungen der Riemannschen Zahlensphäre $\mathbb{S}$ resultieren, stets von der Form $f(z) = \frac{Az+B}{-\overline{B}z+\overline{A}}$ sein müssen mit $A, B \in \mathbb{C}$ und $A\overline{A} + B\overline{B} \neq 0$. Lineare Transformationen dieser Gestalt werden auch unitäre Möbius-Transformationen genannt (Fritzsche 2019, S. 273). Umgekehrt werden wir zeigen, dass zu jeder unitären Möbius-Transformation f eine Kugeldrehung $\tilde{R} \in SO(3)$ existiert, so dass f geschrieben werden kann als $f = \widehat{\varphi} \circ T \circ \widehat{\varphi}^{-1}$, wobei $\widehat{\varphi}$ die stereographische Projektion von $\mathbb{S}$ und $\widehat{\varphi}^{-1}$ ihre Inverse bezeichnen. Die Ergebnisse beziehen sich zwar auf $\mathbb{S}$, lassen sich aber durch technisch aufwendigere Rechnungen auf beliebige zulässige Sphären erweitern. Zentral für den Beweis ist das folgende Lemma:

Lemma 4.19 (Timmann 2007, S. 153)
Zwei Punkte der Sphäre $x, \tilde{x} \in \mathbb{S}$ liegen genau dann diametral, d. h. sind Endpunkte eines gemeinsamen Kugeldurchmessers, wenn $\overline{\widehat{\varphi}(x)} = -\frac{1}{\widehat{\varphi}(\tilde{x})}$ bzw. $\widehat{\varphi}(x) = -\frac{1}{\overline{\widehat{\varphi}(\tilde{x})}}$ gilt.

Beweis

„$\Rightarrow$": Seien $x, \tilde{x} \in \mathbb{S}$ die Endpunkte eines Kugeldurchmessers von $\mathbb{S}$. Weiterhin bezeichnen $z := \widehat{\varphi}(x)$ und $\tilde{z} := \widehat{\varphi}(\tilde{x}) \in \widehat{\mathbb{C}}$ die projizierten Punkte in der erweiterten Ebene. Im Spezialfall, dass x der Nordpol ist, ist $\tilde{x}$ der Südpol der Sphäre und es gilt $\widehat{\varphi}(x) = \infty = -\frac{1}{\overline{\widehat{\varphi}(\tilde{x})}}$ nach den Rechenregeln 2.12. Betrachten wir also den allgemeinen Fall.

Zwei Punkte $x, \tilde{x} \in \mathbb{S}$ gelten als diametral, wenn sie die Eigenschaft $x = (x_1, x_2, x_3)^T = (-\tilde{x}_1, -\tilde{x}_2, -\tilde{x}_3)^T = -\tilde{x}$ erfüllen. Unter der stereographischen Projektion (4.4) werden diese nun auf $z = \widehat{\varphi}(x) = \frac{x_1+ix_2}{1-x_3}$ bzw. $\tilde{z} = \widehat{\varphi}(\tilde{x}) = \frac{\tilde{x}_1+i\tilde{x}_2}{1-\tilde{x}_3}$ abgebildet. Damit erhalten wir

$$-\frac{1}{\overline{z}} = -(1-\tilde{x}_3)\frac{1}{\tilde{x}_1 - i\tilde{x}_2} = -(1-\tilde{x}_3)\frac{1}{\tilde{x}_1 - i\tilde{x}_2} \cdot \frac{\tilde{x}_1 + i\tilde{x}_2}{\tilde{x}_1 + i\tilde{x}_2}$$

$$= -(1-\tilde{x}_3)\frac{\tilde{x}_1 + i\tilde{x}_2}{\tilde{x}_1^2 + \tilde{x}_2^2} = -(1-\tilde{x}_3)\frac{\tilde{x}_1 + i\tilde{x}_2}{1 - \tilde{x}_3^2}$$

$$= -(1-\tilde{x}_3)\frac{\tilde{x}_1 + i\tilde{x}_2}{(1-\tilde{x}_3)(1+\tilde{x}_3)} = -\frac{\tilde{x}_1 + i\tilde{x}_2}{(1+\tilde{x}_3)}$$

$$= \frac{x_1 + ix_2}{1 - x_3} = z.$$

Das ist die Aussage, die zu zeigen war. Wir beweisen die Rückrichtung.

„$\Leftarrow$“: Seien $x, \tilde{x} \in \mathbb{S}$ mit der Eigenschaft $\overline{\widehat{\varphi}(x)} = -\frac{1}{\widehat{\varphi}(\tilde{x})}$ bzw. $\widehat{\varphi}(x) = -\frac{1}{\overline{\widehat{\varphi}(\tilde{x})}}$. Wir zeigen, dass dann $x = -\tilde{x}$ gelten muss, womit sich x und $\tilde{x}$ diametral gegen-überliegen. Analog zu den Rechnungen des ersten Beweisteils erhalten wir

$$\widehat{\varphi}(x) = \frac{x_1 + ix_2}{1 - x_3} \quad \text{und} \quad -\frac{1}{\overline{\widehat{\varphi}(\tilde{x})}} = \frac{-\tilde{x}_1 - i\tilde{x}_2}{1 + \tilde{x}_3}.$$

Gleichsetzen des Real- und Imaginärteils liefert die Behauptung. ◄

Mit Hilfssatz 4.19 können wir folgenden Satz über Kugeldrehungen beweisen.

Satz 4.20 (Timmann 2007, S. 154)
Führen wir eine Rotation $T \in SO(3)$ der Riemannschen Zahlensphäre $\mathbb{S}$ aus, so ist die hieraus resultierende Möbius-Transformation $f = \widehat{\varphi} \circ T \circ \widehat{\varphi}^{-1}$ stets von der Form

$$f(z) = \frac{Az + B}{-\overline{B}z + \overline{A}} \tag{4.23}$$

mit $A, B \in \mathbb{C}$ und $A\overline{A} + B\overline{B} = |A|^2 + |B|^2 \neq 0$.

Beweis

Sei $f(z) = \frac{az+b}{cz+d}$ die Funktionsvorschrift einer Möbius-Transformation, die aus einer Kugeldrehung resultiert[4], wobei $a, b, c, d \in \mathbb{C}$ mit $ad - bc \neq 0$ gelte. Über Drehungen der Kugel wissen wir, dass sie Diametralpunkte wieder in Diametralpunkte abbilden. Seien also $x \in \mathbb{S}$ ein beliebiger Punkt auf der Sphäre

---

[4]Achtung: Dies wird hier nicht bewiesen. Wie erwähnt ist dies ohne Hilfsmittel aus der Funktionentheorie technisch sehr aufwendig. Gewöhnlich zeigt man in der komplexen Analysis mit der Einführung in die Theorie der Riemannschen Flächen, dass Möbius-Transformationen genau die Automorphismen von $\widehat{\mathbb{C}}$ bilden und zeigt dann die Konformität der Zusammensetzung $f = \widehat{\varphi}_{S'} \circ T \circ \widehat{\varphi}_S^{-1}$ mit $T \in E^+(3)$ und zulässigen Sphären S und $S' := T(S)$.

und $\tilde{x} \in \mathbb{S}$ sein Diametralpunkt sowie $z := \widehat{\varphi}(x)$, $\tilde{z} := \widehat{\varphi}(\tilde{x}) \in \widehat{\mathbb{C}}$ ihre projizierten Punkte in der erweiterten Ebene. Nach Lemma 4.19 gilt $\overline{z} = -\frac{1}{\tilde{z}}$ und $\overline{w} = -\frac{1}{\tilde{w}}$, wobei $w := f(z)$ und $\tilde{w} := f(\tilde{z})$ bezeichnen. Wir erhalten also

$$w = -\frac{1}{\overline{\tilde{w}}} = -\frac{1}{\overline{f(\tilde{z})}} = -\frac{\overline{c}\overline{\tilde{z}} + \overline{d}}{\overline{a}\overline{\tilde{z}} + \overline{b}} = -\frac{-\overline{c}\frac{1}{z} + \overline{d}}{-\overline{a}\frac{1}{z} + \overline{b}} = \frac{\overline{d}z - \overline{c}}{-\overline{b}z + \overline{a}} \qquad (4.24)$$

und somit $w = f(z) = \frac{az+b}{cz+d} = \frac{\overline{d}z - \overline{c}}{-\overline{b}z + \overline{a}}$ für $z \in \mathbb{C}$.

Die Methode des Koeffizientenvergleichs liefert $a = \overline{d}, b = \overline{c}, c = -\overline{b}$ und $d = \overline{a}$ und, wegen der Voraussetzung $ad - bc \neq 0$, $ad - bc = a\overline{a} + c\overline{c} = d\overline{d} + c\overline{c} \neq 0$. Also gilt $|a|^2 = a\overline{a} = d\overline{d} = |d|^2 \neq 0$ und somit $|a| = |d|$. Insbesondere sind $a \neq 0$ und $d \neq 0$.
Analog folgert man dies für b und c.
Weiterhin erhalten wir aus der Beziehung der Koeffizienten

$$\frac{a}{\overline{d}} = -\frac{b}{\overline{c}} = -\frac{c}{\overline{b}} = \frac{d}{\overline{a}}. \qquad (4.25)$$

Aufgrund von Gl. (4.25) können wir d und c also schreiben durch

$$d = \frac{a}{\overline{d}}\overline{a} \quad \text{sowie} \quad c = \frac{b}{\overline{c}}\overline{b} = -\frac{a}{\overline{d}}\overline{b}. \qquad (4.26)$$

Die Polarkoordinatendarstellung des Quotienten $\frac{a}{\overline{d}}$ lautet wegen $|a| = |d|$ und den Rechenregeln 1.5 (iv) und (viii) also $\frac{a}{\overline{d}} = \left|\frac{a}{\overline{d}}\right| e^{i\varphi} = \frac{|a|}{|d|} e^{i\varphi} = e^{i\varphi}$ mit $\varphi \in \mathbb{R}$. Folglich lassen sich die Gl. (4.26) formulieren durch

$$d = e^{i\varphi}\overline{a} \quad \text{sowie} \quad c = -e^{i\varphi}\overline{b}. \qquad (4.27)$$

Als komplexe Zahl vom Betrag[5] 1 muss $e^{i\varphi}$ die Gestalt $\frac{\overline{\mu}}{\mu}$ haben für ein $\mu \in \mathbb{C}^*$, vgl. Rechenregel 1.5 (vii). Eingesetzt in (4.26) erhalten wir also $\mu d = \overline{\mu}\overline{a} := \overline{A}$ bzw. $\mu c = -\overline{\mu}\overline{b} := -\overline{B}$. Damit gilt

$$f(z) = \frac{az+b}{cz+d} = \frac{\frac{\overline{\mu}\overline{d}}{\mu}z - \frac{\overline{\mu}\overline{c}}{\mu}}{-\frac{\overline{\mu}\overline{b}}{\mu}z + \frac{\overline{\mu}\overline{a}}{\mu}} = \frac{\overline{\mu}\overline{d}z - \overline{\mu}\overline{c}}{-\overline{\mu}\overline{b}z + \overline{\mu}\overline{a}} = \frac{Az+B}{-\overline{B}z + \overline{A}}$$

und $A\overline{A} + B\overline{B} = \mu\overline{\mu}a\overline{a} + \mu\overline{\mu}c\overline{c} = \mu\overline{\mu}(a\overline{a} + c\overline{c}) \neq 0$. ◀

Umgekehrt kann man zeigen, dass zu jeder Möbius-Transformation f der Form (4.23) eine Kugeldrehung $T \in \mathrm{SO}(3)$ existiert, so dass f dargestellt werden kann durch $f = \widehat{\varphi}_{\mathbb{S}} \circ T \circ \widehat{\varphi}_{\mathbb{S}}^{-1}$, wobei $\widehat{\varphi}_{\mathbb{S}}$ der stereographischen Projektion (4.4) und $\widehat{\varphi}_{\mathbb{S}}^{-1}$ ihrer Inversen (4.5) entsprechen. Auch hier setzen wir voraus, dass eine Komposition $\widehat{\varphi}_{\mathbb{S}} \circ \tilde{T} \circ \widehat{\varphi}_{\mathbb{S}}^{-1}$ mit $\tilde{T} \in \mathrm{E}^+(3)$ stets eine Möbius-Transformation bildet. Zum Beweis verwenden wir folgende Lemmata:

---

[5] Dies folgt beispielsweise aus dem trigonometrischen Pythagoras und der Euler-Formel.

Lemma 4.21

Eine Möbius-Transformation $f : \widehat{\mathbb{C}} \to \widehat{\mathbb{C}}$ mit der Funktionsvorschrift

$$f(z) = \frac{Az + B}{-\overline{B}z + \overline{A}}, \tag{4.28}$$

wobei $A\overline{A} + B\overline{B} = |A|^2 + |B|^2 \neq 0$ sei, und Null Fixpunkt ist, hat die Form $f(z) = e^{i\varphi}z$ mit $\varphi \in \mathbb{R}$.

Beweis

Sei $B = 0$, dann ist $A \neq 0$. Wir schreiben A in Polarkoordinatendarstellung durch $A = |A|e^{i\psi}$ mit $\psi \in \mathbb{R}$. Da $|A| = |\overline{A}|$ ist, siehe Rechenregel 1.5 (viii), folgt

$$f(z) = \frac{A}{\overline{A}}z = \frac{|A|e^{i\psi}}{|\overline{A}|e^{-i\psi}} = e^{i(2\psi)}z. \tag{4.29}$$

Setze nun $\varphi := 2\psi$. Dies liefert die Behauptung. Es gilt $f(0) = 0$, jedoch war diese Voraussetzung bis zu dieser Stelle des Beweises nicht erforderlich. Wir benötigen sie aber, um zu zeigen, dass keinesfalls $B \neq 0$ sein kann. Dies zeigen wir durch einen Widerspruchsbeweis. Wir nehmen dazu an, dass $B \neq 0$ gelte.

Da f gebrochen linear ist, berechnen sich die Fixpunkte z_1, z_2 von f nach Korollar 3.23 durch

$$z_{1,2} = \frac{A - \overline{A} \pm \sqrt{\left(\overline{A} - A\right)^2 - 4B\overline{B}}}{-2\overline{B}}. \tag{4.30}$$

Wenn aber Null ein Fixpunkt von f ist, muss

$$\Leftrightarrow \quad 0 = \frac{A - \overline{A} \pm \sqrt{\left(\overline{A} - A\right)^2 - 4B\overline{B}}}{-2\overline{B}}$$

$$\Leftrightarrow \overline{A} - A = \pm \sqrt{\left(\overline{A} - A\right)^2 - 4|B|^2}$$

$$\Leftrightarrow \left(\overline{A} - A\right)^2 = \left(\overline{A} - A\right)^2 - 4|B|^2$$

$$\Leftrightarrow \quad 0 = -4|B|^2$$

gelten. Dies ist jedoch dann und nur dann der Fall, wenn $B = 0$ ist. Das führt zu einem Widerspruch. Folglich muss $B = 0$ sein, wonach $f(z) = e^{i\varphi}z$ ist. ◄

Weiterhin zeigen wir, dass die Umkehrfunktion einer Möbius-Transformation der Form (4.23) von der gleichen Gestalt (4.24) sein muss. Genauer gilt:

Lemma 4.22

Sei $f : \widehat{\mathbb{C}} \to \widehat{\mathbb{C}}$ eine Möbius-Transformation mit der Abbildungsvorschrift

$$f(z) = \frac{Az + B}{-\overline{B}z + \overline{A}}$$

und $|A|^2 + |B|^2 \neq 0$, dann ist die zugehörige Umkehrabbildung f^{-1} gegeben durch

$$f^{-1}(z) = \frac{\overline{A}z - B}{\overline{B}z + A} \tag{4.31}$$

mit $|A|^2 + |B|^2 \neq 0$. Sie ist also von „gleicher Bauart".

Beweis

Dies folgt unmittelbar aus Satz 3.4 mit $a = A, b = B, c = -\overline{B}$ und $d = \overline{A}$. ◀

Bemerkung 4.23

Man kann zeigen, dass die Menge aller Möbius-Transformationen der Form

$$\text{Rot}\left(\widehat{\mathbb{C}}\right) := \left\{ f(z) = \frac{Az + B}{-\overline{B}z + \overline{A}} \,\middle|\, A\overline{A} + B\overline{B} \neq 0 \right\} \tag{4.32}$$

bzgl. der Komposition als Verknüpfung eine Untergruppe von Möb$^+$ bildet. Die Existenz eines inversen Elements haben wir in Lemma 4.22 gezeigt. Das neutrale Element ist die Identität und das Assoziativgesetz folgt analog zu Satz 3.6. Dass die Hintereinanderausführung zweier Möbius-Transformationen der Form (4.23) wieder ein Element von $\text{Rot}\left(\widehat{\mathbb{C}}\right)$ ist, werden wir im Beweis von Satz 4.24 nachrechnen. Analog zu Abschn. 3.2, Bemerkung 3.12, bildet man

$$\text{PSU}(2, \mathbb{C}) := \text{SU}(2, \mathbb{C})/\{I_2\} \tag{4.33}$$

mit Einheitsmatrix I_2 und

$$\text{SU}(2, \mathbb{C}) := \left\{ \begin{pmatrix} A & B \\ -\overline{B} & \overline{A} \end{pmatrix} \,\middle|\, A\overline{A} + B\overline{B} \neq 0 \right\}. \tag{4.34}$$

PSU$(2, \mathbb{C})$ bzw. SU$(2, \mathbb{C})$ heißt (projektive) spezielle unitäre Gruppe. Zur Isomorphie zwischen PSU$(2, \mathbb{C})$ und SO(3) siehe auch Springer 1977, S. 87–88.

Wir beweisen die Umkehrung von Satz 4.20:

Satz 4.24

Sei $f : \widehat{\mathbb{C}} \to \widehat{\mathbb{C}}$ eine Möbius-Transformation der Form

$$f(z) = \frac{Az + B}{-\overline{B}z + \overline{A}}$$

mit $A, B \in \mathbb{C}$ und $A\overline{A} + B\overline{B} = |A|^2 + |B|^2 \neq 0$. Dann existiert eine Rotation $\tilde{R} \in \text{SO}(3)$ der Sphäre $\mathbb{S}$, so dass f dargestellt werden kann durch $f = \widehat{\varphi} \circ \tilde{R} \circ \widehat{\varphi}^{-1}$.

Beweis

Der Beweis ist an Olsen 2010, S. 29–30, sowie Herr 2020, S. 25–26, angelehnt und wird im Folgenden technisch ausgearbeitet. Wir untergliedern den Beweis in zwei Schritte.

1. Schritt: Sei $B = 0$, dann ist $A \neq 0$. Wir können den ersten Teil des Beweises von Lemma 4.21 fast wörtlich übernehmen. Dazu schreiben wir A in Polarkoordinatendarstellung durch $A = |A|e^{i\psi}$ mit $\psi \in \mathbb{R}$. Da $|A| = |\overline{A}|$ ist, siehe Rechenregel 1.5 (viii), folgt

$$f(z) = \frac{Az + B}{-\overline{B}z + \overline{A}} = \frac{A}{\overline{A}}z = \frac{|A|e^{i\psi}}{|\overline{A}|e^{-i\psi}} = e^{i(2\psi)}z. \tag{4.35}$$

Die Elementartransformation $f(z) = e^{i\varphi}$ mit $\varphi := 2\psi$ stimmt mit Typ 3 aus dem Beweis von Satz 4.18 überein und kann daher durch Rotation der Sphäre $\mathbb{S}$ um die x_3-Achse um einen Winkel φ nachgestellt werden. Die Aussage ist für $B = 0$ also gezeigt.

2. Schritt: Sei also $B \neq 0$. Da $f : \widehat{\mathbb{C}} \to \widehat{\mathbb{C}}$ bijektiv ist, existiert ein $z_0 \in \widehat{\mathbb{C}}$ mit $f(z_0) = 0$. Als Punkt von $\widehat{\mathbb{C}}$ besitzt z_0 einen Repräsentanten $x_0 := \widehat{\varphi}^{-1}(z_0)$ auf der Riemannschen Zahlenkugel. Durch Rotation der Sphäre kann dieser in den Südpol verlegt werden.[6] Sei $R \in \mathrm{SO}(3)$ mit $R(x_0) = (0, 0, -1)^T$, dann ist $r := \widehat{\varphi} \circ R \circ \widehat{\varphi}^{-1}$ eine Möbius-Transformation, die den Punkt z_0 auf $0 = \widehat{\varphi}\big((0, 0, -1)^T\big)$ abbildet. Da r aus einer Kugeldrehung resultiert, ist r von der Form

$$r(z) = \frac{Cz + D}{-\overline{D}z + \overline{C}} \tag{4.36}$$

mit $C, D \in \mathbb{C}$ und $C\overline{C} + D\overline{D} \neq 0$ nach Satz 4.20.
Die Umkehrabbildung r^{-1} ist nach Lemma 4.22 gegeben durch

$$r^{-1}(z) = \frac{\overline{C}z - D}{\overline{D}z + C} \tag{4.37}$$

und damit ebenfalls eine Möbius-Transformation aus der Untergruppe $\mathrm{Rot}\big(\widehat{\mathbb{C}}\big)$. Um zu sehen, dass auch die Komposition ein Element von $\mathrm{Rot}\big(\widehat{\mathbb{C}}\big)$ ist, wenden wir Satz 3.5 an. Es gilt

$$f \circ r^{-1}(z) = \frac{\big(A\overline{C} + B\overline{D}\big)z + (-AD + BC)}{\big(-\overline{B}C + \overline{A}D\big)z + \big(\overline{B}D + \overline{A}C\big)} \tag{4.38}$$

---

[6] Beachte zum Beispiel die Darstellung von sphärischen Punkten durch Kugelkoordinaten.

mit $\quad (A\overline{C} + B\overline{D})(\overline{B}D + \overline{A}C) - (-AD + BC)(-\overline{B}C + \overline{A}D) = (A\overline{A} + BB)(C\overline{C} + D\overline{D}) \neq 0$
sowie

$$\overline{(A\overline{C} + B\overline{D})} = (\overline{B}D + \overline{A}C) \quad \text{und} \quad -\overline{(-AD + BC)} = (-\overline{B}C + \overline{A}D).$$

Wegen $(f \circ r^{-1})(0) = f(z_0) = 0$ besitzt die Möbius-Transformation $f \circ r^{-1}$
Null als Fixpunkt. Nach Lemma 4.21 ist $f \circ r^{-1}$ damit von der Gestalt

$$f \circ r^{-1}(z) = e^{i\varphi} z, \qquad (4.39)$$

so dass wir eine Kugelrotation $S \in SO(3)$ angeben können mit

$$f \circ r^{-1} = \widehat{\varphi} \circ S \circ \widehat{\varphi}^{-1}. \qquad (4.40)$$

Diese ergibt sich nach dem Beweis von Satz 4.18 (Typ 3) durch eine Drehung
der Sphäre $\mathbb{S}$ um die x_3-Achse um einen Winkel $\varphi \in \mathbb{R}$. Wir können also f
schreiben durch

$$f = f \circ r^{-1} \circ r = \widehat{\varphi} \circ S \circ \widehat{\varphi}^{-1} \circ \widehat{\varphi} \circ R \circ \widehat{\varphi}^{-1} = \widehat{\varphi} \circ S \circ R \circ \widehat{\varphi}^{-1}. \qquad (4.41)$$

Als Drehgruppe bzgl. der Komposition als Verknüpfung gilt
$\tilde{R} := S \circ R \in SO(3)$. Damit ist $\tilde{R}$ selbst wieder eine Drehung und wir haben die
Aussage gezeigt. ◄

Als zentrales Korollar in diesem Abschnitt erhalten wir die Aussage:

Korollar 4.25
Eine Möbius-Transformation $f : \widehat{\mathbb{C}} \to \widehat{\mathbb{C}}$ ist genau dann von der Form
$f(z) = \frac{Az+B}{-\overline{B}z+\overline{A}}$ mit $A, B \in \mathbb{C}$ und $A\overline{A} + B\overline{B} \neq 0$, also ein Element der Gruppe
$\text{Rot}\left(\widehat{\mathbb{C}}\right)$, wenn eine Rotation $\tilde{R} \in SO(3)$ existiert, so dass f ausgedrückt werden
kann durch $f = \widehat{\varphi} \circ \tilde{R} \circ \widehat{\varphi}^{-1}$, wobei $\widehat{\varphi}$ die stereographische Projektion der Einheitssphäre $\mathbb{S}$ auf $\widehat{\mathbb{C}}$ und $\widehat{\varphi}^{-1}$ ihre Inverse bezeichnen.

Durch direktes Nachrechnen kann man zeigen, dass Möbius-Transformationen
der Form (4.23) chordale Abstände unverändert lassen, was bei Kugeldrehungen
aber natürlich auch zu erwarten ist.

Satz 4.26 (Invarianz des chordalen Abstandes)
Möbius-Transformationen der Form (4.23) erhalten den chordalen Abstand zwi-
schen Punkten, d. h. ist $f \in \text{Rot}\left(\widehat{\mathbb{C}}\right)$, dann gilt $\chi(z,w) = \chi(f(z), f(w))$ für alle
$z, w \in \widehat{\mathbb{C}}$.

Beweis

Der chordale Abstand ist nach Satz und Definition 2.10 definiert als der euklidische Abstand der Urbildpunkte unter der stereographischen Projektion $\widehat{\varphi}$

$$\chi(z,w) = \left\|\widehat{\varphi}^{-1}(z) - \widehat{\varphi}^{-1}(w)\right\|_2$$

für $z, w \in \widehat{\mathbb{C}}$. Wir berechnen für $f \in \mathrm{Rot}\left(\widehat{\mathbb{C}}\right)$ den Abstand $\chi(f(z), f(w))$. Nach Korollar 4.25 existiert ein $\tilde{R} \in \mathrm{SO}(3)$, so dass f geschrieben werden kann durch

$$f = \widehat{\varphi} \circ \tilde{R} \circ \widehat{\varphi}^{-1}.$$

Wir erhalten

$$
\begin{aligned}
\chi(f(z), f(w)) &= \left\|\widehat{\varphi}^{-1}(f(z)) - \widehat{\varphi}^{-1}(f(w))\right\| \\
&= \left\|\widehat{\varphi}^{-1}\left(\widehat{\varphi}\left(\tilde{R}(\widehat{\varphi}^{-1}(z))\right)\right) - \widehat{\varphi}^{-1}\left(\widehat{\varphi}\left(\tilde{R}(\widehat{\varphi}^{-1}(w))\right)\right)\right\| \\
&= \left\|\tilde{R}(\widehat{\varphi}^{-1}(z)) - \tilde{R}(\widehat{\varphi}^{-1}(w))\right\| \\
&= \left\|\widehat{\varphi}^{-1}(z) - \widehat{\varphi}^{-1}(w)\right\|,
\end{aligned}
$$

wobei wir im letzten Schritt Satz 4.9 verwendet haben. Damit gilt $\chi(z,w) = \chi(f(z), f(w))$ für alle $z, w \in \widehat{\mathbb{C}}$ und die Aussage ist gezeigt. Alternativ kann man Satz 4.26 auch durch direktes Nachrechnen über die hergeleiteten Formeln (2.9) beweisen. Dies geschieht in Riemenschneider 2006, S. 210–211. ◄

4.6   Winkeltreue von Möbius-Transformationen

Wir können aus den bisherigen Untersuchungen noch eine weitere wichtige Eigenschaft von Möbius-Transformationen folgern: die Winkeltreue. Zugleich geben wir einen kleinen Einblick in eine Funktionenklasse, die eng mit den Möbius-Transformationen verwandt ist und mit ihnen zusammen die bijektiven, kreiserhaltenden Abbildungen von $\widehat{\mathbb{C}}$ bilden.

Satz 4.27 (Winkeltreue von Möbius-Transformationen)
Jede Möbius-Transformation f ist winkeltreu.

Beweis

Dies lässt sich mit Satz 4.18 zeigen. Nach diesem kann jede Möbius-Transformation als Komposition aus inverser stereographischer Projektion auf eine zulässige Sphäre, einer geeigneten euklidischen Bewegung dieser und ihrer Rückprojektion nach $\widehat{\mathbb{C}}$ ausgedrückt werden. Da jeder dieser Abbildungen nach Satz 4.4 bzw. 4.13 winkeltreu ist, muss selbiges auch für f gelten. ◄

Tatsächlich lässt sich noch mehr zeigen: In der Funktionentheorie wird bewiesen, dass Möbius-Transformationen genau die bijektiven, winkel- und orientierungserhaltenden Abbildungen von $\widehat{\mathbb{C}}$ in sich sind. Man nennt sie auch Automorphismen von $\widehat{\mathbb{C}}$ (vgl. Herrmann 2017, S. 88–89). Tauscht man in der Funktionsvorschrift (3.1) die Veränderliche z mit ihrer komplexen Konjugation $\bar{z}$ aus, erhalten wir mit $a, b, c, d \in \mathbb{C}$ und $ad - bc \neq 0$ durch

$$f(z) = \frac{a\bar{z} + b}{c\bar{z} + d} \tag{4.42}$$

eine neue Funktionenklasse, die ebenfalls $\widehat{\mathbb{C}}$ bijektiv auf sich abbildet und Winkel in ihrer Größe erhält. Anders als bei Möbius-Transformationen wird ihre Orientierung jedoch umgekehrt (Soeten 2011, S. 9–10). Dieser Abbildungstyp umfasst beispielsweise Spiegelungen an Geraden oder Kreisen. Es lässt sich zeigen, dass Möbius-Transformationen und Abbildungen der Form (4.24), auch Anti-Homographien genannt, genau die bijektiven kreiserhaltenden Abbildungen von $\widehat{\mathbb{C}}$ in sich sind (Schwerdtfeger 1962, S. 106–109). Schwerdtfeger widmet diesem Abbildungstyp in seinem Buch „Geometry of complex numbers" ein eigenes Kapitel (Schwerdtfeger 1962). Das Buch kann gleichzeitig als Ausgangspunkt dazu dienen, die nicht-euklidische Geometrie von der Warte der Möbius-Transformationen zu erkunden.

Obwohl Möbius-Transformationen natürlich keinen eigenständigen Bestandteil des klassischen Mathematikunterrichts an Schulen bilden, tauchen einzelne Aspekte bereits in der Sekundarstufe I auf. Dies wird am Auszug des folgenden Schulbuches (Schmid/Weidig 2002, S. 111) aus dem Ernst Klett Verlag der 8. Jahrgangsstufe deutlich (Abb. 5.1).

Nach unseren bisherigen Betrachtungen muss die Antwort auf die Frage: „Welche Abbildung hast du [beim Abbilden des einen Vielecks auf das andere] verwendet?", eine Möbius-Transformation lauten. Diese entspricht dabei einer reinen Drehung $z \mapsto e^{i\pi} z$, positionieren wir hierfür ein Koordinatensystem in Abb. 5.1, indem wir den Ursprung in das Drehzentrum setzen. Auch bei den zentrischen Streckungen in Abb. 5.2 und 5.3 handelt es sich um Möbius-Transformationen elementarer Bauart. In Abb. 5.3 ist sie kombiniert mit einer zusätzlichen Drehung um 180°. Um eine Drehstreckung mit einem Drehwinkel von 180° zu konstruieren verwenden wir in der Sekundarstufe I eine zentrische Streckung mit einem negativen Streckungsfaktor. Die Herangehensweise ist dabei eine rein geometrische und liegt somit deutlich näher an den ursprünglichen Ideen von Möbius, die er in seiner Abhandlung „Die Theorie der Kreisverwandtschaft in rein geometrischer Darstellung" (1855) schildert, als über komplexe Zahlen.

Inhaltlich lassen sich die Aufgabenstellungen der Leitidee „Raum und Form" sowie „Größen und Messen" des niedersächsischen Kerncurriculums[1] zuordnen und werden für gewöhnlich unter dem Begriff Ähnlichkeitstransformationen in der Schule behandelt. Allerdings umfassen diese nicht nur Translationen, Drehungen und Streckungen, sondern auch Spiegelungen an Geraden. Aus Sicht der analytischen Geometrie tritt hier die komplexe Konjugation zum Vorschein. Es er-

---

[1] Vgl. Niedersächsisches Kerncurriculum für das Gymnasium Schuljahrgänge 5–10, S. 27, 28; Stand: 22.03.2023.

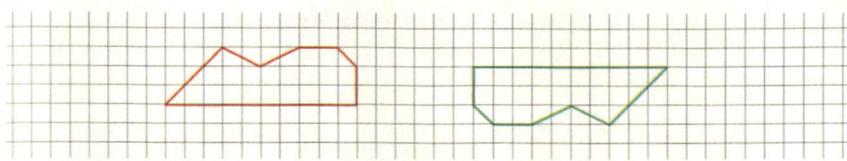

Fig. 1

1   Übertrage die beiden Vielecke in dein Heft. Bilde das eine Vieleck auf das andere
Vieleck ab. Welche Abbildung hast du verwendet (Fig. 1)?

Abb. 5.1 Durch eine Drehung lassen sich beide Figuren ineinander überführen (Schulbuchauf-
gabe aus dem „Mathematischen Unterrichtswerk für das Gymnasium. Ausgabe Niedersachsen"
der 8. Jahrgangsstufe von August Schmid und Ingo Weidig, 2002, S. 111).

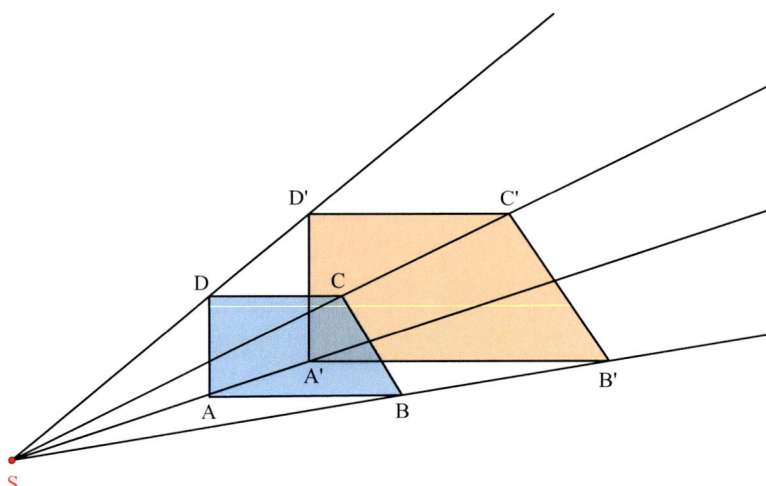

Abb. 5.2 Zentrische Streckung mit positivem Streckungsfaktor

geben sich zwei nahe liegende Möglichkeiten, dieses Themenfeld im Schulunter-
richt fortzusetzen:

Einerseits kann es als Anreiz dienen, im Rahmen eines Exkurses nicht nur Spiegelungen an Geraden, sondern auch an Kreislinien zu betrachten, wofür sich die
Spiegelung am Einheitskreis anbietet. Eine geometrische Konstruktion wurde bereits in Definition 3.16 vorgestellt. Während bei all den oberen Transformationen
zumindest die Streckenverhältnisse erhalten bleiben, zeigt sich hier, dass durchaus
Verzerrungen der Form auftreten können, wie am Beispiel der Inversion des Quadrates in Abb. 5.4 illustriert wird. Kreislinien und Geraden, die sich mit den euklidischen Werkzeugen Zirkel und Lineal zeichnen lassen, scheinen hierbei einer
besonderen Regel zu unterliegen. Sie bleiben „gestalterhaltend" insofern, dass sie
als verallgemeinerte Kreise (Definition 1.16) wieder in solche überführt werden

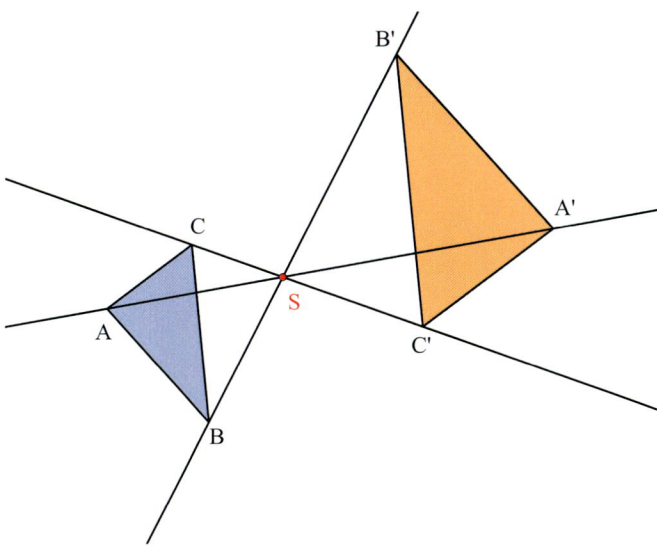

Abb. 5.3 Zentrische Streckung mit negativem Streckungsfaktor $\neq -1$

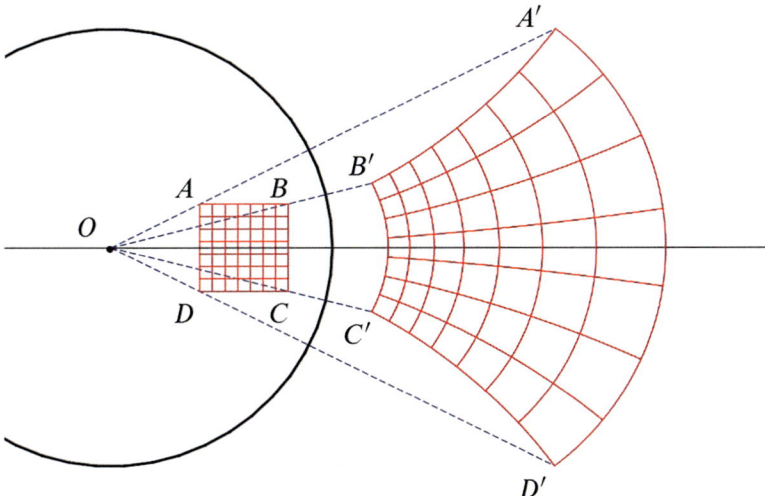

Abb. 5.4 Spiegelung eines Quadrates an einer Kreislinie (Reproduced with kind permission from Indra's Pearls: The Vision of Felix Klein, by D. Mumford, C. Series, D. Wright, 2015, p. 55. © Cambridge University Press, http://www.cambridge.org/9781107564749)

(Kreistreue). Dabei ist es wichtig, zunächst auch solche Ausdrücke zuzulassen, die sich erst durch komplexe Konjugationen analytisch formulieren lassen, was sowohl für Spiegelungen an Geraden und Kreislinien der Fall ist. Bereits die Spiegelung am Einheitskreis lässt den Wunsch erwachsen, den Mittelpunkt des Kreises einem Bildpunkt zuzuordnen und somit die Ebene um ein zusätzliches (unendlich weit entferntes) Element zu erweitern. Eine solche rein geometrische Betrachtung aufbauend auf den Grundkenntnissen von Ähnlichkeitsabbildungen lassen sich ohne Rückgriff auf die komplexen Zahlen vornehmen. Auch zeigt sich im Kleinen die eigentliche Invariante von Spiegelungen im Erhalt der Größe des Winkels.

Die Überlegungen, ob bei der Hintereinanderausführung solcher Transformationen nicht nur die Winkel in ihrer Größe, sondern auch in ihrer Orientierung erhalten bleiben, insbesondere also ob Spiegelungen in einer geraden oder ungeraden Anzahl auftreten, würde dann zur Unterscheidung zwischen Möbius-Transformationen und Anti-Homographien führen. Dies sollte aber für Schülerinnen und Schülern in einer altersgerechten Sprache erfolgen.

Der zweite Ansatz baut auf den Grundlagen der Vektorrechnung und analytischen Geometrie auf und ist in der Sekundarstufe II zu verorten. Die Algebraisierung der Geometrie durch das Einführen von Koordinaten ist für Schülerinnen und Schüler eine neue Herangehensweise für die Beschreibung und Lösung geometrischer Probleme. Die Qualifikationen hierzu sollen im Rahmen der Leitidee „Raum und Form" bzw. des Lernbereiches „Raumanschauung und Koordinatisierung" des niedersächsischen Kerncurriculums[2] erworben werden.

Die ebene euklidische Geometrie stellt wegen der Isomorphie des Vektorraumes $\mathbb{R}^2$ zu $\mathbb{C}$ einen Sonderfall dar, da hier auf komplexe Zahlen zurückgegriffen werden kann. Komplexe Zahlen werden in der Schulmathematik nicht behandelt, Anknüpfungspunkte sie im Unterricht einzuführen, gibt es dennoch, wie die Herleitung der Additionstheoreme von Sinus und Cosinus zeigt. Von Jacques Hadamard (1865–1963) stammt das Zitat: „Die kürzeste Verbindung zwischen zwei Aussagen über reelle Zahlen führt über komplexe Zahlen."[3] Die Behandlung komplexer Zahlen für interessierte Schülerinnen und Schüler der Sekundarstufe II ist denkbar, sofern sie neben der arithmetischen Darstellung auch in der Sprache und Darstellung der Geometrie geschieht. Hierfür bietet sich die Zahlenebene und der Bezug zur Vektorrechnung geradezu an. Siehe dazu auch den Artikel „Komplexe Zahlen als Beispiel der Binnendifferenzierung" von Karlhorst Meyer 2009.

Die Frage, die primär gestellt werden sollte, ist wie man bereits bekannte Operationen aus der Schulgeometrie der Sekundarstufe I (Verschiebungen, Drehungen, Streckungen und Spiegelungen von Figuren an der reellen Achse) über komplexe Zahlen beschreiben kann. Auch die Darstellung durch Polarkoordinaten bietet sich an. Die reelle Exponentialfunktion ist bereits Inhalt der gymnasialen Oberstufe, die Beziehung $\exp(i\varphi) = \cos(\varphi) + i\sin(\varphi)$ für $\varphi \in \mathbb{R}$ (Eulersche Formel) kann geometrisch bei der Einführung trigonometrischer Funktionen am Einheitskreis

---

[2]Vgl. Niedersächsisches Kerncurriculum für das Gymnasium Mathematik im Sekundarbereich II; Stand: 22.03.2023.

[3]https://www.mathematik.uni-mainz.de/files/2019/04/MATpHorismEn-2016-06-10.pdf;   Stand: 22.03.2023.

vorgenommen werden. Vor diesem Hintergrund kann die Multiplikation zweier komplexer Zahlen geometrisch in Polarkoordinaten behandelt werden.

Es ist durchaus möglich, weitere Aspekte dieser Arbeit herauszugreifen und sie im Rahmen einer Projektwoche oder Arbeitsgemeinschaft zu vertiefen. Die Inhalte des zweiten Kapitels müssen nicht zwingend in den Gewändern der Riemannschen Zahlenkugel und der erweiterten komplexen Ebene erscheinen. Die Idee, die Erdoberfläche auf einer Karte darzustellen, ist etwas, was Schülerinnen und Schülern bereits im Erdkundeunterricht begegnet. Auch dürfte bereits bekannt sein, dass es nicht möglich ist, eine Abbildung zwischen Sphäre und Ebene verzerrungsfrei durchzuführen, was der Grund für die Existenz zahlreicher Kartenarten ist. Mit den Grundlagen der analytischen Geometrie (Zwei-Punkte-Form der Geradengleichung, der Darstellung von Punktmengen im Raum, etc.) kann das Prinzip der stereographischen Projektion unter Verwendung von geographischen Sachverhalten anwendungsbezogen vertieft werden. Anstelle von $\mathbb{C}$ verwenden wir den $\mathbb{R}^2$, anstelle der imaginären Einheit i den zweiten reellen kanonischen Basisvektor. Damit lassen sich wesentliche Resultate aus Kap. 2 in abgeänderter Form auf die Erdkugel und somit die Kartographie übertragen. Vor dem Hintergrund, dass unter der stereographischen Projektion dem Projektionszentrum (Nordpol) kein Bildpunkt der Ebene umkehrbar eindeutig zugeordnet werden kann, entwickelt sich der Gedanke, die Ebene um einen zusätzlichen Punkt zu bereichern: den Punkt ∞. Natürlich kann im Schulkontext nicht auf topologische Fragestellungen, wie der Alexandroffschen Ein-Punkt-Kompaktifizierung, eingegangen werden. Die Kreis- und Winkeltreue stereographischer Karten kann hingegen mit Methoden der analytischen Geometrie (Hessesche Normalform) und elementargeometrischen Überlegungen der Sekundarstufe I sehr wohl erarbeitet werden. Gleichzeitig kann dies als Unterrichtseinstieg für einen erdkundebezogenen Exkurs in die sphärische Trigonometrie dienen. Im Hinblick auf den Mathematikunterricht an deutschen Schulen sollten alle hier vorgetragenen Überlegungen stets in engem Bezug zur Geometrie erfolgen. Erst hierdurch können Zusammenhänge Schülerinnen und Schülern verständlich vermittelt werden.

Zusammenfassung und Ausblick 6

In der vorliegenden Arbeit werden die Grundlagen und Eigenschaften der Riemannschen Zahlenkugel und Möbius-Transformationen behandelt und führen in ein Teilgebiet der Mathematik, das geometrische, analytische sowie algebraische Aspekte vereint. Dabei werden die scheinbar beziehungslos nebeneinander liegenden Themen miteinander verwoben, was in der Konstruktion von Möbius-Abbildungen durch Bewegungen der Zahlensphäre ihren Höhepunkt findet. Die Untersuchungen können sowohl als Einstieg in das Thema als auch als Ausgangspunkt für neue Erkundungen verstanden werden. In diesem Kapitel fassen wir den Inhalt der Arbeit noch einmal zusammen und geben einen Ausblick für weitere Expeditionen.

Ausgangspunkt unserer Betrachtungen bilden die komplexen Zahlen in ihrer arithmetischen wie auch geometrischen Darstellung als Punkte und Vektoren in der komplexen Ebene. Zur arithmetischen Einführung wird das Modell von Sir William Rowan Hamilton herangezogen. Legen wir in den Koordinatenursprung der Zahlenebene eine Sphäre vom Radius 1 können wir mithilfe der stereographischen Projektion jedem Punkt der Kugeloberfläche, vorläufig noch ohne Projektionszentrum, umkehrbar eindeutig ein Element von $\mathbb{C}$ zuordnen. Um die gesamte Kugeloberfläche inklusive Projektionszentrum bijektiv abbilden zu können, führen wir den unendlich fernen Punkt $\infty \notin \mathbb{C}$ ein und ordnen diesem das Projektionszentrum zu. Wir erhalten ein Modell der erweiterten Ebene $\widehat{\mathbb{C}} = \mathbb{C} \cup \{\infty\}$, das wir als Riemannsche Zahlensphäre bezeichnen. Auf dieser Kugel ist der Punkt ∞, repräsentiert durch den Nordpol, völlig gleichberechtigt zu allen anderen Punkten, die durch endliche Zahlenwerte beschrieben werden. Der Punkt ∞ wird dadurch „zum Greifen" nahe. Aus der stereographischen Projektion heraus ergibt sich, dass $\widehat{\mathbb{C}}$ aus topologischer Sicht mit der Zahlensphäre identifiziert werden kann, woraus die Kompaktheit von $\widehat{\mathbb{C}}$ folgt. Wir haben somit durch Hinzufügen eines einzelnen Punktes $\mathbb{C}$ kompaktifiziert (Alexandroffsche Ein-Punkt-Kompaktifizierung). Auch eine Metrik können wir für $\widehat{\mathbb{C}}$ angeben. Am Ende

M. Wiecha, *Riemannsche Zahlensphäre und Möbius-Transformationen*,
https://doi.org/10.1007/978-3-662-69421-3_6

von Kap. 2 werden noch geometrische Eigenschaften der stereographischen Projektion vorgestellt, die aufgrund ihrer Winkel- und Kreistreue u. a. in der Kartographie Anwendung findet.

Mit einer Topologie auf $\widehat{\mathbb{C}}$ ist es uns nun auch möglich, stetige Funktionen der erweiterten Ebene in sich zu betrachten. In Kap. 3 lernen wir Möbius-Transformationen kennen, die gerade in der geometrisch orientierten Funktionentheorie eine besondere Bedeutung spielen. Möbius-Transformationen bilden bzgl. der Komposition als Verknüpfung eine Gruppe, die isomorph zur projektiven linearen Gruppe PGL(2, $\mathbb{C}$) ist. Neben einer alternativen Darstellung durch invertierbare 2×2-Matrizen, legt dies auch eine algebraische Herangehensweise nahe, die wir in dieser Arbeit jedoch nicht vertiefen.

Möbius-Transformationen setzen sich aus drei Elementartransformationen zusammen, die wir geometrisch interpretieren: Translation, Drehstreckung und Inversion. Die Inversion entspricht dabei der Spiegelung an der Einheitskreislinie mit anschließender Spiegelung an der reellen Achse. Eine besondere Eigenschaft linearer Transformationen ist es, dass sie „verallgemeinerte Kreise", d. h. Kreise und Geraden in $\widehat{\mathbb{C}}$, sowie Winkel in ihrer Größe erhalten. In der Funktionentheorie zeigt man, dass diese Funktionenklasse genau die konformen, d. h. bijektiven, winkel- und orientierungstreuen, Abbildungen von $\widehat{\mathbb{C}}$ in sich bilden. Die Frage, welche Möbius-Transformationen ein gegebenes Gebiet konform in ein anderes überführen, gibt Anlass dazu, Möbius-Transformationen konkret zu bestimmen. Dies wird uns durch das Doppelverhältnis ermöglicht. Wir zeigen, dass durch die Vorgabe dreier paarweise verschiedener Urbild- und den zugehörigen Bildpunkten eine Möbius-Transformation eindeutig festgelegt ist und wie man sie durch die „6-Punkte-Formel" explizit berechnet. Diese Ergebnisse resultieren aus dem Studium des Fixpunktverhaltens. Der Abschnitt hierzu beinhaltet die zentrale Aussage, dass eine Möbius-Transformation, die nicht die Identität ist, mindestens einen und höchstens zwei Fixpunkte in $\widehat{\mathbb{C}}$ besitzt. Ein Exkurs, der dem dritten Kapitel beigefügt ist, erlaubt zudem eine anschauliche Klassifizierung linearer Transformationen durch ihr Abbildungsverhalten bei iterativer Anwendung in elliptisch, hyperbolisch, loxodromisch und parabolisch. Der Charakter einer solchen Transformation lässt sich bereits an ihren Koeffizienten in normalisierter Darstellung ablesen.

Obwohl in den Kapiteln zur Riemannschen Zahlenkugel und zu den Möbius-Transformationen die erweiterte komplexe Ebene eine zentrale Rolle spielt, scheinen beide Themen separat nebeneinander zu stehen. Dies ändert sich mit Kap. 4. Den Zusammenhang zwischen ihnen liefert uns Bernhard Riemann. Seine Idee wird in dem berühmten Video „Möbius Transformations Revealed" von Arnold Douglas und Jonathan Rogness visualisiert (Abb. 6.1).

Wählen wir eine zulässige Sphäre und projizieren auf diese $\widehat{\mathbb{C}}$, können wir jede Möbius-Transformation nachstellen, indem wir diese durch eine geeignete euklidische Bewegung aus Rotation und Translation im $\mathbb{R}^3$ bewegen und sie von der neuen Position aus zurück in die erweiterte Ebene abbilden. Die Möbius-Transformation f ergibt sich dann als Komposition

$$f = \widehat{\varphi}_{S'} \circ T \circ \widehat{\varphi}_S^{-1}, \tag{6.1}$$

Abb. 6.1 Auszug aus dem Video „Möbius Transformations Revealed" (Reproduced with kind permission from the video „Möbius Transformations Revealed", by Jonathan Rogness and Douglas Arnold, 2007. https://www-users.cse.umn.edu/~arnold/moebius/)

wobei $\widehat{\varphi_S}^{-1}$ und $\widehat{\varphi}_{S'}$ die (inverse) stereographische Projektion und T die eigentliche euklidische Bewegung bezeichnen. Hierbei ist S die Startsphäre und $S' = T(S)$ die Sphäre in der Endposition. Der Beweis dazu wird in der gleichnamigen Arbeit von Arnold und Rogness 2008 argumentativ geführt. Diesen arbeiten wir in Kap. 4 technisch aus und stellen somit die Aussage, dass sich jede Möbius-Transformation durch Bewegungen der Zahlensphäre darstellen lässt, auf ein sicheres Fundament. Zugleich geben wir an, welche Möbius-Transformationen genau den Kugeldrehungen entsprechen und zeigen dies. Die Weise der Darstellung einer gegebenen Möbius-Transformation ist dabei keinesfalls eindeutig bestimmt wie Beispiele zeigen. Die Fragestellung, unter welchen Bedingungen die Eindeutigkeit gegeben ist, wird u. a. in Siliciano 2012 behandelt und kann als Themenschwerpunkt weiterer Studien dienen.

Die Umkehrung, dass jede Komposition (6.1) mit den genannten Abbildungen tatsächlich eine Möbius-Transformation f bildet, ist Gegenstand der Funktionentheorie. Dazu versieht man $\widehat{\mathbb{C}}$ mit der Struktur einer Riemannschen Fläche und beweist, dass die Automorphismen von $\widehat{\mathbb{C}}$ genau die linearen Transformationen sind. Eine Ausarbeitung dieses Beweises findet sich in Freyn/Große-Brauckmann 2012, S. 13–14 und S. 22. Die Aussage folgt dann, indem man die Bijektivität, Winkel- und Orientierungstreue der Zusammensetzung (6.1) zeigt. Außerdem lassen sich wichtige Automorphismengruppen als Untergruppen von Möbius-Transformationen charakterisieren (Herrmann 2017, S. 86–90). Beispielsweise sind die Automorphismen von $\mathbb{C}$ gerade die Transformationen der Form $f(z) = az + b$ mit $a, b \in \mathbb{C}$ und $a \neq 0$. Insbesondere für die hyperbolische Geometrie interessant dürften auch die Automorphismen der oberen Halbebene $\mathbb{H} := \{z \in \mathbb{C} | \operatorname{Im}(z) > 0\}$ und des Einheitskreises $\mathbb{D} := \{z \in \mathbb{C} | |z| < 1\}$ sein, die durch

$$\operatorname{Aut}(\mathbb{H}) = \left\{ f(z) = \frac{\alpha z + \beta}{\gamma z + \delta} \middle| \alpha, \beta, \gamma, \delta \in \mathbb{R}, \alpha\delta - \beta\gamma > 0 \right\} \qquad (6.2)$$

sowie

$$\operatorname{Aut}(\mathbb{D}) = \left\{ f(z) = \frac{az + b}{\bar{b}z + \bar{a}} \middle| a, b \in \mathbb{C}, |a|^2 - |b|^2 = 1 \right\} \qquad (6.3)$$

gegeben sind. Eine Herleitung von (6.2) und (6.3) findet sich Behrends 2019, S. 184–191. Auch für andere spezielle Gebiete aus $\widehat{\mathbb{C}}$ lassen sich Automorphismen angeben (Timmann 2007, S. 105).

Ein gesondertes Studium einzelner Untergruppen bringt spezielle Eigenschaften zum Vorschein. So kann man zeigen, dass Transformationen der Form (6.3) nicht loxodromisch sein können. Die Lage der Fixpunkte von $f \in \operatorname{Aut}(\mathbb{D})$ innerhalb, außerhalb oder auf dem Rand von $\mathbb{D}$ entscheidet darüber, welche Klasse an Transformationen vorliegt. Genauer: Im parabolischen Fall liegt der einzige Fixpunkt von $f \in \operatorname{Aut}(\mathbb{D})$ auf dem Rand von $\mathbb{D}$, im hyperbolischen sind beide Fixpunkte hier zu verorten. Dagegen muss im elliptischen Fall stets ein Fixpunkt im Inneren und einer außerhalb von $\mathbb{D}$ sein, während die Punkte auf der Einheitskreislinie untereinander permutieren (Behrends 2019, S. 187). Eine besondere Eigenschaft von Möbius-Transformationen, die $\mathbb{H}$ invariant lassen, ist, dass sie flächenerhaltend sind. Dies wird häufig auch dazu verwendet, um zu zeigen, dass die Innenwinkelsumme eines Dreiecks in der hyperbolischen Geometrie echt kleiner als 90° ist (Leuzinger 2018, S. 39–42).

Eine ebenfalls sehr anschauliche Anwendung, die sich mit den Ergebnissen dieser Arbeit zeigen lässt, umfasst die Herleitung der sphärisch-trigonometrischen Hauptsätze durch Drehungen der Riemannschen Zahlensphäre und Möbius-Transformationen des Typs (4.23). Eine solche findet sich in Herzog 1953 ausgearbeitet. Der Nachteil zahlreicher gängiger Beweise zeigt sich darin, dass man sich auf Eulersche Dreiecke beschränkt. Diese sind sphärische Dreiecke deren sämtliche Seiten und Winkel kleiner als zwei rechte sind. Zu drei sphärischen Punkten, die nicht auf einem gemeinsamen Großkreis liegen, ergeben sich jedoch nicht ein, sondern insgesamt 16 mögliche Dreiecke, berücksichtigt man, dass die Seiten in positiver und negativer Orientierung durchlaufen werden können. Um die Hauptsätze der sphärischen Trigonometrie in voller Allgemeinheit und nicht nur für Eulersche Dreiecke zu beweisen, ist oft eine mühsame Fallunterscheidung unter Einbuße der Anschauung notwendig, die unter Zuhilfenahme von Möbius-Transformationen und dessen Zusammenhang mit der Zahlensphäre umgangen werden kann. Die vorliegende Abhandlung stellt dazu die Grundlagen bereit. Darüber hinaus wird der Bezug von Möbius-Transformationen und der Zahlenkugel zu schulrelevanten Themen wie Ähnlichkeitsabbildungen und der Kartographie hergestellt.

Damit werden Inhalte des Unterrichts herausgegriffen, die im Rahmen eines Exkurses von interessierten Schülerinnen und Schüler behandelt werden können, oder die es Mathematiklehrkräften ermöglicht, sich einem vielschichtigen und geometrisch interpretierbaren Sachverhalt von einem neuen Standpunkt aus zu nähern. Dies kann beispielsweise in Kombination mit gängiger Geometriesoftware wie Cinderella oder GeoGebra geschehen. Eine vielversprechende Umsetzung in Zusammenarbeit mit Schulen erfolgte bereits unter Leitung von Andreas Filler von der Humboldt-Universität zu Berlin (Filler 2012; Filler 2016) und hatte die Grundlagen und graphische Darstellung von Indras Perlen nach einer Idee von Felix Klein als Schwerpunkt. In ihr ging es darum, vier paarweise disjunkte Kreise wiederholte Male durch vier lineare Transformationen, von denen zwei die Umkehrungen der beiden anderen sind, abzubilden und Muster als Folge weiterer Iterationen zu erzeugen. Hierbei waren zwei Sätze an Kreisen und Möbius-Transformationen vorhanden, die jeweils einen Kreisrand auf den anderen abbildeten, jedoch das Innere des einen Kreises auf das Äußeren des anderen überführten. Die Menge aller Hintereinanderausführungen zu den gegebenen Kreisen und den beiden Paaren an Möbius-Transformationen sind als Schottky-Gruppen bekannt, siehe auch Mumford et al. 2015, S. 96–120. In Anlehnung an die buddhistische Göttin Indra werden die Visualisierungen, die in der komplexen Ebene durch Iteration entstehen, als Indras Perlen bezeichnet.

Es kann Ziel künftiger Abschlussarbeiten sein, eines der hier vorgetragenen Themenfelder von Studierenden bearbeiten zu lassen oder die stattgefundenen Untersuchungen zu Automorphismen als Lehrbuch fortzuführen. Ich hoffe, dass die vorliegende Abhandlung weiteren Expeditionen zu diesem Thema Rückenwind und Richtung geben.

Anhang

Als Anhang beigefügt sind Rechnungen und technische Beweise, die entweder für das unmittelbare Verständnis der Arbeit nicht erforderlich sind oder aufgrund ihrer Länge, den Lesefluss beeinträchtigen und daher als Ergänzungen dienen.

Ergänzungen zur stereographischen Projektion (Definition 4.1**)**

Herleitung von (4.2) und (4.3)

Wir verfahren wie in Kap. 2. Dazu stellen wir eine Geradengleichung im $\mathbb{R}^3$ mithilfe der Zwei-Punkte-Form auf und berechnen, wo diese bei zwei gegebenen Punkten die komplexe Ebene $\mathbb{C}$ oder die „gelochte" Sphäre $\mathbb{S}_r(m) \setminus \{N\}$ schneidet. Nehmen wir dazu den Nordpol und den Schnittpunkt x der Geraden durch die Sphäre als gegeben voraus, dann erhalten wir mit der Zwei-Punkte-Form[1]

$$\begin{pmatrix} a \\ b \\ c \end{pmatrix} = \begin{pmatrix} m_1 \\ m_2 \\ m_3 + r \end{pmatrix} + \lambda \left(\begin{pmatrix} x_1 \\ x_2 \\ x_3 \end{pmatrix} - \begin{pmatrix} m_1 \\ m_2 \\ m_3 + r \end{pmatrix} \right) = \begin{pmatrix} m_1 + \lambda(x_1 - m_1) \\ m_2 + \lambda(x_2 - m_2) \\ (m_3 + r) + \lambda[x_3 - (m_3 + r)] \end{pmatrix} ; \lambda \in \mathbb{R}.$$

Unter der Voraussetzung, dass der Bildpunkt $(a, b, c)^T \in \mathbb{R}^3$ der Geraden in der $\mathbb{C}$-Ebene liegt, d. h. $c = 0$ ist, erhalten wir folgendes Gleichungssystem

(i) $\quad a = m_1 + \lambda(x_1 - m_1),$
(ii) $\quad b = m_2 + \lambda(x_2 - m_2),$
(iii) $\quad 0 = (m_3 + r) + \lambda[x_3 - (m_3 + r)] \quad \Leftrightarrow \quad \lambda = \frac{m_3 + r}{m_3 + r - x_3}.$

---

[1]Die folgenden Vektoren sind hierbei als Koordinatenvektoren aufzufassen.

M. Wiecha, *Riemannsche Zahlensphäre und Möbius-Transformationen*,
https://doi.org/10.1007/978-3-662-69421-3

Einsetzen von λ in (i) bzw. (ii) liefert schließlich

$$a = m_1 + \frac{m_3 + r}{m_3 + r - x_3} \cdot (x_1 - m_1) = \frac{m_1(m_3 + r - x_3) + (m_3 + r)(x_1 - m_1)}{m_3 + r - x_3}$$

$$= \frac{(m_3 + r)x_1 - m_1 x_3}{m_3 + r - x_3} \qquad \text{sowie}$$

$$b = m_2 + \frac{m_3 + r}{m_3 + r - x_3} \cdot (x_2 - m_2) = \frac{m_2(m_3 + r - x_3) + (m_3 + r)(x_2 - m_2)}{m_3 + r - x_3}$$

$$= \frac{(m_3 + r)x_2 - m_2 x_3}{m_3 + r - x_3}.$$

Das ist Abbildungsvorschrift (4.2) für $x \in \mathbb{S}_r(m) \setminus \{N\}$. Dem Nordpol ordnen wir wieder dem unendlich fernen Punkt ∞ zu. Nehmen wir umgekehrt den Nordpol und den Schnittpunkt der Geraden $z = (a, b, 0)^T \in \mathbb{R}^3$ mit der komplexen Ebene als gegeben voraus, dann gilt nach der Zwei-Punkte-Form

$$\begin{pmatrix} x_1 \\ x_2 \\ x_3 \end{pmatrix} = \begin{pmatrix} m_1 \\ m_2 \\ m_3 + r \end{pmatrix} + \lambda \left(\begin{pmatrix} a \\ b \\ 0 \end{pmatrix} - \begin{pmatrix} m_1 \\ m_2 \\ m_3 + r \end{pmatrix} \right) = \begin{pmatrix} m_1 + \lambda(a - m_1) \\ m_2 + \lambda(b - m_2) \\ (m_3 + r) - \lambda(m_3 + r) \end{pmatrix}; \lambda \in \mathbb{R}.$$

Wir erhalten als Gleichungssystem

(i) $x_1 = m_1 + \lambda(a - m_1)$,
(ii) $x_2 = m_2 + \lambda(b - m_2)$,
(iii) $x_3 = (m_3 + r) - \lambda(m_3 + r)$.

Wegen $x \in \mathbb{S}_r(m)$ ist Gl. (4.1) erfüllt und es gilt

$$\begin{aligned}
& (x_1 - m_1)^2 + (x_2 - m_2)^2 + (x_3 - m_3)^2 = r^2 \\
\Leftrightarrow\ & \lambda^2(a - m_1)^2 + \lambda^2(b - m_2)^2 + (r - \lambda(m_3 + r))^2 = r^2 \\
\Leftrightarrow\ & \lambda^2(a - m_1)^2 + \lambda^2(b - m_2)^2 - 2r\lambda(m_3 + r) + \lambda^2(m_3 + r)^2 = 0 \\
\Leftrightarrow\ & \lambda\big[\lambda(a - m_1)^2 + \lambda(b - m_2)^2 - 2r(m_3 + r) + \lambda(m_3 + r)^2\big] = 0.
\end{aligned}$$

Das aufgeführte Produkt wird null, wenn einer der Faktoren null wird. Dies ist der Fall, wenn:

1. Fall: $\lambda = 0$ ist. In diesem Fall erhalten wir für $\vec{x} = (m_1, m_2, m_3 + r)^T$ und somit den Ortsvektor zum Nordpol der Sphäre $\mathbb{S}_r(m)$.
2. Fall: Der andere Term null wird, wenn also gilt

$$\begin{aligned}
& \lambda(a - m_1)^2 + \lambda(b - m_2)^2 - 2r(m_3 + r) + \lambda(m_3 + r)^2 = 0 \\
\Leftrightarrow\ & \lambda\big[(a - m_1)^2 + (b - m_2)^2 + (m_3 + r)^2\big] = 2r(m_3 + r) \\
\Leftrightarrow\ & \lambda = \frac{2r(m_3 + r)}{(a - m_1)^2 + (b - m_2)^2 + (m_3 + r)^2}.
\end{aligned}$$

Einsetzen von λ in (i), (ii) und (iii) liefert

$$x_1 = m_1 + \frac{2r(m_3 + r)}{(a - m_1)^2 + (b - m_2)^2 + (m_3 + r)^2} \cdot (a - m_1),$$

$$x_2 = m_2 + \frac{2r(m_3 + r)}{(a - m_1)^2 + (b - m_2)^2 + (m_3 + r)^2} \cdot (b - m_2),$$

$$x_3 = (m_3 + r) - \frac{2r(m_3 + r)}{(a - m_1)^2 + (b - m_2)^2 + (m_3 + r)^2} \cdot (m_3 + r).$$

Dies führt uns zu Abbildungsvorschrift (4.3) für $z \in \mathbb{C}$. Für die technischen Ausführungen ist es sinnvoll die Transformationsformeln in diesen Ausdrücken zu belassen und nicht beide Summanden auf denselben Nenner zu erweitern. Dem Punkt $z = \infty$ ordnen wir wie schon zuvor in Kap. 2 den Nordpol der Sphäre zu.

Beweis der Bijektivität von (4.2) und (4.3)

Wir überzeugen uns noch davon, dass die stereographische Projektion (4.2) die Sphäre $\mathbb{S}_r(m)$ bijektiv auf $\widehat{\mathbb{C}}$ abbildet und die Umkehrfunktion durch (4.3) gegeben ist. Dazu müssen wir zeigen, dass die Eigenschaften $\widehat{\varphi}_{\mathbb{S}_r(m)} \circ \widehat{\varphi}_{\mathbb{S}_r(m)}^{-1} = \mathrm{id}_{\widehat{\mathbb{C}}}$ und $\widehat{\varphi}_{\mathbb{S}_r(m)}^{-1} \circ \widehat{\varphi}_{\mathbb{S}_r(m)} = \mathrm{id}_{\mathbb{S}_r(m)}$ erfüllt sind.

(a) Wir beweisen $\widehat{\varphi}_{\mathbb{S}_r(m)} \circ \widehat{\varphi}_{\mathbb{S}_r(m)}^{-1} = \mathrm{id}_{\widehat{\mathbb{C}}}$. Für $z = \infty$ gilt

$$\left(\widehat{\varphi}_{\mathbb{S}_r(m)} \circ \widehat{\varphi}_{\mathbb{S}_r(m)}^{-1}\right)(\infty) = \widehat{\varphi}_{\mathbb{S}_r(m)}\left(\widehat{\varphi}_{\mathbb{S}_r(m)}^{-1}(\infty)\right) = \widehat{\varphi}_{\mathbb{S}_r(m)}(N) = \infty.$$

Sei also $z \in \mathbb{C}$ mit $z = a + ib$ und $a, b \in \mathbb{R}$. Zur besseren Übersicht setzen wir

$$k := (a - m_1)^2 + (b - m_2)^2 + (m_3 + r)^2.$$

Damit erhalten wir

$$\left(\widehat{\varphi}_{\mathbb{S}_r(m)} \circ \widehat{\varphi}_{\mathbb{S}_r(m)}^{-1}\right)(a+ib) = \widehat{\varphi}_{\mathbb{S}_r(m)}\left(\widehat{\varphi}_{\mathbb{S}_r(m)}^{-1}(a+ib)\right)$$

$$= \widehat{\varphi}_{\mathbb{S}_r(m)}\left(\frac{m_1 k + 2r(m_3+r)(a-m_1)}{k}, \frac{m_2 k + 2r(m_3+r)(b-m_2)}{k}, \frac{(m_3+r)k - 2r(m_3+r)^2}{k}\right)$$

$$= \frac{(m_3+r)x_1 - m_1 x_3}{m_3 + r - x_3} + i\frac{(m_3+r)x_2 - m_2 x_3}{m_3 + r - x_3}$$

$$= \frac{(m_3+r)\frac{m_1 k+2r(m_3+r)(a-m_1)}{k} - m_1 \frac{(m_3+r)k-2r(m_3+r)^2}{k}}{m_3 + r - \frac{(m_3+r)k-2r(m_3+r)^2}{k}} + i\frac{(m_3+r)\frac{m_2 k+2r(m_3+r)(b-m_2)}{k} - m_2 \frac{(m_3+r)k-2r(m_3+r)^2}{k}}{m_3 + r - \frac{(m_3+r)k-2r(m_3+r)^2}{k}}$$

$$= \frac{(m_3+r)\frac{m_1 k+2r(m_3+r)(a-m_1)}{k} - m_1 \frac{(m_3+r)k-2r(m_3+r)^2}{k}}{\frac{(m_3+r)k-(m_3+r)k+2r(m_3+r)^2}{k}}$$

$$+ i\frac{(m_3+r)\frac{m_2 k+2r(m_3+r)(b-m_2)}{k} - m_2 \frac{(m_3+r)k-2r(m_3+r)^2}{k}}{\frac{(m_3+r)k-(m_3+r)k+2r(m_3+r)^2}{k}}$$

$$= \frac{(m_3+r)[m_1 k + 2r(m_3+r)(a-m_1)] - m_1[(m_3+r)k - 2r(m_3+r)^2]}{2r(m_3+r)^2}$$

$$+ i\frac{(m_3+r)[m_2 k + 2r(m_3+r)(b-m_2)] - m_2[(m_3+r)k - 2r(m_3+r)^2]}{2r(m_3+r)^2}$$

$$= \frac{[m_1 k + 2r(m_3+r)(a-m_1)] - m_1 k + 2r(m_3+r)m_1]}{2r(m_3+r)}$$

$$+ i\frac{[m_2 k + 2r(m_3+r)(b-m_2)] - m_2 k + 2r(m_3+r)m_2}{2r(m_3+r)}$$

$$= \frac{2r(m_3+r)a}{2r(m_3+r)} + i\frac{2r(m_3+r)b}{2r(m_3+r)} = a + ib = z.$$

Das ist der erste Teil der Aussage.

(b) Zeigen wir $\widehat{\varphi}_{\mathbb{S}_r(m)}^{-1} \circ \widehat{\varphi}_{\mathbb{S}_r(m)} = \mathrm{id}_{\mathbb{S}_r(m)}$.

Wir beginnen mit dem Nordpol $N = (m_1, m_2, m_3 + r)^T$, dann gilt

$$\left(\widehat{\varphi}_{\mathbb{S}_r(m)}^{-1} \circ \widehat{\varphi}_{\mathbb{S}_r(m)}\right)(N) = \widehat{\varphi}_{\mathbb{S}_r(m)}^{-1}\left(\widehat{\varphi}_{\mathbb{S}_r(m)}(N)\right) = \widehat{\varphi}_{\mathbb{S}_r(m)}^{-1}(\infty) = N.$$

Um die Aussage für $x \in \mathbb{S}_r(m) \setminus \{N\}$ zu zeigen, müssen wir jede einzelne Ko-ordinatenfunktion betrachten. Wir führen die Rechnung exemplarisch für die erste Koordinatenfunktion durch. Die anderen Koordinaten ergeben sich analog. Die Umrechnungsformeln aus Definition 4.1 lauten

$$a = \frac{(m_3 + r)x_1 - m_1 x_3}{m_3 + r - x_3}, \qquad b = \frac{(m_3 + r)x_2 - m_2 x_3}{m_3 + r - x_3}.$$

Weiterhin gilt

$$x_1 = m_1 + \frac{2r(m_3 + r)}{(a - m_1)^2 + (b - m_2)^2 + (m_3 + r)^2} \cdot (a - m_1),$$

$$x_2 = m_2 + \frac{2r(m_3 + r)}{(a - m_1)^2 + (b - m_2)^2 + (m_3 + r)^2} \cdot (b - m_2),$$

$$x_3 = (m_3 + r) - \frac{2r(m_3 + r)}{(a - m_1)^2 + (b - m_2)^2 + (m_3 + r)^2} \cdot (m_3 + r).$$

Für die folgende Rechnung führen wir eine Substitution mit $\tilde{k} := m_3 + r$ durch. Das Einsetzen von a und b in den Ausdruck der ersten Koordinatenfunktion liefert

$$x_1 = m_1 + \frac{2r\tilde{k}}{\left(\frac{\tilde{k}x_1 - m_1 x_3}{\tilde{k} - x_3} - m_1\right)^2 + \left(\frac{\tilde{k}x_2 - m_2 x_3}{\tilde{k} - x_3} - m_2\right)^2 + \tilde{k}^2} \cdot \left(\frac{\tilde{k}x_1 - m_1 x_3 - m_1\left(\tilde{k} - x_3\right)}{\tilde{k} - x_3}\right)$$

$$= m_1 + \frac{2r\tilde{k}}{\left(\frac{\tilde{k}x_1 - m_1 x_3 - m_1\left(\tilde{k} - x_3\right)}{\tilde{k} - x_3}\right)^2 + \left(\frac{\tilde{k}x_2 - m_2 x_3 - m_2\left(\tilde{k} - x_3\right)}{\tilde{k} - x_3}\right)^2 + \frac{\tilde{k}^2\left(\tilde{k} - x_3\right)^2}{\left(\tilde{k} - x_3\right)^2}}$$

$$\cdot \left(\frac{\tilde{k}x_1 - m_1 x_3 - m_1\left(\tilde{k} - x_3\right)}{\tilde{k} - x_3}\right)$$

$$= m_1 + \frac{2r\tilde{k}}{\left(\frac{\tilde{k}x_1 - m_1 x_3 - m_1\left(\tilde{k} - x_3\right)}{\tilde{k} - x_3}\right)^2 + \left(\frac{\tilde{k}x_2 - m_2 x_3 - m_2\left(\tilde{k} - x_3\right)}{\tilde{k} - x_3}\right)^2 + \frac{\tilde{k}^2\left(\tilde{k} - x_3\right)^2}{\left(\tilde{k} - x_3\right)^2}}$$

$$\cdot \left(\frac{\tilde{k}x_1 - m_1 x_3 - m_1\left(\tilde{k} - x_3\right)\left[\tilde{k} - x_3\right]}{\left[\tilde{k} - x_3\right]^2}\right)$$

$$= m_1 + \frac{2r\tilde{k}\left[\tilde{k}x_1 - m_1 x_3 - m_1\left(\tilde{k} - x_3\right)\right]\left[\tilde{k} - x_3\right]}{\left(\frac{\tilde{k}x_1 - m_1 x_3 - m_1\left(\tilde{k} - x_3\right)}{1}\right)^2 + \left(\frac{\tilde{k}x_2 - m_2 x_3 - m_2\left(\tilde{k} - x_3\right)}{1}\right)^2 + \frac{\tilde{k}^2\left(\tilde{k} - x_3\right)^2}{1}}$$

$$= m_1 + \frac{2r\tilde{k}\left[\tilde{k}x_1 - m_1 x_3 - m_1\left(\tilde{k} - x_3\right)\right]\left[\tilde{k} - x_3\right]}{\left[\tilde{k}x_1 - m_1\tilde{k}\right]^2 + \left[\tilde{k}x_2 - m_2\tilde{k}\right]^2 + \tilde{k}^2\left(\tilde{k} - x_3\right)^2}$$

$$= m_1 + \frac{2r\tilde{k}\left[\tilde{k}x_1 - m_1 x_3 - m_1\left(\tilde{k} - x_3\right)\right]\left[\tilde{k} - x_3\right]}{\tilde{k}^2\left[[(x_1 - m_1)]^2 + [(x_2 - m_2)]^2 + \left(\tilde{k} - x_3\right)^2\right]}$$

$$= m_1 + \frac{2r\left[\tilde{k}x_1 - m_1 x_3 - m_1\left(\tilde{k} - x_3\right)\right]\left[\tilde{k} - x_3\right]}{\tilde{k}\left[[(x_1 - m_1)]^2 + [(x_2 - m_2)]^2 + \left(\tilde{k} - x_3\right)^2\right]}$$

$$= m_1 + \frac{2r\left[\tilde{k}x_1 - m_1 x_3 - m_1\left(\tilde{k} - x_3\right)\right]\left[\tilde{k} - x_3\right]}{\tilde{k}\left[[(x_1 - m_1)]^2 + [(x_2 - m_2)]^2 + [(x_3 - m_3)]^2\right] + 2(m_3 - x_3)r + r^2\right]}$$

$$= m_1 + \frac{2r\left[\tilde{k}x_1 - m_1 x_3 - m_1\left(\tilde{k} - x_3\right)\right]\left[\tilde{k} - x_3\right]}{\tilde{k}\left[r^2 + 2(m_3 - x_3)r + r^2\right]}$$

$$= m_1 + \frac{2r\left[\tilde{k}x_1 - m_1 x_3 - m_1\left(\tilde{k} - x_3\right)\right]\left[\tilde{k} - x_3\right]}{\tilde{k}[2(m_3 - x_3 + r)r]}$$

$$= m_1 + \frac{\left[\tilde{k}x_1 - m_1 x_3 - m_1\left(\tilde{k} - x_3\right)\right]\left[\tilde{k} - x_3\right]}{\tilde{k}[m_3 - x_3 + r]}$$

$$= m_1 + \frac{\tilde{k}[x_1 - m_1]\left[\tilde{k} - x_3\right]}{\tilde{k}[m_3 - x_3 + r]}$$

$$= m_1 + \frac{[x_1 - m_1][m_3 + r - x_3]}{[m_3 + r - x_3]} = x_1.$$

Dabei wurde in der letzten Zeile die Rücksubstitution vorgenommen. Damit ist die Aussage für die erste Koordinatenfunktion gezeigt. Die Rechnungen für die anderen Koordinatenfunktionen ergeben sich analog.

Literatur

Ahlfors, Lars: Complex analysis. New York, St. Louis, San Francisco, Toronto, London, Sydney: McGraw-Hill 1966.

Alexandroff, Pawel; Hopf, Heinz: Topologie. Erster Band. Berlin, Heidelberg: Springer 1935.

Arashi, Mohammad; Bekker, Andriette; Rad, Najmeh; Schubert, Wolf-Dieter: Möbius Transformation – induced distributions provide better modelling for protein architecture. Mathematics 2021, 9, 2749.

Arnold, Douglas; Rogness, Jonathan: Möbius Transformations Revealed. https://www-users.cse.umn.edu/~arnold/moebius/moebius-movie.mov; Stand: 29.03.2023.

Arnold, Douglas; Rogness, Jonathan: Möbius Transformations Revealed. Notices of the AMS. Volume 55, number 10, S. 1226–1231. https://www-users.cse.umn.edu/~arnold//papers/moebius.pdf; Stand: 31.03.2023.

Bär, Gert: Geometrie. Eine Einführung in die analytische und konstruktive Geometrie. Stuttgart, Leipzig: B. G. Teubner 1996.

Bartsch, Renè: Allgemeine Topologie I. Berlin, Boston: De Gruyter 2015.

Bärtschi, Andreas: Mentorierte Arbeit in Fachdidaktik Mathematik zur Inversion am Kreis. Zürich: ETH Zürich 2011. https://www.andreasbaertschi.ch/research/publications/FD-Inversion.pdf; Stand: 31.03.2023.

Behnke, Heinrich; Sommer, Friedrich: Theorie der analytischen Funktionen in einer komplexen Veränderlichen. Berlin, Heidelberg, New York: Springer 1965.

Behrends, Ehrhard: Parkettierung der Ebene. Von Escher über Möbius zu Penrose. Wiesbaden: Springer 2019.

Beutelspacher, Albrecht: Lineare Algebra. Eine Einführung in die Wissenschaft der Vektoren und Matrizen. Gießen: Vieweg + Teubner 2010.

Beutelspacher, Albrecht: Lineare Algebra. Eine Einführung in die Wissenschaft der Vektoren und Matrizen. Gießen: Vieweg + Teubner 2012.

Blaschke, Wilhelm: Projektive Geometrie. Hannover, Wolfenbüttel: Wolfenbütteler Verlags-Anstalt 1947.

Bobenko, Alexander: Differentialgeometrie von Kurven und Flächen. Berlin: TU Berlin 2006. https://page.math.tu-berlin.de/~bobenko/Lehre/Skripte/KuF.pdf; Stand: 31.03.2023.

Borchardt, Rüdiger; Turowski, Siegfried: Symmetrielehre der Kristallographie. Modelle der 32 Kristallklassen zum Selbstbau. Berlin: De Gruyter 2015.

Bourbaki, Nicolas: General Topology I. Berlin, Heidelberg: Springer 1995.

Burg, Klemens; Haf, Herbert; Wille, Friedrich: Funktionentheorie. Höhere Mathematik für Ingenieure, Naturwissenschaftler und Mathematiker. Kassel: Vieweg + Teubner 2003.

Cayley, Arthur: Sur quelques propriétés des déterminants gauches. The collected mathematical papers of Arthur Cayley. Volume I. Cambridge: Cambridge University Press 2009. https://www.cambridge.org/core/books/collected-mathematical-papers/volume-i/2128369F078FBC7C5609EF9EDBC7DD75; Stand: 31.03.2023.

© Der/die Herausgeber bzw. der/die Autor(en), exklusiv lizenziert an Springer-Verlag GmbH, DE, ein Teil von Springer Nature 2024
M. Wiecha, *Riemannsche Zahlensphäre und Möbius-Transformationen*,
https://doi.org/10.1007/978-3-662-69421-3

Ebbinghaus, Heinz-Dieter; Hermes, Hans; Hirzebruch, Friedrich; Koecher, Max; Lamotke, Klaus; Mainzer, Klaus; Neukirch, Jürgen; Prestel, Alexander; Remmert, Reinhold: Zahlen. Berlin, Heidelberg, New York, Tokyo: Springer 1988.

Engel, Joachim; Fest, Andreas: Komplexe Zahlen und ebene Geometrie. Berlin, Boston: De Gruyter 2016.

Euler, Leonhard: Drei Abhandlungen zur Kartenprojection (1777) herausgegeben von Wangerin, Albert. Leipzig: Wilhelm Engelmann in Leipzig 1898.

Filler, Andreas: Möbius-Transformationen und Indras Perlen. Berlin: HU zu Berlin 2012. https://didaktik.mathematik.hu-berlin.de/files/2012_filler.pdf: Stand: 12.11.2023.

Filler, Andreas: Möbius-Transformationen und Indras Perlen. Berlin: HU zu Berlin 2016. https://didaktik.mathematik.hu-berlin.de/user/sommerschule/2016/Homepage-Andreas.pdf: Stand: 12.11.2023.

Fischer, Gerd: Analytische Geometrie. Braunschweig, Wiesbaden: Vieweg 1983.

Fischer, Wolfgang; Lieb, Ingo: Funktionentheorie, Wiesbaden: Vieweg + Teubner 2005.

Fischer, Wolfgang; Lieb, Ingo: Einführung in die komplexe Analysis. Elemente der Funktionentheorie. Wiesbaden: Vieweg + Teubner 2010.

Forst, Wilhelm; Hoffmann, Dieter: Funktionentheorie erkunden mit Maple. Berlin, Heidelberg: Springer 2002.

Forster, Otto: Riemannsche Flächen. Berlin, Heidelberg, New York: Springer 1977.

Forster, Otto: Analysis 1. Wiesbaden: Vieweg + Teubner 2012.

Forster, Otto: Analysis 2. Wiesbaden: Springer 2017.

Franz, Wolfgang: Topologie I. Berlin, New York,: De Gruyter 1973.

Freitag, Eberhard; Busam, Rolf: Funktionentheorie 1. Berlin, Heidelberg: Springer 2006.

Freitag, Eberhard: Funktionentheorie 2. Berlin, Heidelberg: Springer 2009.

Freyn, Walter; Große-Brauckmann, Karsten: Funktionentheorie II. Darmstadt: TU Darmstadt 2012. https://www.yumpu.com/de/document/view/41913636/funktionentheorie-ii-fach-bereich-mathematik-technische-; Stand: 30.03.2023.

Friedl, Stefan: Hyperbolische Geometrie. Regensburg: Universität Regensburg 2014. https://friedl.app.uni-regensburg.de/papers/hyperbolische-geometrie.pdf?fbclid=IwAR0q79ltYu-LyKWWfGQzuycM5YkaSJ-Xepd3kOCCpcQjkIipvGhrdLbPjdk0; Stand: 30.03.2023.

Fritzsche, Klaus: Analysis 1. Wuppertal: Springer 2001. https://docplayer.org/66792568-Analy-sis-1-vorlesungsausarbeitung-zum-ws-2000-01-von-prof-dr-klaus-fritzsche-inhaltsverzeich-nis.html; Stand: 19.02.2023.

Fritzsche, Klaus: Grundkurs Funktionentheorie. Eine Einführung in die komplexe Analysis. Heidelberg: Springer 2009.

Fritzsche, Klaus: Grundkurs Funktionentheorie. Eine Einführung in die komplexe Analysis. Heidelberg: Springer 2019.

Glosauer, Tobias: Elementar(st)e Gruppentheorie. Von den Gruppenaxiomen bis zum Homomorphiesatz. Wiesbaden: Springer 2016.

Goethe, Johann Wolfgang von: Italienische Reise. Kommentiert von Herbert von Einem. München: C. H. Beck 1981. Nachdruck 2017.

Green, David: Algebra und Geometrie. Jena: Universität Jena 2009. https://www.minet.uni-jena.de/algebra/skripten/skripten.html; Stand: 30.03.2023.

Grigoryan, Alexander: Analysis I. Bielefeld: Universität Bielefeld 2020. https://www.math.uni-bielefeld.de/~grigor/a1lect.pdf; Stand: 23.03.2023

Haller-Dintelmann, Robert: Skript zur Vorlesung Analysis 2. Sommersemester 2018. Darmstadt: TU Darmstadt 2018. https://www.mathematik.tu-darmstadt.de/media/analysis/lehrmaterial_anapde/hallerd/Ana2Skript18.pdf; Stand: 20.02.2023.

Herr, Fran: The platonic solids strike again. How Möbius Transformations collide with some of Mathematics' oldest characters. Washington, 2020. https://sites.math.washington.edu/~mor-row/336_20/papers20/fran.pdf; Stand: 23.03.2023.

Herrmann, Michael: Skript zur Vorlesung komplexe Analysis. Münster: Westfälische Wilhelms-Universität 2017. https://www.tu-braunschweig.de/fileadmin/Redaktionsgruppen/Institute_Fakultaet_1/IPDE/mherrmann_docs/ca_script.pdf; Stand: 23.02.2023.

Herzog, E.: Die Anwendung der Riemannschen Zahlenkugel zur Herleitung der sphärisch-trigonometrischen Hauptsätze. Basel, 1953. https://www.e-periodica.ch/cntmng?pid=edm-001%3A1953%3A8%3A%3A176; Stand: 07.03.2023.

Holz, Michael; Wille, Detlef: Repetitorium der linearen Algebra. Teil 2. Hannover: Binomi Verlag 2006.

Hungerford, Thomas: Algebra. New York: Springer 1978.

Husty, Manfred; Karger, Adolf; Sachs, Hans; Steinhilper, Waldemar: Kinematik und Robotik. Berlin, Heidelberg: Springer 1997.

Jänich, Klaus: Topologie. Berlin: Springer 1994.

Jakob, Ruben: Axiomatische Geometrie. Tübingen: Uni Tübingen 2016. https://www.math.uni-tuebingen.de/user/jakob/SS16/Diffgeo_II-Uebung/Axiom_Geom_SS16_Homepage.pdf; Stand: 11.02.2023.

Kasten, Hendrik: Modulformen 1. Heidelberg: Uni Heidelberg 2020. https://mampf.mathi.uni-heidelberg.de/mediaforward/medium/3729/manuscript/974bb56fe8235e95b-f88860be900b6c6.pdf/Vorlesung.pdf?fbclid=IwAR3Xjlgr5YlrlYu-ls10fKb8q5wLzm1swa-ECQ-SvBhmSM9PdIJkHnCUuhHY; Stand: 23.03.2023.

Knopp, Konrad: Elemente der Funktionentheorie. Berlin: De Gruyter 1978.

Kühnel, Wolfgang: Matrizen und Lie-Gruppen. Eine geometrische Einführung. Wiesbaden: Vieweg + Teubner 2011.

Kuwert, Ernst: Elementare Differentialgeometrie. Freiburg: Uni Freiburg 2011. http://home.mathematik.uni-freiburg.de/analysis/lehre/skripten/ElemDiffgeo_SS11.pdf; Stand: 11.02.2023.

Lamotke, Klaus: Riemannsche Flächen. Köln: Springer 2009.

Laures, Gerd; Szymik, Markus: Grundkurs Topologie. Berlin, Heidelberg: Springer 2015.

Lemmermeyer, Franz: Mathematik à la Carte. Quadratische Gleichungen mit Schnitten von Kegeln. Berlin Heidelberg: Springer 2016.

Leuzinger, Enrico: Hyperbolische Geometrie. Karlsruhe, 2018. https://mitschriebwiki.nomeata.de/HyperGeo.pdf; Stand: 07.03.2023.

Löschenbrand, David: Komplexe Analysis auf der Riemannschen Zahlenkugel. Bakkalaureatsarbeit. Wien: TU Wien 2013. https://www.asc.tuwien.ac.at/~herfort/BAKK/Loeschenbrand.pdf; Stand: 11.02.2023.

Löwe, Harald; Lei, Baozhen; Stelter, Benjamin: Analytische Geometrie mit Anwendungen in der Robotik I. Mathematikinformation. Nr. 76. S. 29–62. Braunschweig, 2022.

Maresch, Gabriel: Komplexe Analysis. Wien: TU Wien 2010. https://www.dmg.tuwien.ac.at/fg6/teaching/ka-ss2010/kana2010-1.pdf; Stand: 11.02.2023.

Meyer, Karlhorst: Komplexe Zahlen als Beispiel für eine Binnendifferenzierung. Mathematikinformation. Nr. 50. S. 7–37. Braunschweig, 2009.

Mitrinović, Dragoslav; Vasić, Petar: Analytic Inequalities. Berlin, Heidelberg, New York: Springer 1970.

Möbius, August Ferdinand: Die Theorie der Kreisverwandtschaft in rein geometrischer Darstellung. Leipzig: Hirzel 1855.

Mumford, David; Series, Caroline; Wright, David: Indra's pearls. The vision of Felix Klein. Cambridge: Cambridge University Press 2015.

Needham, Tristan: Anschauliche Funktionentheorie. München: Oldenbourg Verlag 2001.

Neumann, Carl: Vorlesungen über Riemann's Theorie der Abel'schen Integrale. Leipzig: B. G. Teubner 1865.

Olsen, John: The Geometry of Möbius Transformations. Copenhagen: University of Rochester Spring 2010. https://johno.dk/mathematics/moebius.pdf; Stand: 22.02.2023.

Osgood, William: Allgemeine Theorie der analytischen Funktionen a) einer und b) mehrerer komplexer Größen. Aus: Encyclopädie der mathematischen Wissenschaften mit Einschluss ihrer Anwendungen. Leipzig: Springer 1901.

Ossa, Erich: Topologie. Wiesbaden: Vieweg 1992.

Plenz, Julius: Klassifikation quaternionischer Möbiustransformationen. Bachelorarbeit. Berlin: Freie Universität Berlin 2013. https://plenz.com/tmp/pdf/bachelor.pdf; Stand: 11.02.2023.

Priwalow, Ivan: Einführung in die Funktionentheorie. Teil 1. Leipzig: B. G. Teubner 1967.

Querenburg, Boto von: Mengentheoretische Topologie. Berlin, Heidelberg: Springer 2001.

Remmert, Reinhold; Schumacher, Georg: Funktionentheorie 1. Berlin, Heidelberg, New York: Springer 2007.

Riemann, Bernhard: Gesammelte mathematische Werke. New York: Dover Publications 1953.

Riemenschneider, Oswald: Funktionentheorie I. Hamburg: Uni Hamburg 2006. https://www.math.uni-hamburg.de/home/riemenschneider/funvorl1.pdf; Stand: 22.10.2023.

Schiewe, Jochen: Kartographie. Visualisierung georäumlicher Daten. Berlin, Heidelberg: Springer 2022.

Schmid, August; Weidig, Ingo: Mathematisches Unterrichtswerk für das Gymnasium. Ausgabe Niedersachsen. 8. Jahrgangsstufe. Stuttgart, Düsseldorf, Leipzig: Ernst Klett Verlag 2002.

Schröder, Eberhard: Kartenentwürfe der Erde. Kartographische Abbildungsverfahren aus mathematischer und historischer Sicht. Leipzig: Vieweg + Teubner 1988.

Schwerdtfeger, Hans: Geometry of complex numbers. Toronto: University Press 1962.

Siliciano, Rob: Constructing Möbius Transformations with Spheres. Rose-Hulman Undergraduate Mathematics Journal. Vol. 13, No. 2, S. 116–124. https://scholar.rose-hulman.edu/cgi/viewcontent.cgi?article=1218&context=rhumj; Stand: 16.01.2023.

Soergel, Wolfgang: Algebra und Zahlentheorie mit grundlegenden Abschnitten aus der linearen Algebra. Freiburg: Uni Freiburg 2018. http://home.mathematik.uni-freiburg.de/soergel/Skripten/XXALGEBRAMG.pdf; Stand: 11.02.2023.

Soeten, Mirjam: Conformal maps and the theorem of Liouville. Groningen: rijksuniversiteit groningen 2011. https://fse.studenttheses.ub.rug.nl/9888/1/Scriptiegoed.pdf; Stand: 11.02.2023.

Sonar, Thomas: 3000 Jahre Analysis. Geschichte – Kulturen – Menschen. Berlin: Springer 2016.

Springer, Tonny: Invariant theory. Lecture notes in mathematics. 585. Berlin, Heidelberg, New York: Springer 1977.

Timmann, Steffen: Repetitorium der Funktionentheorie. Hannover: Binomi Verlag 2007.

Timmann, Steffen: Repetitorium der Analysis 2. Hannover: Binomi Verlag 2008.

Timmermann, Thomas: Grundlagen der Analysis, Topologie und Geometrie. Münster: Universität Münster 2016. https://www.timmer-net.de/fixed/Lehre/16/V-Top/; Stand: 11.02.2023.

Tutschke, Wolfgang: Grundlagen der Funktionentheorie. Berlin: Deutscher Verlag der Wissenschaften 1967.

Walser, Hans: Konforme Abbildungen, Anwendungen. Zürich: ETH Zürich 2002. https://www.research-collection.ethz.ch/bitstream/handle/20.500.11850/146667/eth-25629-09.pdf?sequence=9&isAllowed=y; Stand: 11.02.2023.

Werner, Dirk: Lineare Algebra. Berlin: Birkhäuser 2021.

Wille, Detlef: Repetitorium der linearen Algebra. Teil 1. Hannover: Binomi Verlag 2006.

Wittstock, Gerd: Analysis 2. Saarbrücken: Uni Saarbrücken 2001. https://www.math.uni-sb.de/ag/wittstock/lehre/WS00/analysis1/Kap_3.pdf; Stand: 11.02.2023.

Zhang, He; Mo, Hanlin; Hao, You; Li, Qi; Li, Hua: Differential and integral invariants under Möbius transformation. Pattern Recognition and Computer Vision. Guangzhou: arXiv.org 2018.

Stichwortverzeichnis